全国机械行业职业教育优质规划教材（高职高专）

经全国机械职业教育教学指导委员会审定

机电一体化应用技术与实践

主编　张　建　何振俊

参编　陆建荣　周俊冬　马　明　李雪峰

U0190631

机 械 工 业 出 版 社

本书是全国机械行业职业教育优质规划教材（高职高专），经全国机械职业教育教学指导委员会审定。本书结合机电行业的技术发展和岗位技能要求，以培养应用型、创新型人才为目标，采用项目化课程模式编写，以工业自动控制中典型项目为载体，涵盖了伺服传动控制技术、检测技术、PLC 技术、3D 打印机技术、工业机器人及柔性自动化生产线技术等相关内容，通过创新案例开拓学生的创新思维，以资源为基石，确保教学方便易行，提供优质仿真实验、工程录像配套资源。

本书可作为高职高专院校机电类、机械类、电子类、控制类等专业的机电一体化系统课程教材，也可作为应用型本科、成人教育、自学考试、开放大学、中职学校和培训班的教材，以及工程技术人员的参考用书。

本书配有电子课件、电子教案及仿真实验、工程录像资源，凡使用本书作为教材的教师可登录机械工业出版社教育服务网 www.cmpedu.com 注册后下载。咨询邮箱：cmpgaozhi@ sina.com。咨询电话：010-88379375。

图书在版编目（CIP）数据

机电一体化应用技术与实践/张建，何振俊主编. —北京：机械工业出版社，2017.9（2019.1 重印）
全国机械行业职业教育优质规划教材　高职高专
ISBN 978-7-111-57772-0

Ⅰ.①机⋯　Ⅱ.①张⋯②何⋯　Ⅲ.①机电一体化-高等职业教育-教材　Ⅳ.①TH-39

中国版本图书馆 CIP 数据核字（2017）第 200298 号

机械工业出版社（北京市百万庄大街 22 号　邮政编码 100037）
策划编辑：薛　礼　责任编辑：薛　礼　刘良超　责任校对：刘　岚
封面设计：鞠　杨　责任印制：常天培
北京机工印刷厂印刷
2019 年 1 月第 1 版第 2 次印刷
184mm×260mm·16 印张·390 千字
1901—4900 册
标准书号：ISBN 978-7-111-57772-0
定价：39.80 元

前　言

　　"机电一体化"一词的英文名词是"Mechatronics"，它是取机械学（Mechanics）的前半部分和电子学（Electronics）的后半部分拼合而成。机电一体化实际上是机、电、液、气、光、磁一体化的统称，只不过机电之间的结合更紧密和常见而已。随着机电一体化技术的产生与发展，在世界范围内欣起了机电一体化热潮，它使机械产品向着高技术密集的方向发展。当前，以柔性自动化为主要特征的机电一体化技术发展迅速，水平越来越高。任何一个国家、地区、企业若不拥有这方面的人才、技术和生产手段，就不具备国际、国内竞争所必需的基础。要彻底改变目前我国机械工业面貌，缩小与国外先进水平的差距，必须走发展机电一体化技术之路，这也是当代机械工业发展的必然趋势。因此，掌握机电一体化技术的设计与应用，是高职高专机电类等专业技术人员必须具备的基本职业技能之一。

　　本书根据当前我国经济转型的形势要求，力求培养实用型、应用型、创新型人才，结合行业、岗位技能要求，根据职业教育的特点，以能力为目标，以任务为依托，进行组织教学。作为教材，编者在文字叙述上力求深入浅出、循序渐进；在内容安排上既注意了基础理论、基本概念的系统性阐述，同时也考虑到工程设计人员的实际需要，在介绍各种设计方法时尽可能具体实用，书中给出的具体电路图都是经实验验证可行的。全书共精心设计了7个项目，共计20个任务，每个项目配以仿真实验和创新案例，使学生能够做中学、学中做，体现学生为主导的教学特性。

　　本书编者及编写分工为张建（项目一、项目三、项目七）、何振俊（项目五）、陆建荣（项目六）、马明（任务2-1、任务4-3）、周俊冬（任务2-2、任务2-3）、李雪峰（任务4-1、任务4-2），张建高级技师组织了书稿的编写并对全书进行了统稿。林小宁副教授对全书进行了审稿，薛晓晶老师参与了书中插图和绘制，并提出了宝贵建议，余振老师也为本书提供了有益的帮助，这里一并致谢！

　　为方便教师教学、学生学习，全书配有电子课件、电子教案及仿真实验、工程录像等教学资源。

　　由于时间仓促，内容较多，书中错误之处在所难免，恳请广大读者提出宝贵意见。

编　者

目　录

项目1

机电一体化中的伺服传动控制技术与实践

【项目导学】

  伺服传动控制是指执行机构在控制指令的指挥下，使机械系统的运动部件按照指令要求进行运动。实现执行机构对给定指令的准确跟踪，即实现输出变量的某种状态能够自动、连续、精确地体现输入指令信号的变化规律。

  通过三个与伺服传动控制相关的任务的实施，学生应熟悉单片机 C 语言的编程规则、掌握基本指令的应用，进一步掌握单片机常见的接口技术，熟练运用编程软件 Keil 进行联机调试，了解电动机控制技术的基本控制原理，了解基于单片机伺服控制的意义并掌握单片机伺服电动机控制的设计要点。

任务1-1 步进电动机传动控制

【任务说明】

  步进电动机作为执行元件，是机电一体化的关键产品之一，广泛应用在各种自动化设备中。与普通电动机不同的是，步进电动机能够将电脉冲信号转化为角位移，能方便地实现正反转、调速、定位控制，特别是不需要位置传感器或速度传感器就可以在开环控制下精确定位或同步运行。因此，步进电动机广泛应用在数字控制的各个领域，在机械、纺织、轻工、化工、石油、邮电、冶金、文教和卫生等行业，特别是在数控机床上获得越来越广泛的应用。在本任务中，学生应了解步进电动机的结构和工作原理，掌握对步进电动机的控制方法，了解它的应用领域和未来的一些发展趋势等。

【任务知识点】

1. 步进电动机的结构与工作原理

  步进电动机是一种将电脉冲信号转换成角位移的机电执行元件。每当一个脉冲信号施加于电动机的控制绕组时，其转轴就转过一个固定的角度（步距角），如顺序连续地发出脉冲，电动机轴将会一步接一步地运转。通过控制输入脉冲的个数来决定步进电动机所旋转过的角位移量，从而达到准确定位的目的，而输入脉冲的频率决定了步进电动机的运行速度。

步进电动机种类很多，按工作原理分，有反应式、永磁式、混合式三种；按输出转矩大小分，有快速步进电动机、功率步进电动机，按励磁相数分，有二、三、四、五、六、八相等。

步进电动机的结构形式虽然繁多，但工作原理基本相同，下面仅以三相反应式步进电动机为例进行说明。

（1）步进电动机结构　步进电动机的结构图如图1-1所示，与普通电动机相似，步进电动机也分为定子和转子两大部分，定子由定子铁心、绕组、绝缘材料等组成。输入外部脉冲信号对各相绕组轮流励磁。转子部分由转子铁心，转轴等组成。转子铁心是由硅钢片或软磁材料叠压而成的齿形铁心。

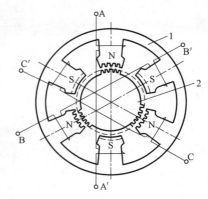

图 1-1　步进电动机的结构图
1—定子　2—转子

（2）步进电动机工作原理　步进电动机的工作原理其实就是电磁铁的工作原理。如图1-2所示，如给某单相绕组通电时，初始使转子齿偏离定子齿一个角度。由于励磁磁通总会选择磁阻最小的路径通过，因此对转子产生电磁吸力，迫使转子齿转动，当转子转到与定子齿对齐位置时，又因转子只受径向力而无切线力，故转矩为零，转子被锁定在这个位置上。由此可见，错齿是促使步进电动机旋转的根本原因。

对于上述三相反应式步进电动机，其运行方式有单三拍、双三拍及单双拍等通电方式。"单""双""拍"的意思是："单"是指每次切换前后只有一相绕组通电，"双"是指每次切换前后有两相绕组通电；而从一种通电状态转换到另一种通电状态就叫作一"拍"。

1）单三拍工作方式：指对每相绕组单独轮流通电，三次换相（三拍）完成一次通电循环。通电顺序为 U-V-W-U 时，电动机正转；通电顺序为 U-W-V-U 时，电动机反转，如图 1-3 所示。

2）三相双拍工作方式：按 UV-VW-WU-UV（正转）或 UW-VU-VW-UW（反转）相序循环通电，如图1-4所示。

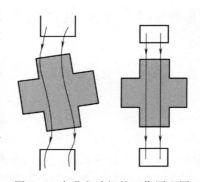

图 1-2　步进电动机的工作原理图

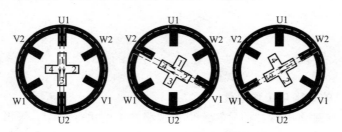

图 1-3　步进电动机单三拍工作方式

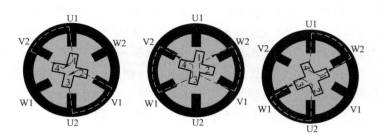

图1-4 步进电动机三相双拍工作方式

3）三相单双六拍工作方式：按 U-UV-V-VW-W-WU-U 或 U-WU-W-VW-UV-U 相序循环通电。同样，通电顺序改变时，旋转方向改变，而电流换接次数多了一倍，转动精度更高。

设转子齿数为 Z_r，转子转过一个齿距需要的拍数为 N，则步距角为

$$\theta = \frac{360°}{Z_r N} \qquad (1-1)$$

每输入一个脉冲，转子转过 $\frac{1}{Z_r N}$ 转，若脉冲电源的频率为 f 时，则步进电动机的转速为

$$n = \frac{60f}{N Z_r} \qquad (1-2)$$

可见，磁阻式步进电动机的转速取决于脉冲频率、转子齿数和拍数，与电压和负载等因素无关。当转子齿数一定时，转速与输入脉冲频率成正比，与拍数成反比。

三相磁阻式步进电动机模型的步距角太大，难以满足生产中小位移量的要求，为了减小步距角，实际中将转子和定子磁极都加工成多齿结构。

2. 单片机控制步进电动机的控制原理

（1）脉冲序列的生成 脉冲周期的实现，脉冲序列如图1-5所示，脉冲周期 T = 通电时间 t_1 + 断电时间 t_2。通电时，单片机输出高电平使开关闭合；断电时，单片机输出低电平使开关断开。通电和断电时间的控制，可以用定时器，也可以用软件延时。周期决定了步进电动机的转速，占空比决定了功率，脉冲高度决定了元器件，对 TTL 电平为 0~5V，对 CMOS 电平一般为 0~10V。常用的接口电路多为 0~5V。

（2）方向控制 旋转方向与内部绕组的通电顺序有关，步进电动机的方向信号指定各相导通的先后次序，用以改变步进电动机的旋转方向。如果按给定工作方式正序换相通电，步进电动机正转；如果按反序通电换相，则电动机就反转。本任务中采用四相双四拍步进电动机，P1 口输出控制脉冲对电动机进行正反转、转速等状态的控制。由于采用 74LS06 反向缓冲 OC 门驱动电动机，所以当 P1.X = 0 时，对应的绕组导通；当 P1.X = 1 时，对应的绕组断开。四相步进电动机的双四拍工作方式，其各相通电顺序为 AB—BC—

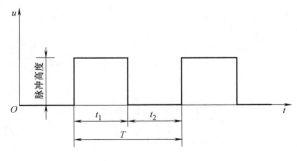

图1-5 脉冲序列

CD—DA，通电控制脉冲必须严格按照这一顺序分别控制 A、B、C、D 相的通断。

（3）转速　控制周期决定了步进电动机的转速，如果给步进电动机发一个控制脉冲，它就转一步，再发一个脉冲，它会再转一步。两个脉冲的间隔越短，步进电动机就转得越快。调整单片机发出的脉冲频率，就可以对电动机进行调速。控制步进电动机转速的方法就是控制脉冲之间的时间间隔。只要转速给定，便可计算出脉冲之间的时间间隔。如要求步进电动机 2s 转 10 圈，假设该步进电动机转子齿数为 5，工作在四拍的工作方式下，则每一步需要的时间 T 为

$$T = 每圈时间/每圈的步数 = (2000ms/10)/(4 \times 5) = 10ms$$

只要在输出一个脉冲后延时 10ms，即可满足速度的要求。

3. MCS-51 系列单片机简介

单片机是一种集成电路芯片。它采用超大规模技术将具有数据处理能力的微处理器（CPU）、存储器（含程序存储器 ROM 和数据存储器 RAM）、输入/输出接口电路（I/O 接口）集成在同一块芯片上，构成一个既小巧又很完善的计算机硬件系统，在单片机程序的控制下能准确、迅速、高效地完成程序设计者事先规定的任务。所以说，一片单片机芯片就具有了组成计算机的全部功能。

由此来看，单片机有着一般微处理器（CPU）芯片所不具备的功能，它可单独地完成现代工业控制所要求的智能化控制功能，这是单片机最主要的特征。

然而单片机又不同于单板机（一种将微处理器芯片、存储器芯片、输入/输出接口芯片安装在同一块印制电路板上的微型计算机），单片机芯片在没有开发前，它只是具备功能极强的超大规模集成电路，如果对它进行应用开发，它便是一个小型的微型计算机控制系统，但它与单板机或个人计算机（PC）有着本质的区别。

作为主流的单片机品种，MCS-51 系列单片机市场份额占有量巨大，飞利浦（PHILIPS）公司、Atmel 公司等纷纷开发了以 8051 为内核的单片机产品，这些产品都归属于 MCS-51 系列单片机。

MCS-51 系列单片机的引脚和内部组成如图 1-6 所示，通常采用双列直插式封装（Dual

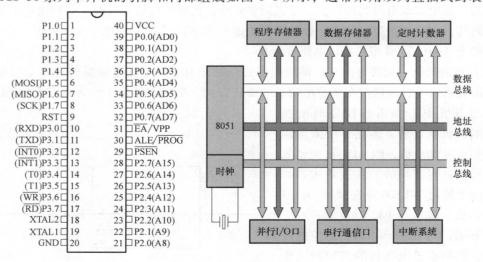

图 1-6　MCS-51 系列单片机的引脚和内部组成

In-line Package，DIP）或特殊引脚芯片载体（Plastic Leaded Chip Carrier，PLCC）封装。

MCS-51 系列单片机的内核是 8051 CPU，CPU 的内部集成有运算器和控制器，运算器完成运算操作（包括数据运算、逻辑运算等），控制器完成取指令、对指令译码以及执行指令。

 【任务实践】

以小型立式包装机为例，详细分析其工作原理及其步进电动机的传动控制。先把包装材料在包装机上安装好再开机，然后由拉袋电动机把包装纸往下拉，供纸部分根据供纸传感器的信号供纸，包装纸经过成型器部分成型，再由加热封合部分把包装袋底部封合，最后就是下料，物料进入包装机封合、切断，一个完整的包装袋就出来了。

1. 任务要求

本任务采用 28BYJ48 型四相电动机作为系统的执行器，电压为 DC 5V，当对步进电动机施加一系列连续不断的控制脉冲时，它可以连续不断地转动。每个脉冲信号对应步进电动机的某一相位或两相绕组的通电状态改变一次，也就对应转子转过一定的角度（一个步距角）。当通电状态的改变完成一个循环时，转子转过一个齿距。四相步进电动机可以在不同的通电方式下运行，常见的通电方式有单（A-B-C-D-A），双四相（AB-BC-CD-DA-AB），八拍（A-AB-B-BC-C-CD-D-DA-A）。本任务采用四相双四拍工作方式。接线图如图 1-7 所示。红线接电源 5V，橙线接 P1.3 口，黄线接 P1.2 口，粉线接 P1.1 口，蓝线接 P1.0 口。

2. 任务实施

（1）建立步进电动机相序　四相双四拍相序控制表见表 1-1。

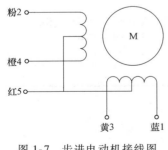

图 1-7　步进电动机接线图

表 1-1　四相双四拍相序控制表

步序	控制位				通电状态	控制数据
	P1.3/D 相	P1.2/C 相	P1.1/B 相	P1.0/A 相		
1	1	1	0	0	AB	0CH
2	1	0	0	1	BC	09H
3	0	0	1	1	CD	03H
4	0	1	1	0	DA	06H

（2）系统原理图的绘制　建立系统，并在 Proteus 单片机仿真平台进行仿真，步进电动机控制系统框图如图 1-8 所示。

（3）单片机 C 程序设计　根据控制电路的要求，设计 C 语言控制程序，并在 Keil 3.0软件中进行仿真。程序略。

3. 任务评价

任务评价表见表 1-2。

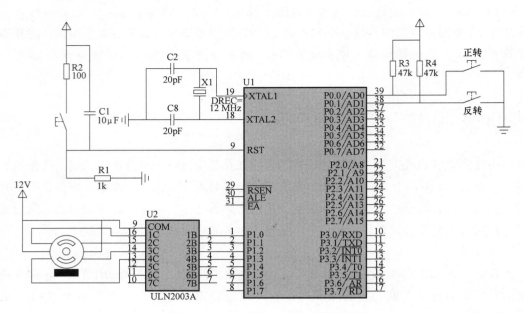

图 1-8　步进电动机控制系统框图

表 1-2　任务评价表

任务	目　标	分值	评　分	得分
编写相序控制表	能正确分析控制要求,控制脉冲时序	20	不完整,每处扣 2 分	
绘制原理图	按照控制要求,绘制系统原理图,要求完整、美观	10	不规范,每处扣 2 分	
在 Proteus 中搭建仿真系统	按照原理图,搭建仿真系统。线路安全简洁,符合工艺要求	30	不规范,每处扣 5 分	
程序设计与调试	(1)程序设计简洁易读,符合任务要求 (2)在保证人身和设备安全的前提下,通电调试一次成功	40	第一次调试不成功扣 20 分;第二次调试不成功扣 20 分	
总分		100		

【知识拓展】

1. 步进电动机在供送包装膜中的应用

在制袋、充填、封口为一体的包装机中,要求包装用塑料薄膜定位定长供给,无论间歇供给还是连续供给,都可以用步进电动机来可靠完成。

(1)间歇供给　间歇式包装机使用步进电动机供膜,可靠性可以得到提高。以前的包装膜供送多采用曲柄连杆机构间歇拉带方式,结构复杂,调整困难,特别是当需要更换产品时,不仅调节困难,而且包装膜浪费很多。采用步进电动机与拉带滚轮直接连接拉带,不仅结构得到了简化,而且调节极为方便,只要通过控制面板上的按钮就可以实现,这样既节省了调节时间，又节约了包装材料。

在间歇式包装机中，包装材料的供送控制可以采用两种模式：袋长控制模式和色标控制模式。袋长控制模式适用于不带色标的包装膜，通过预先设定步进电动机转速的方法实现，占空比的设定通过拨码开关就可以实现。色标控制模式配备有光电开关，光电开关检测色标的位置，当检测到色标时，发出控制开关信号，步进电动机接收到信号后，停止转动，延时一定时间后，再转动供膜，周而复始，保证按照色标的位置定长供膜。

（2）连续供给　在连续式包装机中，步进电动机是连续转动的，包装膜被均匀地连续输送，当改变袋长时，只需通过拨码开关就可以实现。

2. 步进电动机在横封中的应用

在连续式包装机中，横封是一个很重要的执行机构，也是包装机中比较复杂的机构之一，特别是对于有色档的包装膜，其封口和切断位置要求极其严格。为了提高切断的准确性，人们先后研制了偏心链轮机构、曲柄导杆机构等，但这些机构都存在着调整十分麻烦、可靠性低的缺点。造成这些缺点的主要原因是工艺要求横封轮定速横封和定位切断。

步进电动机直接驱动横封轮可以实现速度同步。连续式包装机的供膜轮是连续供膜的，横封时要求横封的线速度与薄膜供送的速度同步，以免出现撕裂薄膜和薄膜堆积的情况，由于横封轮的直径是恒定的，当改变袋长时，就需要通过改变横封轮的转速来改变，但是横封需要一定的时间，就是说横封轮与薄膜从接触到离开需要恒定的时间，否则封口不严。横封轮每转一周的总时间与横封所需要的时间都是恒定的，要满足速度同步的要求，可以将步进电动机一周内的转速分成两部分，一部分满足速度同步的要求，而另外空载的部分满足一周总时间的要求。

为了实现良好的封口质量，还可以通过步进电动机对横封轮实现非衡速的控制模式，就是在横封的每一点上都实现速度同步，这里不再具体介绍。

【常见问题解析】

1. 步进电动机不运转

故障原因：①驱动器无供电电压；②驱动器熔丝熔断；③驱动器报警（过电压、欠电压、过电流、过热）；④驱动器与电动机连线断线；⑤系统参数设置不当；⑥驱动器使能信号被封锁；⑦接口信号线接触不良；⑧驱动器电路故障；⑨电动机卡死或者出现故障；⑩电动机生锈；⑪指令脉冲太窄、频率过高、脉冲电平太低。

2. 步进电动机起动后堵转

故障原因：①指令频率太高；②负载转矩太大；③加速时间太短；④负载惯量太大；⑤电源电压降低。

3. 步进电动机运转不均匀，有抖动

故障原因：①指令脉冲不均匀；②指令脉冲太窄；③指令脉冲电平不正确；④指令脉冲电平与驱动器不匹配；⑤脉冲信号存在噪声；⑥脉冲频率与机械发生共振。

4. 步进电动机运转不规则，正反转地摇摆

故障原因：①指令脉冲频率与电动机发生共振；②外部干扰。

5. 步进电动机定位不准

故障原因：①加减速时间太小；②存在干扰噪声；③系统屏蔽不良。

6. 步进电动机过热

故障原因：①工作环境过于恶劣，环境温度过高；②参数选择不当，如电流过大，超过相电流；③电压过高。

7. 步进电动机工作过程中停车

故障原因：①驱动电源故障；②电动机线圈匝间短路或接地；③绕组烧坏；④脉冲发生电路故障；⑤杂物卡住。

8. 步进电动机噪声大

故障原因：①电动机运行在低频区或共振区；②纯惯性负载、短程序、正反转频繁；③混合式或永磁式转子磁钢退磁后以单步运行或在失步区。

9. 步进电动机失步或者多步

故障原因：①负载过大，超过电动机的承载能力；②负载忽大忽小；③负载的转动惯量过大，起动时失步、停车时过冲；④传动间隙大小不均；⑤传动间隙产生的零件有弹性变形；⑥电动机工作在振荡失步区；⑦系统干扰；⑧定、转子相擦。

10. 步进电动机无力或者是出力降低

故障原因：①驱动电源故障；②电动机绕组内部发生错误；③电动机绕组碰到机壳，发生相间短路或者线头脱落；④电动机轴断；⑤电动机定子与转子之间的气隙过大；⑥电源电压过低。

任务 1-2 直流伺服电动机传动控制

 【任务说明】

　　直流伺服电动机具有良好的宽调速性能、输出转矩大、过载能力强，伺服系统也由开环控制发展为闭环控制，因而在工业及相关领域获得了更加广泛的运用。但是，随着现代工业的快速发展，其相应设备如精密数控机床、工业机器人等对电伺服系统提出越来越高的要求，尤其是精度、可靠性等性能。而传统直流电动机采用的是机械式换向器，在应用过程中面临很多问题，如电刷和换向器易磨损，维护工作量大，成本高；换向器换向时会产生火花，使电动机的最高转速及应用环境受到限制；直流电动机结构复杂、成本高，对其他设备易产生干扰。在本任务中，学生应了解直流伺服电动机的结构和工作原理，掌握对直流伺服电动机的控制方法以及它的应用领域等。

🔍 【任务知识点】

1. 直流伺服电动机的结构与工作原理

　　伺服电动机也称为执行电动机，它根据控制信号的要求而动作，在信号来到之前，转子静止不动；信号来到之后，转子立即转动。直流伺服电动机具有良好的起动、制动和调速特性，可很方便地在宽范围内实现平滑无级调速，故多用在对伺服电动机的调速性能要求较高的生产设备中。直流伺服电动机的结构主要包括以下三大部分，如图1-9所示。

（1）定子 定子磁极磁场由定子的磁极产生。根据产生磁场的方式，直流伺服电动机可分为永磁式和他励式。永磁式磁极由永磁材料制成，他励式磁极由冲压硅钢片叠压而成，外绕线圈通以直流电流便产生恒定磁场。

（2）转子 转子又称为电枢，由硅钢片叠压而成，表面嵌有线圈，通以直流电时，在定子磁场作用下产生带动负载旋转的电磁转矩。

（3）电刷与换向片 为使所产生的电磁转矩保持恒定方向，转子能沿固定方向均匀地连续旋转，电刷与外加直流电源相接，换向片与电枢导体相接。

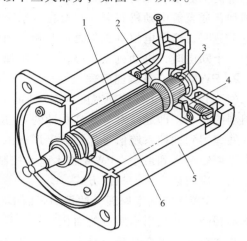

图1-9 直流伺服电动机结构
1—转子 2—电制（负极） 3—整流子
4—电刷（正极） 5—机壳 6—定子

直流伺服电动机的工作原理与一般直流电动机的工作原理是完全相同，他励直流电动机转子上的载流导体（即电枢绕组），在定子磁场中受到电磁转矩 M 的作用，使电动机转子旋转。由直流电动机的基本原理分析得到

$$n = \frac{U - I_a R_a}{K_\in} \qquad (1\text{-}3)$$

式中，n 为电枢的转速（r/min）；U 为电枢电压；I_a 为电动机电枢电流；R_a 为电枢电阻；$K_\in$ 为电动势系数（$K_\in = C_\in \Phi$）。

由式（1-3）可知，调节直流电动机的转速有三种方法：

（1）改变电枢电压 U 调速范围较大，直流伺服电动机常用此方法调速。

（2）变磁通量 Φ（即改变 $K_\in$ 的值） 改变励磁回路的电阻 R_f 以改变励磁电流 I_f，可以达到改变磁通量的目的；调磁调速因其调速范围较小，常常作为调速的辅助方法，而主要的调速方法是调压调速。若采用调压与调磁两种方法互相配合，可以获得很宽的调速范围，又可充分利用电动机的容量。

（3）在电枢回路中串联调节电阻 R_a 从式（1-3）可知，在电枢回路中串联电阻的办法，只能调低转速，而且电阻上的铜耗较大，这种办法并不经济，故应用较少。

按照在自动控制系统中的功用所要求，伺服电动机具有可控性好、稳定性高和速应性强等基本性能。可控制性好是指控制信号消失以后，能立即自行停转；稳定性高是指转速随转矩的增加而均匀下降，速应性强是指反应快、灵敏。直流伺服电动机在自动控制系统中常用作执行元件，对它的要求是要有下垂的机械特性、线性的调节特性和对控制信号能做出快速反应。例如，某系统采用的是电磁式直流伺服电动机，其型号为45SY01型，其转速 n 的计算公式为

$$n = \frac{E}{K\Phi} = \frac{U_a - I_a R_a}{K\Phi} \qquad (1\text{-}4)$$

式中，n 为转速；Φ 为磁通；E 为电枢反电动势；U_a 为外加电压；I_a、R_a 分别为电枢电流

和电阻；K 为常数。

直流伺服电动机与普通直流电动机以及交流伺服电动机的比较：直流伺服电动机的工作原理和普通直流电动机相同。只要在其励磁绕组中有电流通过且产生了磁通，当电枢绕组中通过电流时，这个电枢电流与磁通互相作用而产生转矩使伺服电动机投入工作。这两个绕组中的一个断电时，电动机立即停转，它不像交流伺服电动机那样有"自转"现象。

2. PWM 简介及调速原理

（1）PWM 简介　脉冲宽度调制（Pulse Width Modulation，PWM）就是对脉冲的宽度进行调制的技术，即通过对一系列脉冲的宽度进行调制，获得所需要波形。PWM 的一个优点是从处理器到被控系统信号都是数字形式的，无须进行数-模转换，让信号保持在数字形式可将噪声影响降到最小。PWM 技术以其控制简单、灵活和动态响应好的优点而成为电力电子系统中应用最广泛的控制方式。

（2）PWM 的基本原理　冲量相等而形状不同的窄脉冲加在具有惯性的环节上时，其效果基本相同。冲量指窄脉冲的面积。效果基本相同，是指环节的输出响应波形基本相同。低频段非常接近，仅在高频段略有差异。电路输入 $u(t)$，如图 1-10a、b、c、d 所示。

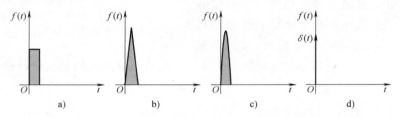

图 1-10　冲量相等而形状不同的窄脉冲

1）面积等效原理。分别将图 1-10 所示的电压窄脉冲加在一阶惯性环节（R-L 电路）上，如图 1-11a 所示，其输出电流 $i(t)$ 对不同窄脉冲时的响应波形如图 1-11b 所示。从波形可以看出，在 $i(t)$ 的上升段，$i(t)$ 的形状也略有不同，但其下降段则几乎完全相同。脉冲越窄，各 $i(t)$ 响应波形的差异也越小。如果周期性地施加上述脉冲，则响应 $i(t)$ 也是周期性的。用傅里叶级数分解后将可看出，各 $i(t)$ 在低频段的特性非常接近，仅在高频段有所不同。

如图 1-12 所示，可用一系列等幅不等宽的脉冲来代替一个正弦半波，正弦半波 N 等分，

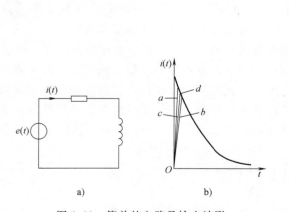

图 1-11　简单的电路及输出波形

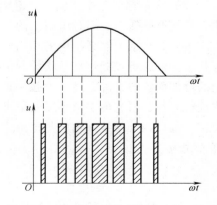

图 1-12　用 PWM 波代替正弦半波

看成 N 个相连的脉冲序列，宽度相等，但幅值不等；也可用矩形脉冲代替，等幅，不等宽，中点重合，面积（冲量）相等，宽度按正弦规律变化。

2）调速原理。占空比表示了在一个周期 T 里，开关管导通的时间与周期的比值，其变化范围为 0~1。在电源电压不变的情况下，电枢端电压的平均值 U 取决于占空比的大小，改变其值就可以改变端电压的平均值，从而达到调速的目的。在 PWM 调速时，占空比是一个重要的参数。

3. 伺服系统

伺服系统是一个闭环的自动控制系统，在伺服控制系统中，单片机除了要控制系统的功率主回路（PWM 功率放大电路）外，同时还要实时监测系统的状态。对于单片机而言，除了对 PWM 功率放大电路进行控制外，还要接收速度变化信号、位置变化信号，并对这些信号进行处理，再产生信号去控制 PWM 功率放大器工作，驱动伺服电动机运行在给定的状态。

在控制系统中，反馈是实现自动控制的基础。没有反馈，系统的输出就不能返回系统的输入端与输入进行比较，得到既有大小、又有方向的偏差信号，而系统对输出的调节正是依靠偏差信号的大小和方向。

反馈的形式分为局部反馈和总反馈。局部反馈的作用是改善系统的性能。系统的总反馈是连接系统输入和输出的反馈，为达到对系统输出的控制，系统的总反馈一定是负反馈。

在位置伺服控制系统中，目前有两种反馈方式：半闭环与闭环。半闭环是将执行电动机的角位移信号反馈回系统的输入端，其优点是易调整，缺点是反馈信号不是系统的输出信号，控制精度不如闭环高。闭环方式是将系统的输出反馈回系统的输入，其控制精度高，但考虑传动机构的间隙等因素，系统不易调整。

（1）单传感器系统　单传感器系统框图如图 1-13 所示。

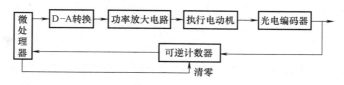

图 1-13　单传感器系统框图

单传感器系统采用一个传感器采集位置信号。速度信号可由位置信号近似求得。由位置信号求取速度的原理是利用位置的一阶导数，即

$$\omega(t) = \frac{\Delta\theta}{\Delta t} \qquad (1-5)$$

式中，$\Delta\theta$ 为采样周期内角位移的增量；Δt 为采样周期。

采样周期是固定的，即 Δt 是常量，所以，$\Delta\theta$ 实际上正比于角速度的近似值 $\omega(t)$。这样，由数字位置传感器导出角速度是可行的。

一般情况下，位置传感器采用光电编码器。图 1-12 表示了单个光电编码器的控制系统原理图。计算机以恒定的采样周期采集反馈信号，并将它与数字输入信号相比较，经过控制规律运算后，产生控制信号并以均匀的速率输出，通过转换和功率放大，驱动执行电动机。

可逆计数器以固定的周期记录光电编码器的脉冲数。计算机采集数据后，若立即清除计数器的数据，那么每次读入的数据为位置的增量。若每次读入数据后不清零，那么前后读入的数据的差值为位置的增量。在计算机内累加每次的位置增量，可得到输出轴的绝对位置。这样，依靠单个光电编码器同时可获得位置反馈信号和近似速度反馈信号，这种系统仍然具有速度和位置双环回路。

但是，单个光电编码器反馈控制系统的速度分辨率较低，由于速度的计算经过数字的量化，往往呈现较明显的分段常值或阶梯型的函数。这对系统的控制性能会产生不良的影响，可通过提高光电编码器的线数来加以改善。

（2）双传感器系统 双传感器系统框图如图1-14所示。在采用双传感器控制系统中，位置信号和速度信号分别由不同的传感器检测反馈。位置传感器通常采用光电编码器，光电编码器与电动机轴同轴连接，将电动机输出的角位移

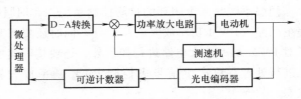

图 1-14 双传感器系统框图

信号转换为与之成一定比例关系的脉冲信号。可逆计数器对光电编码器输出的脉冲进行计数，计算机在采样时刻读入数值，经控制算法运算后，输出数字结果，经D-A转换，输出模拟量的电压信号。该电压信号与测速机反馈电压相比较，产生模拟速度环的偏差信号。

单传感器系统节省了一个传感器，在有些空间受到限制的场合，性能又可满足要求的情况下，还是一个可行的方案。双传感器系统增加了一个速度传感器，加大了体积和成本，但其控制性能好，尤其在调整过程中，速度环的参数调整对系统动特性的影响更为直观，在实验台的设计中更为可取。

【任务实践】

1. 任务要求

直流伺服电动机的模拟调速系统一般是由两个闭环构成的，即速度闭环和电流闭环，为使两者能够相互协调、发挥作用，在系统中设置了两个调节器，分别调节转速和电流。两个反馈闭环在结构上采用一环套一环的嵌套结构，这就是所谓的双闭环调速系统，它具有动态响应快、抗干扰能力强等优点，因而得到广泛的应用。直流伺服电动机可应用在火花机、机械手等要求精确性高的机器中，同时可加配减速箱，给机器设备带来可靠的准确性及高转矩。下面以火花机为例，详细介绍火花机的工作原理、系统的构建及软件控制流程，joemars火花机如图1-15所示。

2. 任务实施

（1）火花机原理及其工作过程分析 火花机（Electrical Discharge Machining, EDM）

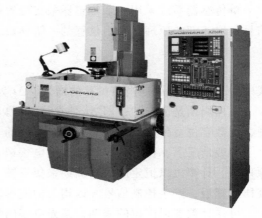

图 1-15 joemars 火花机

是一种机械加工设备,主要用于电火花加工,广泛应用在各种金属模具、机械设备的制造中。它是利用浸在工作液中的两极间脉冲放电时产生的电蚀作用蚀除导电材料的特种加工方法,又称放电加工或电蚀加工。电火花加工主要用于加工具有复杂形状的型孔和型腔的模具和零件;加工各种硬、脆材料,如硬质合金和淬火钢等;加工深细孔、异形孔、深槽、窄缝和切割薄片等;加工各种成形刀具、样板和螺纹环规等工具。

在进行电火花加工时,工具电极和工件分别接脉冲电源的两极,并浸入工作液中,或将工作液充入放电间隙。通过间隙自动控制系统(直流伺服系统)控制工具电极向工件进给,当两电极间的间隙达到一定距离时,两电极上施加的脉冲电压将工作液击穿,产生火花放电。

在放电的微细通道中瞬时集中大量的热能,温度可高达10000℃以上,压力也有急剧变化,从而使这一点工件表面局部微量的金属材料立刻熔化、汽化,并爆炸式地飞溅到工作液中,迅速冷凝,形成固体的金属微粒,被工作液带走。这时在工件表面上便留下一个微小的凹坑痕迹,放电短暂停歇,两电极间工作液恢复绝缘状态。紧接着,下一个脉冲电压又在两电极相对接近的另一点处击穿,产生火花放电,重复上述过程。这样,虽然每个脉冲放电蚀除的金属量极少,但因每秒有成千上万次脉冲放电作用,就能蚀除较多的金属,具有一定的生产率。

(2)建立伺服控制系统 控制系统是以单片机为控制器,以测速发电机为速度反馈元件,以光电编码器为角位置反馈元件。驱动装置为大功率晶体管PWM功率放大器,执行电动机为直流伺服电动机。火花机控制系统框图如图1-16所示,火花机控制系统硬件框图如图1-17所示。

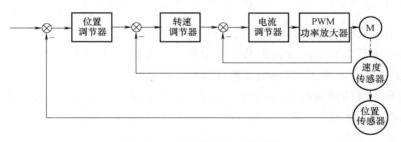

图1-16 火花机控制系统框图

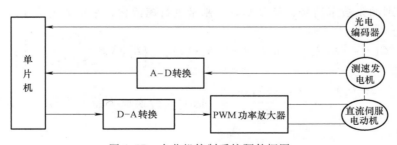

图1-17 火花机控制系统硬件框图

速度检测元件采用测速发电机,测速发电机有输出电压与转速成线性关系的特点,它把转速转换成电压后,再由A-D转换器ADC0809转换成数字信号,送入单片机。角度反馈元件采用光电编码器,它把角度转换成数字量直接输出,送给单片机。测速发电机、光电编码器是由直流伺服电动机带动的。单片机处理给定量与上面检测元件的测量量的偏差，处理后，输出控制信号，经 D-A 转换器 DAC0832 后，把数字信号转变为模拟电压，再经放大器放大后，去控制 PWM 功率放大器工作，进而控制直流电动机向着预定的方向转动。

（3）火花机控制系统模型 火花机控制系统模型如图 1-18 所示。

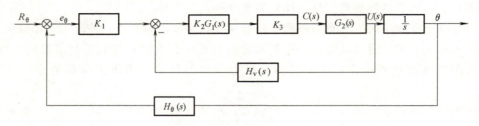

图 1-18　火花机控制系统模型

这个系统由角度反馈环和速度反馈环双环组成，角度反馈是系统的主反馈，反馈结果和给定输入值 R_θ 进行相减，产生角度偏差信号 e_θ，偏差信号由比例环节 K_1 放大，送到下一个环节。速度反馈环是一个局部反馈，主要用于局部反馈校正，可以改善伺服系统的阻尼性能，提高系统的刚性，并减小局部环内的各种非线性的影响。

$K_2 G_1(s)$ 是速度环的放大及串联校正环节，速度环一般采用 PI 调节器，可以克服静差；$G_1(s) = K_\tau + \dfrac{1}{\tau_0 s}$，$K_\tau$ 为比例系数，τ_0 为时间常数，s 为拉普拉斯算子；K_3 是 PWM 功率放大器的比例放大系数；$G_2(s)$ 是伺服电动机的传递函数，$G_2(s) = \dfrac{K_G}{(t_j s + 1)(t_d s + 1)}$，$K_G$ 是静态放大系数，t_d 是电磁时间常数，t_j 为机电时间常数。

$H_v(s)$ 是速度反馈环节的传递函数，由于测速发电机与 A-D 转换器本质上都是比例环节，所以 $H_v(s) = K_v$，其中 K_v 是速度反馈环节的比例系数。

$H_\theta(s)$ 是角度反馈环节的传递函数，也是一个比例环节，$H_\theta(s) = K_\theta$，其中 K_θ 是角度反馈环节的比例放大系数。

根据以上分析，控制量 $C(s) = \left\{ \left[\left(R_\theta(s) - K_\theta \theta(s) \right) K_1 - K_v V(s) \right] \cdot \left[K_2 \left(K_\tau + \dfrac{1}{\tau_0 s} \right) \right] \right\}$。

单片机处理的是数字信号，所以要对控制量进行离散化，采样周期为 T，控制量为

$$C(z) = \left[K_1 R_\theta(z) - K_1 K_\theta \theta(z) - K_v V(z) \right] \cdot \left\{ K_2 \left[K_\tau + \frac{T(1+z^{-1})}{2\tau_0(1-z^{-1})} \right] \right\}$$

令 $a = \dfrac{K_2(T + 2\tau_0 K_\tau)}{2\tau_0}$，$b = \dfrac{K_2(T - 2\tau_0 K_\tau)}{2\tau_0}$，把上式转换成为差分方程，得到控制量 $C(n)$ 的算法公式为

$$C(n) = aK_1 \left[R_\theta(n) - K_\theta \theta(n) \right] - aK_v V(n) + bK_1 \left[R_\theta(n-1) - K_\theta \theta(n-1) \right] - bK_v V(n-1) + C(n-1)$$

控制量 $C(n)$ 与上次的采样值 $C(n-1)$、给定值 $R_\theta(n)$、角度采样值 $\theta(n)$、速度采样值 $V(n)$ 有关，同时也与给定角度的上次采样值 $R_\theta(n-1)$、上次角度采样值 $\theta(n-1)$、上次采样的速度值 $V(n-1)$ 有关。

（4）控制流程的制定　程序开始执行时，首先对单片机的I/O进行初始化。单片机的P1口与P3.0口设定为输入口，直接接收来自光电编码器输出的数字信号。对给定值采样是对ADC0809输入的模拟量的转换结果进行读取。对角度信号值采样是读取光电编码器输出的数据。对速度采样后，就可以计算控制量C，进而把控制量送给DAC0832产生控制信号去控制PWM功率放大器工作，并驱动伺服电动机转动。控制流程图如图1-19所示。

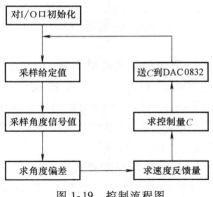

图1-19　控制流程图

3. 任务评价

任务评价表见表1-3。

表1-3　任务评价表

任务	目标	分值	评分	得分
编写相序控制表	能正确分析控制要求,控制脉冲时序	20	不完整,每处扣2分	
绘制原理图	按照控制要求,绘制系统原理图,要求完整、美观	10	不规范,每处扣2分	
在Proteus中搭建仿真系统	按照原理图,搭建仿真系统。线路安全简洁,符合工艺要求	30	不规范,每处扣5分	
程序设计与调试	（1）程序设计简洁易读,符合任务要求 （2）在保证人身和设备安全的前提下,通电调试一次成功	40	第一次调试不成功扣20分;第二次调试不成功扣20分	
总分		100		

【知识拓展】

伺服系统的发展经历了由液压到电气的过程。电气伺服系统根据所驱动的电动机类型分为直流（DC）伺服系统和交流（AC）伺服系统。20世纪50年代，无刷电动机和直流电动机实现了产品化，并在计算机外围设备和机械设备上获得了广泛的应用，20世纪70年代则是直流伺服电动机的应用最广泛的时代。但直流伺服电动机存在机械结构复杂、维护工作量大等缺点，在运行过程中转子容易发热，影响了与其连接的其他机械设备的精度，难以应用到高速及大容量的场合，机械换向器则成为直流伺服驱动技术发展的瓶颈。

从20世纪70年代后期到80年代初期，随着微处理器技术、大功率高性能半导体功率器件技术和电动机永磁材料制造工艺的发展及其性能价格比的日益提高，交流伺服电动机和交流伺服控制系统逐渐成为主导产品。交流伺服电动机克服了直流伺服电动机存在的电刷、换向器等机械部件所带来的各种缺点，特别是交流伺服电动机的过负载特性和低惯性体现出了交流伺服系统的优越性。

【常见问题解析】

1. 直流伺服电动机不转

故障原因：①动力线断线或接触不良；②速度控制使能信号没有送到速度控制单元；③速度指令电压（VCMD）为零；④电动机永磁体脱落；⑤对于带制动器的电动机来说，可能是制动器不良或制动器未通电造成的制动器未松开；⑥松开制动器用的直流未加入或整流桥损坏、制动器断线等。

2. 直流伺服电动机过热

故障原因：①电动机负载过大；②切削液和电刷灰引起换向器绝缘不正常或内部短路；③电枢电流大于磁钢去磁最大允许电流，造成磁钢发生去磁；④电动机温度检测开关不良。

3. 直流伺服电动机旋转时有大的冲击

故障原因：①测速发电机输出电压突变；②测速发电机输出电压的纹波太大；③电枢绕组不良或内部短路、对地短路等；④脉冲编码器不良。

4. 直流伺服电动机旋转时噪声大

故障原因：①换向器接触面的粗糙或换向器损坏；②电动机轴向间隙太大；③切削液等进入电刷槽中，引起了换向器的局部短路。

任务1-3 交流伺服电动机传动控制

【任务说明】

20世纪80年代以来，随着集成电路、电力电子技术和交流可变速驱动技术的发展，永磁交流伺服驱动技术有了突出的发展，各国著名电气厂商相继推出各自的交流伺服电动机和伺服驱动器系列产品，并不断完善和更新。交流伺服系统已成为当代高性能伺服系统的主要发展方向，使原来的直流伺服系统面临被淘汰的危机。20世纪90年代以后，世界各国已经商品化了的交流伺服系统是采用全数字控制的正弦波电动机伺服驱动。交流伺服驱动装置在传动领域的发展日新月异。在本任务中，学生应了解交流伺服电动机的结构、原理及控制方式，并进一步掌握交流伺服电动机的控制方法及在自动送粉器中的应用。

【任务知识点】

1. 交流伺服电动机的结构与工作原理

伺服一词源于希腊语"奴隶"。伺服电动机可以理解为绝对服从控制信号指挥的电动机；在控制信号发出前，转子不动；当控制信号发出时，转子立即转动；当控制信号消失时，转子立刻停转。伺服电动机是自动控制装置中被用作执行元件的微特电动机，其功能是将电信号转换成转轴的角位移或角速度。伺服电动机一般分为交流伺服和直流伺服两大类。

交流伺服电动机的基本构造与交流异步电动机相似，结构图如图1-20所示。在定子上有两个空间相位相差90°的励磁绕组和控制绕组。按恒定交流电压，利用施加到励磁绕组上的交流电压或相位的变化，达到控制电动机运行的目的。交流伺服电动机的转子通常做成笼型，为了使伺服电动机具有较宽的调速范围、线性的机械特性、快速响应的性能，并且无"自转"现象，它与普通电动机相比，应具有转子电阻大和转动惯量小的特点。目前应用较多的转子结构有两种形式，一种是采用高电阻率的导电材料做成的笼型转子，为了减小转子的转动惯量，常把转子做得细长；另一种是采用铝合金材料制成的空心杯形转子，杯壁厚度仅为0.2~0.3mm，空心杯形转子的转动惯量很小，反应速度快，而且运转平稳，因此被广泛采用。

交流伺服电动机在没有控制电压时，定子内只有励磁绕组产生的脉动磁场，转子静止不动。当有控制电压时，定子内便产生一个旋转磁场，转子沿旋转磁场的方向旋转，在负载恒定的情况下，电动机的转速随控制电压的大小变化而变化，当控制电压的相位相反时，伺服电动机将反转。

交流伺服电动机的工作原理与电容运转式单相异步电动机虽然相似，但前者的转子电阻比后者大得多，所以伺服电动机与电容运转式异步电动机相比，有三个显著特点：

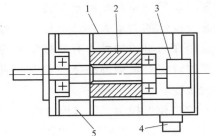

图 1-20 交流伺服电动机结构图
1—定子 2—转子 3—脉冲编码器
4—接线盒 5—定子三相绕组

1）起动转矩大。由于转子电阻大，使转矩特性（机械特性）更接近于线性，而且具有较大的起动转矩。因此，当定子一有控制电压，转子立即转动，即具有起动快、灵敏度高的特点。

2）运行范围宽。运行平稳、噪声小。

3）无自转现象。运转中的伺服电动机，只要失去控制电压，电动机立即停止运转。

2．交流伺服电动机分类

（1）异步型交流伺服电动机 异步型交流伺服电动机可分为三相和单相，也可分为笼型和绕线型，通常笼型三相异步电动机应用较多。其结构简单，与同容量的直流电动机相比，质量轻1/2，价格仅为直流电动机的1/3；缺点是不能经济地实现范围很广的平滑调速，必须从电网吸收滞后的励磁电流，因而会令电网功率因数变低。

这种笼型转子的异步型交流伺服电动机简称为异步型交流伺服电动机，用IM表示。

（2）同步型交流伺服电动机 同步型交流伺服电动机虽较异步电动机复杂，但比直流电动机简单。它的定子与异步电动机一样，都在定子上装有对称三相绕组。而转子却不同，按不同的转子结构又分电磁式及非电磁式两大类。非电磁式又分为磁滞式、永磁式和反应式等多种。其中磁滞式和反应式同步电动机存在效率低、功率因数较低、制造容量不大等缺点。数控机床中多用永磁式同步电动机。与电磁式同步电动机相比，永磁式同步电动机的优点是结构简单、运行可靠、效率较高；缺点是体积大、起动特性欠佳。但永磁式同步电动机采用高剩磁感应、高矫顽力的稀土类磁铁后，可比直流电动外形尺寸减小1/2，质量减轻60%，转子惯量减到直流电动机的1/5。它与异步电动机相比，由于采用了永磁铁励磁，消除了励磁损耗及有关的杂散损耗，所以效率高。又因为没有电磁式同步电动机所需的集电环和电刷等，其机械可靠性与异步电动机相同，而功率因数却大大高于异步电动机，从而使永磁同步电动机的体积比异步电动机小些。这是因为在低速时，异步电动机由于功率因数低，输出同样的有功功率时，它的视在功率却要大得多，而电动机主要尺寸是根据视在功率而定的。

3. 交流伺服电动机的控制方式

（1）转矩控制　转矩控制方式是通过外部模拟量的输入或直接地址的赋值来设定电动机轴对外输出转矩的大小，具体表现如下：例如10V对应5N·m，当外部模拟量设定为5V时，电动机轴输出为2.5N·m；如果电动机轴负载低于2.5N·m时，电动机正转，外部负载等于2.5N·m时电动机不转，大于2.5N·m时电动机反转。可以通过即时地改变模拟量来改变设定的力矩大小，也可通过通信方式改变对应的地址的数值来实现。转矩控制主要应用在对材质的受力有严格要求的缠绕和放卷的装置中，例如绕线装置或拉光纤设备，转矩的设定要根据缠绕半径的变化随时更改，以确保材质的受力不会随着缠绕半径的变化而改变。

（2）位置控制　位置控制模式一般是通过外部输入的脉冲频率来确定转动速度的大小，通过脉冲个数来确定转动的角度，也有些伺服电动机可以通过通信方式直接对速度和位移进行赋值。由于位置模式可以对速度和位置进行严格的控制，所以一般应用于定位装置，应用领域包括数控机床、印刷机械等。

（3）速度控制　通过模拟量输入或脉冲频率都可以进行转动速度的控制，在有上位控制装置的外环PID控制时，速度模式也可以进行定位，但必须把电动机的位置信号或直接负载的位置信号给上位反馈做运算用。位置模式也支持直接负载外环检测位置信号，此时的电动机轴端的编码器只检测电动机转速，位置信号就由直接的最终负载端的检测装置来提供，这样的优点在于可以减小传动过程中的误差，增加了整个系统的定位精度。

4. 51系列定时器的使用

定时/计数器0和定时/计数器1都有4种定时模式。

16位定时器对内部机器周期进行计数，机器周期加1，定时器值加1，1MHz模式下，一个机器周期为$1\mu s$。

定时器工作模式寄存器TMOD不可位寻址，需整体赋值，高4位用于定时器1，低4位用于定时器0，结构见表1-4。

表1-4　TMOD寄存器结构

位序号	D7	D6	D5	D4	D3	D2	D1	D0
位符号	GATA	$C/\overline{T}$	M1	M0	GATA	$C/\overline{T}$	M1	M0
说明	←T1方式字段→				←T0方式字段→			

表中，$C/\overline{T}$为定时器功能选择位，当$C/\overline{T}=0$时，对机器周期计数，当$C/\overline{T}=1$时，对外部脉冲计数。

GATE为门控位，当GATE=0时，软件置位TRn即可启动计时器，当GATE=1时，需外部中断引脚为高电平时才能软件置位TRn启动计时器，一般取GATE=0。

M1M0为定时/计数器工作方式设置位，见表1-5。

定时器控制寄存器TCON结构见表1-6。

表 1-5 定时/计数器工作方式设置表

M1M0	工作方式	说 明
00	0	13 位定时/计数器
01	1	16 位定时/计数器
10	2	8 位自动重装定时/计数器
11	3	T0 分成两个独立的 8 位定时/计数器;T1 此方式停止计数

表 1-6 TCON 结构

位序号	D7	D6	D5	D4	D3	D2	D1	D0
位符号	TF1	TR1	TF0	TR0	IE1	IT1	IE0	IT0
位地址	8FH	8EH	8DH	8CH	8BH	8AH	89H	88H

表中，TFn 为 Tn 溢出标志位，当定时器 Tn 溢出时，硬件置位 TFn。中断使能的情况下，申请中断，CPU 响应中断后，硬件自动清除 TFn。中断屏蔽时，该位一般作为软件查询标志，由于不进入中断程序，硬件不会自动清除标志位，可软件清除。

TRn 为计时器启动控制位，软件置位 TRn 即可启动定时器，软件清除 TRn 即可关闭定时器。

IEn 为外部中断请求标志位。

ITn 为外部中断出发模式控制位，ITn = 0 为低电平触发，ITn = 1 为下降沿触发。

中断允许控制寄存器 IE 结构见表 1-7。

表 1-7 IE 寄存器结构

位序号	D7	D6	D5	D4	D3	D2	D1	D0
位符号	EA	—	—	ES	ET1	EX1	ET0	EX0
位地址	AFH			ACH	ABH	AAH	A9H	A8H

表中，EA（IE.7）为全局中断控制位。置 1 开全局中断，清 0 关闭全局中断。

IE.6、IE.5 无意义。

ETn 为定时器中断使能控制位。置 1 允许中断，清 0 禁止中断。

ES 为串行接收/发送中断控制位，置 1 允许中断，清 0 禁止中断。

EXn 为外部中断使能控制位。置 1 允许中断，清 0 禁止中断。

中断优先级控制寄存器 IP 结构见表 1-8，复位后为 00H。

表 1-8 IP 寄存器结构

位序号	D7	D6	D5	D4	D3	D2	D1	D0
位符号	—	—	—	PS	PT1	PX1	PT0	PX0
位地址				BCH	BBH	BAH	B9H	B8H

IP.5~IP.7 无意义。

PS 为串行中断优先级控制位。

PT1/0：定时器 1/0 优先级控制位，置 1 设为高优先级，清 0 设为低优先级。

PXn：外部中断优先级控制位。中断优先级从高到低依次为 EX0、ET0、EX1、

ET1、ES。

定时/计数器工作方式 0 逻辑结构如图 1-21 所示。TL0 高 3 位不用，低 5 位溢出时，直接向 TH0 进位。

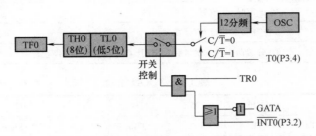

图 1-21　定时/计数器工作方式 0 逻辑结构

通过设置 TH0 和 TL0 初值（0~8191），使计数器从初值开始加 1，溢出后申请中断，溢出后需重新设置初值，否则将从 0 开始加 1 计数。

T＝（模值−初值）×机器周期，初值为 8191 对应计数最小值 1，初值为 0 对应计数最大值 8191。

定时/计数器工作方式 1 逻辑结构如图 1-22 所示。工作方式 1 和工作方式 0 功能相同，但工作方式 1 为 16 位。

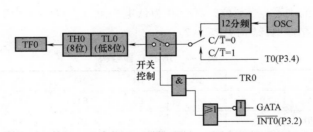

图 1-22　定时/计数器工作方式 1 逻辑结构

定时/计数器工作方式 2 逻辑结构如图 1-23 所示。工作方式 2 构成自动重装的 8 位定时器，计数器的范围为 0~256。

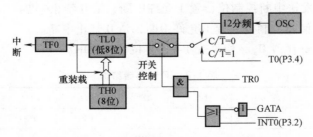

图 1-23　定时/计数器工作方式 2 逻辑结构

TH 作为初值寄存器，TL 作为计数寄存器。TL 溢出时，置位中断标志位，并且把 TH 中的值自动装入 TL。

定时/计数器工作方式 3 逻辑结构如图 1-24 所示，工作方式 3 只适用于定时器 0。工作方式 3 时，定时器构成 2 个独立的 8 位计数器。

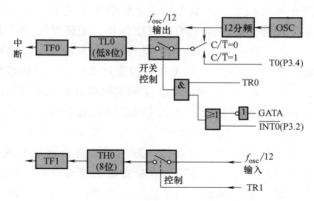

图 1-24　定时/计数器工作方式 3 逻辑结构

此工作方式下，TL0 和工作方式 0、1 状态一样，可以用作计数和定时；TH0 只能用于定时不能用于计数，并占用 T1 的资源 TF1 和 TR1。

【任务实践】

1. 任务要求

1）了解交流伺服电动机的工作原理。

2）熟悉交流伺服电动机的系统搭建。

3）熟悉交流伺服电动机的软件编程。

2. 任务实施

长期以来，在要求调速性能较高的场合，应用直流电动机的调速系统一直占据主导地位。但直流电动机存在一些固有的缺点，如电刷和换向器易磨损，需经常维护；换向器换向时会产生火花，使电动机的最高速度受到限制；也使应用环境受到限制；而且直流电动机结构复杂，制造困难，所用钢铁材料消耗大，制造成本高。而交流电动机特别是笼型异步电动机没有上述缺点，且转子惯量较直流电动机小，使得动态响应更好。在同样体积下，交流电动机的输出功率可比直流电动机提高 10% ~ 70%，此外，交流电动机的容量可比直流电动机造得大，达到更高的电压和转速。现代数控机床都倾向采用交流伺服驱动，交流伺服驱动已有取代直流伺服驱动之势。

下面以激光熔覆自动送粉器为例，详细说明交流伺服电动机的传动控制。

（1）激光熔覆自动送粉器的工作过程分析　激光熔覆技术是利用激光直接快速成型和激光绿色再制造的一种技术，它是在快速凝固过程中，通过送粉器向工作区域添加熔覆材料，利用高能量密度激光束将不同成分和性能的合金快速熔化，直接形成非常致密的金属零件和在已损坏零件表面形成与零件具有完全相同成分的性能的合金层。通过激光熔覆，无须借助刀具和模具就能从 CAD 文件直接制造出各种复杂的近乎致密金属零件和在已经损坏的零件表面直接进行修复和再制造，以缩短开发周期、节约成本、降低能源消耗，在航空航天、武器制造和机械电子等行业具有良好的应用前景。

根据材料的供应方式不同，激光熔覆可分为两大类：预置法和同步送粉法。同步送粉法的工艺过程简单，合金材料利用率高，可控性好，容易实现自动化，是激光熔覆技术的首选方法，国内外实际生产中采用较多。在激光同步送粉熔覆工艺中，加工质量主要依赖的参数有加工速度、粉末单位时间输送率、激光功率密度分布、光斑直径和粉末的输送速度；其中粉末单位时间输送率和粉末的输送速度是由送粉器的输送特性决定的。送粉器是激光熔覆技术的核心元件之一，它按照加工工艺向激光熔池输送设定好的粉末。送粉器性能的好坏直接影响熔覆层的质量和加工零件尺寸等，所以开发高性能的送粉器对激光熔覆加工显得尤为重要。

送粉器的功能是将粉末按照加工工艺要求精确地送入激光熔池，并确保加工过程中，粉末能连续、均匀、稳定地输送。本任务讲解的是螺旋式送粉器。螺旋式送粉器主要是基于机械力学原理，它主要由粉末存储仓斗、螺旋杆、振动器和混合器等组成，结构如图 1-25 所示。工作时，电动机带动螺杆旋转，使粉末沿着桶壁输送至混合器，然后混合器中的载流气体将粉末以流体的方式输送至加工区域。为了使粉末充满螺纹间隙，粉末存储仓斗底部加有振动器，能提高送粉量的精度。送粉量的大小可以由电动机的转速调节。

（2）伺服控制系统构建 控制系统采用 MCS-51 系列单片机 AT89C51 作为处理器系统。电动机选用松下 MSMA082A1G 型交流伺服电动机，额定输出功率为 750W，内置增量式旋转编码器，分辨率为 10000。驱动器选用松下 MINASA 系列全数字式交流伺服驱动器，适用于小惯量的电动机。伺服驱动器连接器 CN I/F 信号作为外部控制信号输入/输出，连接器 CN SIG 作为伺服电动机编码器的连接线。

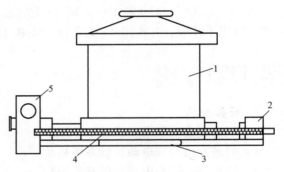

图 1-25 螺旋式送粉器结构

1—粉末存储仓斗 2—传动部件 3—振动器
4—螺旋杆及圆筒 5—混合器

系统采用了增量式光电编码器的伺服驱动器，它的接线是 PULS1 与单片机输出脉冲信号相连，PULS2 接 +5V 信号，SIGN1 接方向信号，SIGN2 接 +5V 信号，COM+，COM-分别接+24V 电源正、负端。SRV-ON 与 COM-相连。这样，就完成了位置控制模式下的基本连线。

为了实现送粉的平稳性和满足实验需要，同时选用位置控制和速度控制，两者可以通过开关自由切换。

伺服驱动器有一系列参数，通过这些参数的设置和调整，可以改变伺服系统的功能和性能。为了保证系统按照既定的方式运行，需要设置的用户参数如下：

Pr02 设定为 "3"，有两种控制方式可以选用：当控制模式切换（C-MODE）端与电源负极（COM-）之间为开路模式时，即为位置控制；当控制模式切换（C-MODE）端与电源负极（COM-）之间为短路模式时，即为速度控制。

Pr42 设定为 "3"，即从控制器送给驱动器的指令脉冲类型选用脉冲/符号方式。

Pr46、Pr4A、Pr4B 为指令分倍频的参数，可实现任意变速比的电子齿轮功能，设定这 3 个参数，使得分倍频后的内部指令等于编码器的分辨率，这 3 个参数的关系为

$$F = f(\text{Pr46} \times 2^{\text{Pr4A}})/\text{Pr4B} = 10000 \tag{1-6}$$

式中，F 为电动机转 1 圈所需的内部指令脉冲数；f 为电动机转 1 圈所需的指令脉冲数。

f 选用的是 2500，故 Pr46 可设定为 "10000"，Pr4A 设为 "1"，Pr4B 设为 "5000"。

速度指令增益参数 Pr50 设为 100，即采用速度方式（用输入电压控制电动机转速）时，每输入 1V 电压，电动机转速为 100r/min。

（3）单片机控制器的硬件设计　AT89C51 的 P1 口作为 4×4 键盘输入口；P0 口和 P2 口为液晶显示模块接口，液晶显示模块选用南亚科技股份有限公司的液晶显示模块 LMBGA-032-49CK，该模块是根据目前常用的液晶显示控制器 SED1335 的特性设计的，它与 AT89C51 的接口电路如图 1-26 所示；通过 AT89C51 的定时器 T0 的定时中断控制脉冲发送频率，进而控制电动机的转速；P3.0 口作为液晶显示模块的软件复位口，P3.1 口作为电动机的脉冲输入口；另外还有一些开关量的控制。

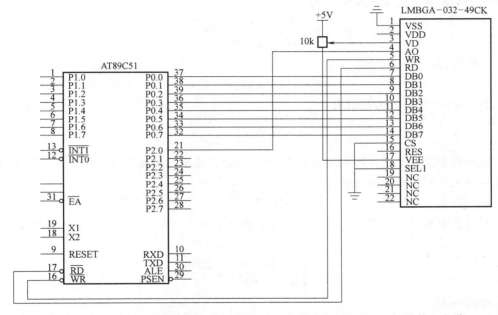

图 1-26　液晶显示模块（LMBGA-032-49CK）与单片机（AT89C51）的接口电路

由于单片机属于 TTL 电路（逻辑 1 和 0 的电平分别为 2.4V 和 0.4V），它的 I/O 口输出的开关量控制信号电平无法直接驱动电动机，所以在 P3.1 口控制信号输出端需加入驱动电路。系统采用光耦合器和晶体管 S8050 作为驱动，光耦合器有隔离作用，可防止强电磁干扰，晶体管主要起功率放大作用。电动机驱动电路如图 1-27 所示。

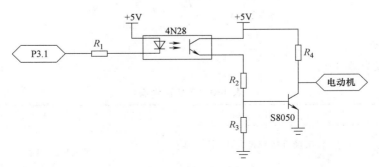

图 1-27　电动机驱动电路

（4）系统软件设计　控制器的软件主要完成液晶显示、接受键盘输入、伺服电动机匀速运行和气阀控制几项功能，包括主程序、键盘中断服务程序、定时器 T0 中断服务程序及液晶显示子程序。在交流伺服电动机控制系统中，单片机的主要作用是产生脉冲序列，它是通过 AT89C51 的 P3.1 口发送的。系统软件编制采用定时器定时中断产生周期性脉冲序列，不使用软件延时，不占用 CPU。CPU 在非中断时间内可以处理其他事件，唯有到了中断时间，驱动伺服电动机转动一步。因此定时/计数器装入的时间常数的确定是程序的关键。下面重点讨论时间常数的计算。

由于定时/计数器以加 1 方式计数，假定计数值为 X，则装入定时/计数器的初值为 $a = 2^n - X$，n 取决于定时/计数器的工作方式。每个机器周期（设为 T_J）包括 12 个振荡周期，控制系统的晶振频率先为 12MHz，则

$$T_J = \frac{12}{f} = \frac{12}{12 \times 10^6} s = 1\mu s$$

定时时间为

$$T = XT_J$$

应装入定时/计数器的初值为

$$a = 2^n - X = 2^n - \frac{T}{T_J}$$

系统所设定的电动机每转 1 圈需要 2500 个脉冲，设输入转速为 N（r/min），则 MCU 每分钟需要进入中断输出的脉冲数为

$$M = 2500N$$

由于软件中采用左移指令，故进入定时中断频率是输出脉冲频率的 2 倍，每秒进入中断数为

$$Z = \frac{2M}{60} = \frac{2 \times 2000N}{60} = \frac{200N}{3}$$

定时时间为

$$T_C = \frac{1}{Z} = \frac{3}{200N} \Rightarrow X = \frac{T_C}{T_J} = \frac{\dfrac{3}{200N}}{1 \times 10^{-6}} = \frac{3 \times 10^6}{200N}$$

由于系统的定时/计数器的工作方式是 1，n 取 16，故输入的电动机转速是 N（r/min）时，应装入的时间常数为

$$a = 2^n - X = 2^n - \frac{T_C}{T_J} = 2^{16} - \frac{3 \times 10^6}{200N}$$

3. 任务评价

任务评价表见表 1-9。

表 1-9　任务评价表

任务	目标	分值	评分	得分
编写相序控制表	能正确分析控制要求,控制脉冲时序	20	不完整,每处扣 2 分	

（续）

任务	目标	分值	评分	得分
绘制原理图	按照控制要求，绘制系统原理图，要求完整、美观	10	不规范，每处扣2分	
在 Proteus 中搭建仿真系统	按照原理图，搭建仿真系统。线路安全简洁，符合工艺要求	30	不规范，每处扣5分	
程序设计与调试	（1）程序设计简洁易读，符合任务要求 （2）在保证人身和设备安全的前提下，通电调试一次成功	40	第一次调试不成功扣20分；第二次调试不成功扣20分	
总分		100		

 【知识拓展】

　　运动控制系统作为电气自动化一个重要的应用领域，已经被广泛应用于国民经济各个部门。运动控制系统主要研究电动机拖动及机械设备的位移控制问题。交流伺服系统是运动控制系统研究的重要部分。

　　1990年以前，由于技术成本等原因，国内伺服电动机以直流永磁有刷电动机和步进电动机为主，而且主要集中在机床和国防军工行业。1990年以后，进口永磁交流伺服电动机系统逐步进入我国，此期间得益于稀土永磁材料的发展、电力电子及微电子技术日新月异的进步，交流伺服电动机的驱动技术也得以快速发展。如今约占整个电力拖动容量80%的不变速拖动系统都采用交流电动机，而只占20%的高精度、宽广调速范围的拖动系统采用直流电动机。自20世纪80年代以来，随着现代电机技术、现代电力电子技术、微电子技术、控制技术及计算机技术等技术的快速发展，交流伺服控制技术的发展得以极大迈进，使得先前限制交流伺服系统性能的电动机控制复杂、调速性能差等问题取得了突破性的进展，交流伺服系统的性能日渐提高，价格趋于合理，使得交流伺服系统取代直流伺服系统，尤其是在高精度、高性能要求的伺服驱动领域成了现代电伺服驱动系统的一个发展趋势。

　　1. 交流伺服系统的构成

　　交流伺服系统一般由以下几个部分构成：

　　1）交流伺服电动机：可分为永磁交流同步伺服电动机、永磁无刷直流伺服电动机、感应伺服电动机及磁阻式伺服电动机。

　　2）PWM功率逆变器：可分为功率晶体管逆变器、功率场效应管逆变器、IGBT逆变器（包括智能型IGBT逆变器模块）等。

　　3）微处理器控制器及逻辑门阵列：可分为单片机、数字信号处理器（DSP）、DSP+CPU、多功能DSP（如TMS320F240）等。

　　4）位置传感器（含速度）：可分为旋转变压器、磁性编码器、光电编码器等。

　　5）电源及能耗制动电路。

　　6）键盘及显示电路。

7）接口电路：包括模拟电压、数字 I/O 及串口通信电路。

8）故障检测、保护电路。

2. 交流伺服系统的性能指标

交流伺服系统的性能指标可以从调速范围、定位精度、稳速精度、动态响应和运行稳定性等方面来衡量。低档的伺服系统调速范围在 1：1000 以上，一般的为 1：5000～1：10000，高性能的可以达到 1：100000 以上；定位精度一般都要达到 ±1 个脉冲，稳速精度，尤其是低速下的稳速精度比，如给定 1r/min 时，一般的在 ±0.1r/min 以内，高性能的可以达到 ±0.01r/min 以内；动态响应方面，通常衡量的指标是系统最高响应频率，即给定最高频率的正弦速度指令，系统输出速度波形的相位滞后不超过 90°或者幅值不小于 50%。进口三菱伺服电动机 MR-J3 系列的响应频率高达 900Hz，而国内主流产品的频率为 200～500Hz。运行稳定性，主要是指系统在电压波动、负载波动、电动机参数变化、上位控制器输出特性变化、电磁干扰以及其他特殊运行条件下，维持稳定运行并保证一定的性能指标的能力。在这方面国产产品（包括部分台湾产品）和世界先进水平相比差距较大。

伺服控制技术是决定交流伺服系统性能好坏的关键技术之一，是国外交流伺服技术封锁的主要部分。随着国内交流伺服电动机等硬件技术逐步成熟，以软形式存在于控制芯片中的伺服控制技术成为制约我国高性能交流伺服技术及产品发展的瓶颈。研究具有自主知识产权的高性能交流伺服控制技术，尤其是最具应用前景的永磁同步电动机伺服控制技术，是非常必要的。

【常见问题解析】

1）通电后伺服电动机不能转动，但无异响，也无异味和冒烟。

故障原因：①电源未通（至少两相未通）；②熔丝熔断（至少两相熔断）；③过电流继电器调得过小；④控制设备接线错误。

故障排除：①检查电源回路开关，熔丝、接线盒处是否有断点，若有修复；②查看熔丝型号、检查熔断原因，换新熔丝；③调节继电器整定值与电动机配合；④改正接线。

2）通电后伺服电动机不能转动，但无异响，也无异味和冒烟。

故障原因：①转子绕组有断路（一相断线）或电源一相失电；②绕组引出线始末端接错或绕组内部接反；③电源回路接点松动，接触电阻大；④电动机负载过大或转子卡住；⑤小型电动机装配太紧或轴承内油脂黏度过高；⑥轴承卡住。

故障排除：①查明断点予以修复；②检查绕组极性，判断绕组末端是否正确；③紧固松动的接线螺钉，用万用表判断各接头是否假接，予以修复；④减载或查出并消除机械故障；⑤重新装配使之灵活，更换黏度合格的油脂；⑥修复轴承。

仿真实验：反应式步进电动机环形分配器实验

1. 实验目的

1）掌握环形分配器的工作原理和作用。

2）对反应式步进电动机环形分配器进行多种通电类型控制操作。

3）了解步进电动机环行脉冲分配器的硬件设计和调试。

2. 实验原理

步进电动机控制主要有转速、转角和转向三个参数。由于步进电动机的转动是由输入电脉冲信号控制，当步距角一定时，转速由输入脉冲的频率决定，而转角则由输入脉冲信号的脉冲个数决定。转向由环形分配器的输出通过步进电动机 U、V、W 相绕组来控制，环形分配器通过控制各绕组通电的相序来控制步进电动机的转向。

步进电动机是将电脉冲信号转变成角位移（或线位移）的机构，在数控机床、打印机、复印机等机电一体化产品的开环伺服系统中广泛使用。一般电动机是连续旋转的，而步进电动机是一步步转动的，而每输入一个脉冲，它就转过一个固定的角度，这个角度称为步距角。步进电动机的步距角决定了系统的最小位移，步距角越小，位移的控制精度越高。步距角为

$$\theta = \frac{360°}{KMZ} \tag{1-7}$$

式中，K 为通电方式系数；M 为励磁绕组的相数；Z 为转子齿数。

当采用单相或双相通电方式时，$K=1$；当采用单双相轮流通电方式时，$K=2$。可见采用单双相轮流通电方式还可使步距角减小一半。

3. 原理图

控制系统原理图如图 1-28 所示。

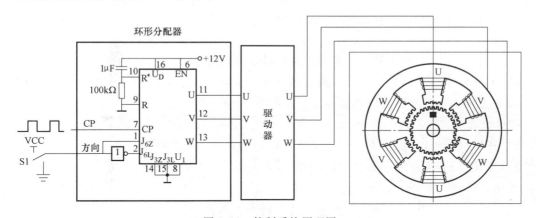

图 1-28 控制系统原理图

4. 实物接线

控制系统接线图如图 1-29 所示。

5. 实验步骤

本实验进行以下三种通电方式设置和操作。

（1）三相三拍通电方式 参数设定：$K=1$，$M=3$，$Z=40$。

连续转动：

1）正转（S1=1），通电方式：U→V→W→U→V→W→U…

2）反转（S1=0），通电方式：U→W→V→U→W→V→U…

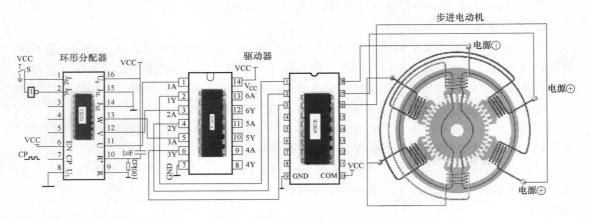

图 1-29　控制系统接线图

点动：

1）S1 = 1，给 CP 一个脉冲，步进电动机转子正转转 3°。

2）S1 = 0，给 CP 一个脉冲，步进电动机转子反转转 3°。

（2）三相双三拍通电方式　参数设定：$K = 1$，$M = 3$，$Z = 40$。

连续转动：

1）正转（S1 = 1），通电方式：UV→VW→WU→UV…

2）反转（S1 = 0），通电方式：UW→WV→VU→UW…

点动：

1）S1 = 1，给 CP 一个脉冲，步进电动机转子正转转 3°。

2）S1 = 0，给 CP 一个脉冲，步进电动机转子反转转 3°。

（3）三相六拍通电方式　参数设定：$K = 2$，$M = 3$，$Z = 40$。

连续转动：

1）正转（S1 = 1）通电方式：U→UV→V→VW→W→WU→U→…

2）反转（S1 = 0）通电方式：U→UW→W→WV→V→VU→U→…

点动：

1）S1 = 1，给 CP 一个脉冲，步进电动机转子正转转 1.5°。

2）S1 = 0，给 CP 一个脉冲，步进电动机转子反转转 1.5°。

6. 动画演示

动画演示界面如图 1-30 所示。

注：动作顺序与实验步骤一致，方向和角度框内显示正转/反转及角度值。绕组线 U、V、W 在通电时演示为红色、不通电时演示为灰色。一个脉冲完成 U→V→W 一个循环，当开始后完成多个循环，直到按"停止"按钮。

7. 实验报告

问题 1：步进电动机转向是由什么来控制的？

问题 2：步距角的大小与哪些参数有关？

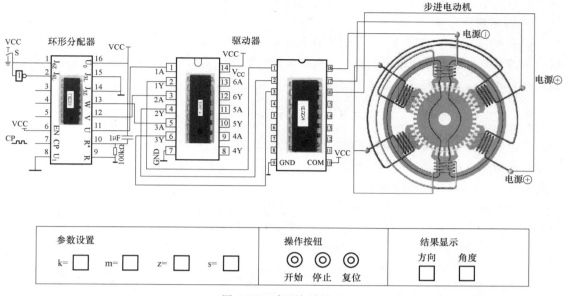

图 1-30 动画演示界面

创新案例：垂直型自启闭风力发电机装置设计

1. 创新案例背景

风力发电作为可再生能源，是最具有经济开发价值的清洁能源。风资源的开发利用是我国能源发展战略和结构调整的重要举措之一。人类利用风能已有数千年历史，在蒸汽机发明以前，风能作为重要的动力，应用于人类生活的众多方面。经调查，市场上大多为水平轴风力发电机，采用偏航调节角度来调节风力大小，在风力过大时采用停机控制，但叶片仍露在外面，受到一定损伤。

2. 创新设计要求

1）通过自然风力实现发电功能。

2）发电装置要具有增速功能，能实现低风速起动发电。

3）根据自然界风力的大小实现叶片的伸缩控制。

3. 设计方案分析

水平轴风力发电机由于采用偏航调节角度来调节风力大小，在风力过大时采用停机控制，但叶片仍露在外面，受到一定损伤。为此，本设计方案采用垂直轴，当风速达到起动风速时，风机自动打开叶片起动，根据风力自动调节叶片张开长度，从而控制风机转速在某一范围，避免转速过高过低，提高风机发电效率，避免过度磨损、零部件过热；在风速过大时，为保护风机，可自动关闭。关闭时，叶片缩回，风机成圆筒状。在关键技术上，可以通过机电控制装置实现风机的自动起闭（本方案使用步进电动机控制）。

方案要实现增速，可以选择典型的齿轮传动，考虑到传动比选择及发电机主轴居中的要求，为满足对称平衡的要求，选择行星齿轮机构。行星齿轮传动的主要特点是体积小、承载能力大、工作平稳。行星增速器的主要优点是在小的外廓尺寸下可以得到较大的增速比、高转速、大功率。本方案可以采用固定系杆的行星齿轮系。

4. 技术解决方案

（1）机械传动增速设计　本设计采用行星齿轮来实现增速作用。图1-31所示为垂直自启闭可调节风力发电机行星齿轮系。在行星齿轮机构中，设太阳轮、齿圈和行星架的转速分别为 n_1、n_2、n_3，齿数分别为 Z_1、Z_2、Z_3。

中心轮与内齿轮转速、齿数之间的关系：$i_{13}^H = \dfrac{n_1 - n_H}{n_3 - n_H} = \dfrac{Z_3}{Z_1} = \dfrac{1}{5}$

内齿轮参数：齿数 $Z_1 = 90$，模数 $m = 5$，分度圆直径 $d_1 = 450mm$，外圆直径 $\phi540mm$。

行星轮参数：齿数 $Z_2 = 36$，模数 $m = 5$，分度圆直径 $d_2 = 180mm$，轴孔直径 $\phi30mm$，键槽宽8mm，齿顶圆直径 $\phi190mm$。

中心轮参数：齿数 $Z_3 = 18$，模数 $m = 5$，分度圆直径 $d_3 = 90mm$，轴孔直径 $\phi30mm$，键槽宽8mm，齿顶圆直径 $\phi100mm$。

图1-32所示为行星齿轮传动实物图。

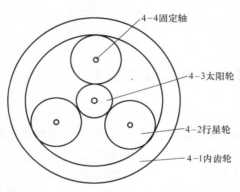

图1-31　垂直自启闭可调节
　　　　风力发电机行星齿轮系

4-4固定轴
4-3太阳轮
4-2行星轮
4-1内齿轮

图1-32　行星齿轮传动

（2）集线器设计　风力发电机要求能实现风机旋转而导线不发生缠绕的功能，多路剖分牙嵌式集线器装置结构合理、设计巧妙，主要通过集线器的滑环和弹簧片之间的软接触作用。弹簧片始终与滑环保持旋转而接触的状态。

风力发电机多路剖分牙嵌式集线器装置由主轴、滑环、环套、拨架、弹簧片组成，结构如图1-33所示，外观如图1-34所示。集线器中的各个滑环通过紧配合固定于空心台阶轴的外圆面上，滑环的个数与需连接的导线数相同，分别连接于多只滑环的导线，从空心台阶轴内部穿出，穿孔在圆周方向呈均布状，防止导线间漏电接触；滑环和环套呈牙嵌式啮合，嵌于环套内槽里的弹簧片与滑环保持接触，弹簧片通过导线穿透环套和外部相连；采用绝缘材料的两个半圆形牙嵌式结构的环套与轴上的滑环相嵌，并起到隔开绝缘的作用；工作时通过拨杆带动拨架和环套转动，实现集线器旋转过程中防止导线缠绕的功能。

（3）总体设计　垂直式自启闭可调节风力发电机由风叶片6、叶片导轨5、行星齿轮系4、链轮9、链条8、牵拉绳16、轴承15、风速仪14、步进电动机10、集线器12、主轴13、顶板11、三角支架7、底座2、发电机转轴3、发电机1组成，如图1-35所示。风叶片6的

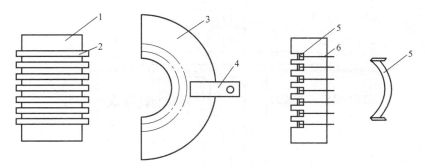

图1-33 多路剖分牙嵌式集线器装置结构图

1—主轴 2—滑环 3—环套（剖分式） 4—拨架 5—弹簧片 6—导线

张合动作通过步进电动机10和链轮9、链条8、牵拉绳16来控制，张合量大小由风速仪14给出风力信号，再由控制器控制步进电动机10，实现不同风速下的风叶片6张合量大小自动调节，并可实现风机的自动起闭。风叶片6带动行星齿轮系4的内齿轮4-1，再通过行星轮4-2，传给中心轮4-3，中心轮4-3与发电动机轴3相连，实现增速传动，提高发电机1转速。

具体实施方式如下：

内齿轮4-1先转动，行星轮4-2绕固定轴4-4转动，由于内齿轮4-1齿数是中心轮4-3齿数的5倍，所以发电机1转速为内齿

图1-34 多路剖分牙嵌式集线器
装置外观图（中间圆柱形零件）

轮4-1的5倍。通过连接于内齿轮4-1上的风叶片6，带动内齿轮4-1转动，由内齿轮4-1经行星轮4-2带动中心轮4-3转动，而太阳轮4-3和发电机1相连，发电机1发出电流；风叶片6的张合动作通过步进电动机10和链轮9、链条8、牵拉绳16来控制，张合量大小由风速仪14给出风力信号，再由控制器控制步进电动机10，实现不同风速下的叶片6张合量大小自动调节，并可实现风机的自动起闭。

调速时，通过控制步进电动机10的正、反转，由装于主风叶片6上链条8驱动风叶片6伸缩，如达到起动风速，例如遇3级风，风叶片6全开，随着风力增大，风叶片6逐步缩回，如遇12级台风以上，风叶片6全缩回，风机关闭。

（4）控制程序设计 当步进驱动器接收到一个脉冲信号时，它就驱动步进电动机按设定的方向转动一个固定的角度（即步距角），它的旋转是以固定的角度一步一步运行的。通过控制脉冲个数来控制角位移量，从而达到准确定位的目的；通过控制脉冲频率来控制电动机转动的速度和加速度，从而达到调速的目的。

当风速仪接收到风的信号时，便发出脉冲信号送给控制板，在控制板设定的程序中，规定的风强度为3~12级。当风速仪接收到3~12级风时，发出脉冲信号送给控制板，控制板接收到信号通过所给定的程序发送给步进电动机，步进电动机接收到一个脉冲信号来驱动步

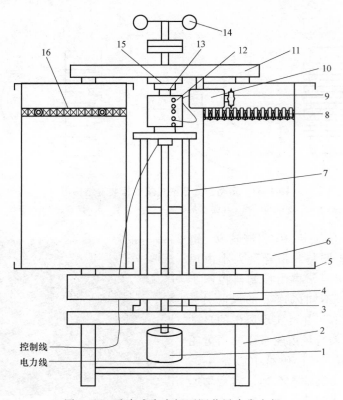

图 1-35　垂直式自启闭可调节风力发电机

1—发电机　2—底座　3—发电机转轴　4—行星齿轮系　5—叶片导轨　6—风叶片　7—三角支架　8—链条
9—链轮　10—步进电动机　11—顶板　12—集线器　13—主轴　14—风速仪　15—轴承　16—牵拉绳

进电动机转动。电动机的转动带动链轮转动，链轮带动固定于主叶片上链条运行，主叶片通过联动牵拉绳拉动其余 3 个叶片，伸缩程度由风速决定。4 个叶片固定在行星齿轮系中的外齿轮上，叶片带动外齿轮转动，由齿轮系来扩大传动比来提高内齿轮转速，内齿轮上固定的主轴带动发电机发电。由于发电机发出的是三相脉动低压交流电，交、直流负载不能直接使用，需要通过整流电路变成直流电，再通过逆变器或斩波器变为负载所需要的额定电压。风力发电系统框图和风力发电机控制系统原理框图分别如图 1-36、图 1-37 所示。

　　根据目前的风机应用技术，大约 3m/s 的微风速度便可使风机起动运转，而在风速在 13～15m/s 时（即大树摇动的程度）风机便可达到额定转速。根据统计，大部分风机在风速 3m/s 时开始起动，当风速在 25m/s

图 1-36　风力发电系统框图

以上时，风机会因为安全理由而自动停止。调节原理是风机根据风力大小，风杯传感器检测到风速，由控制器发出信号，由控制板控制步进电动机，经链轮链条带动主控叶片，通过钢丝绳来带动装置，同步实现 4 个叶片同步动作。当步进电动机接收到一个脉冲信号时，它就按设定的方向转动一个固定的角度，它的旋转是以固定的角度一步一步进行的。可通过控制脉冲个数来控制角位移量从而达到准确定位的目的；通过控制脉冲频率来控制电动机转动的

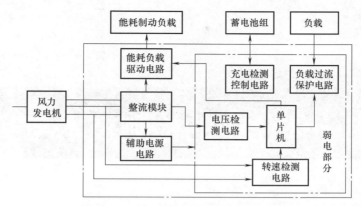

图1-37 风力发电机控制系统原理框图

速度和加速度，从而达到调速的目的。

5. 案例小结

本案例应用了机械传动理论、自动控制理论等。风力发电是清洁能源，但是随着越来越多大型风电场的建立，一些由风力发电机引发的环保问题也凸显出来。这些问题主要体现在两个方面：一是噪声问题，二是对当地生态环境的影响。

水平轴风轮的尖速比一般为5~7，在这样的高速下叶片切割气流将产生很大的气动噪声，同时，很多鸟类在飞经高速叶片时也很难幸免。垂直轴风轮的尖速比则要比水平轴风轮的小得多，一般为1.5~2，这样的低转速基本上不产生气动噪声，完全达到了静音的效果。无噪声带来的好处是显而易见的，以前因为噪声问题不能应用风力发电机的场合（如城市公共设施、民宅），现在可以应用垂直轴风力发电机来解决，相对于传统的水平轴风力发电机，垂直轴风力发电机具有设计方法先进、风能利用率高、起动风速低、无噪声等优点，具有更加广阔的市场应用前景。

6. 实物作品

自启闭可调节风力发电机装置设计实物如图1-38所示。

图1-38 自启闭可调节风力
发电机装置设计实物

思考与练习

1. 单片机在控制步进电动机时，转速应如何控制？

2. 步进电动机在传动方式上与传统的电动机有什么区别？

3. 直流伺服电动机在控制上有哪些特点？

4. 激光熔覆自动送粉器的时间常数如何确定？

5. 火花机在建立伺服控制系统时应注意哪几个环节？

项目2

机电一体化中的检测技术与实践

【项目导学】

检测技术是机电一体化产品的重要组成部分，是用于检测相关外界环境及产品自身状态，为控制环节提供判断和处理依据的信息反馈环节。机电一体化系统中，检测系统所测试的物理量一般包括温度、流量、功率、位移、速度、加速度、力等。本项目将结合物理量测试的相关知识来介绍晶振外壳缺陷在线抽检系统、汽车电控汽油喷射系统、汽车安全气囊的检测。

任务 2-1　晶振外壳缺陷在线抽检系统

【任务说明】

晶体振荡器（晶振）是电路中常用的时钟元件，广泛应用于通信设备、计算机的各种板卡以及在表面贴片技术（SMT）的产品中，为 PCB 上的芯片提供本振源和中间信号，其频率准确度和频率稳定度对芯片的功能影响相当大。晶振填充材料的几何形状和表面特性是影响晶振性能的主要原因，常见的缺陷有填充不足、填充材料有气泡和凸起等。通过目视的方法定性地分析晶振的缺陷在工业现场一直占有重要的地位。传统的方法除了生产成本高外，还有耗时多、错误率高、检测效率低等缺点，并且具有一定的主观性，检测标准也不统一，很难保证检测质量，已经远远不能满足工业生产的需要，也成为制约企业发展的瓶颈。随着计算机图像处理技术的发展，用计算机自动处理分析晶振的缺陷是缺陷检测的必然趋势。为了能够对晶振缺陷进行准确、快速的甄别，人们采用计算机图像处理的方法，把用 CCD 摄像机拍摄到的晶振元件图像传输入计算机，并对图像进行预处理和分析，得到缺陷检测的实验分析报告。

【任务知识点】

1. 晶振

晶振一般指石英谐振器（简称石英晶体）、晶体振荡器和晶体滤波器。按封装形式，石英晶体元器件又可分为引线型和 SMD 型两种。把晶体按照一定的尺寸要求切割后，制成的石英晶片即称作白片，再经精密检测和尺寸修正、加引线封装，就是有独立用途的石英晶体谐振器。如在封装前给晶体配以各种补偿电路或集成芯片（IC），即成为晶体振荡器，如图2-1 所示。由品质因数极高的谐振器（即石英晶体振子）和振荡电路组成的石英晶体振荡器主要有普通型晶体振荡器（SPXO）、温度补偿式晶体振荡器（TCXO）、电压控制式晶体振荡器（VCXO）、恒温控制式晶体振荡器（OCXO）、数字式/补偿式晶体振荡器（DCXO/MCXO）和锁相式晶体振荡器（PLXO）等类型，它们是目前频率精确度和稳定度最高的振荡器，其性能由晶体的品质、切割取向、晶体振子的结构及电路形式等共同决定。作为设计和工艺最复杂的石英晶体产品，石英晶体振荡器广泛应用于全球定位系统（GPS）和移动通信等无线系统中。

　　现在几乎所有需要定时的技术领域都要用到石英晶体元件。可以看出，其中使用最多的是彩色电视机、电子钟表、计算机、电话、无线电话、车载电话、录像机、CD、空调器和电子玩具等。在不同用途中对石英晶体元器件的要求也不一样。

图 2-1　晶体振荡器

2. 数字图像处理

　　图像是对客观存在的物体的一种相似性的生动模仿或描述。照片、绘画、电视画面是最具体的例子。然而除了这些能被肉眼直接观察到的各种平面图像外，它还包括视觉无法观察到的其他物理图像和空间物理图像。所谓数字图像处理（Digital Image Processing），就是指用数字计算机及其他有关数字技术，对图像施加某种运算和处理，从而达到某种预想的目的，例如，在考古学中使褪色的老照片重新变得清晰；从医学显微图片中提取有意义的细胞特征等。

3. 数字图像识别

　　图像识别指对预处理后的图像进行分类。它可在分割的基础上选择需要提取的特征，并对某些参数进行测量，再提取这些特征，最后根据测量结果进行分类。图像识别是人工智能的一个重要方面，在现代自动控制技术及计算机应用技术中都占有重要的地位。

　　随着微电子技术和计算机技术的蓬勃发展，兴起了一门新型技术科学，即图像识别。它创始于 20 世纪 50 年代后期，在 20 世纪 60 年代初开始崛起，已经受到很多学科的重视，并在科研与工业生产中得到应用。图像识别所提出的问题，是研究用计算机代替人们自动地去处理大量的物理信息，解决人类生理器官所不能识别的问题。图像识别所研究的领域十分广泛，如在自动装配线中检验零件的质量，并对零件进行分类；从金属敲击声中确定金属的性质和成分；从钢水的翻腾声和溅射声中判断钢的含碳量和温度；识别人体内的病变；识别货物标签、账单、邮政编码、金相图、气象卫星图；对机械加工中的零部件进行识别、分类；从遥感图片中辨别农作物、森林、湖泊和军事设施，以及判定农作物的长势，预测收获量等；在医学诊断中可以根据透视照片判断人体组织是否发生癌变；在邮政系统中自动分拣信函等。

【任务实践】

1. 晶振缺陷检测和识别系统的硬件选择

和大多数图像处理系统类似，晶振缺陷检测系统的硬件实物图如图2-2所示。

（1）CCD和镜头的选择 根据实验的实际情况和具体的精度要求，本任务选用了普通的工业CCD摄像机，CCD传感器是面阵黑白传感器，靶面尺寸如下：宽为4.8mm，高为3.6mm，对角线为6mm；有两个接口：一路接入Matrox2图像采集卡，一路接12V电源。实验的视场范围为$10 \sim 100cm^2$。

（2）光源及照明方案的选择

常用的光源有以下几种：

1）白炽灯。白炽灯是最普通的人造光源，把钨丝通电加热到白热状态而发光。为了减少钨丝的蒸发，将钨丝密封在玻璃壳

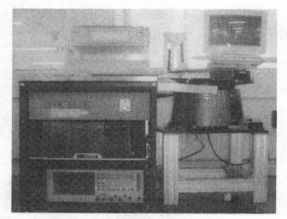

图2-2 晶振缺陷检测系统的硬件实物图

中，壳中充以惰性气体。白炽灯功率大部分转换为热量，可见光辐射只占6%～12%，是低效率的发光器件。白炽灯的光谱功率分布是连续光谱。为了适应不同的用途，人们已经制造出许多种类的白炽灯，例如普通照明灯、仪表指示灯、光学仪器专用灯和汽车拖拉机专用灯等。这些灯的发光特性等有关技术指标可以在有关的手册中查到。研究表明，当白炽灯的实用电压低于额定电压10%时，寿命可增加4倍，所以适当降低白炽灯的实际使用电压是一种延长其寿命的有效方法。

2）高压和超高压氙灯。高压和超高压氙灯是气体放电灯。其特点是：发光光谱非常接近日光；放电通路很窄，可形成线形光源或点光源；发光效率高。

3）激光。激光器可以产生高度集中的光线。通过将工作物质（氢、氦、氖等）的原子提升到高能级状态，然后激励它们使之同时跃迁回常态，产生高强度相干光束。激光很容易被聚焦和偏转，与其他光源相比，还有单色性好、方向性强、光亮度极高等优点，应用很广。

4）荧光物质。某些荧光物质受到电子照射时会发光。如果电子束在涂覆了荧光物质的玻璃板表面聚焦成一个小点，这一点就会发光。在制造荧光物质时可以控制其产生的光的波谱（颜色）和持续时间（衰变速度）。很宽范围的发射波谱和持续时间，例如从1ms到几秒钟，都是可以得到的。

5）发光二极管（LED）。固态发光二极管也可构成小型、方便的光源。发光二极管的典型原料是碳砷化合物，它们可以从较小的空间中发出强度可控的光。

常见的照明方式有结构光、背光、环形光、暗场照明和散射等。表 2-1 中给出了不同表面特性的物体的照明方式的选择。

表 2-1　不同表面特性的物体的照明方式的选择

表面特性	照明方式	表面特性	照明方式
有不透明缺陷的透明表面	背光	反光平面	近轴散射照明
漫反射的平坦表面	点光源等常规照明	反光的崎岖表面	点光源阵列散射照明
有凹凸刻痕的表面	暗场照明		

本任务的光源和照明方案选择：

任务中采用了两种光源，即环形光源和可调节光纤光源。环形光源应用于前向照明和去除噪声，光纤光源由于方向性好、亮度强并且可以调节亮度，被用于背向照明。

晶振的各种缺陷及其相对应的照明方法：

1）填充不足：对如何打光的要求不是太高，只需要采用背向照明法。可用光纤光源，强度调节为基光的两倍。若发光强度过大，产生的光晕会使图像噪声过大。

2）有气泡：晶振的填充晶体是有机物，该有机物中可能含有微小气泡，检测晶振是否有气泡可采用强光照射，因为有机物本身的透光性能不好，并且晶振中的气泡对射入的光有散射作用，当光从有气泡的晶振背向垂直打入时，有大量的光线从不同角度经过多次散射，CCD 在垂直方向接收的发光强度有限，所以得到的图像会比没有气泡晶振的暗很多。光源采用光纤光源，光强是基光的 5 倍，该发光强度恰好能透射无气泡的晶振。

3）凸起：凸起是填充在晶振中的有机物不平整，出现大量的向上凸现象。可用的识别方法是前向照明法。环形光从上面打，环形光源成的像可能随凸起的不同而不同，正常的成像为圆形或者椭圆形。对凸起的检测照明方案中，人们曾经试图采用背向照明法，其原理是点光源从背面入射，由于凸起的厚度不一，光射入晶振经 CCD 拍摄在显示器上形成图像的明暗也不同，所以成像的灰度值也不一样。但是实际中凸起厚度相差很小，肉眼观察仅有细微的差别，而且入射光的发光强度调节困难，最终选择环行光前向照明。

（3）图像采集卡的选择　在整个任务研究过程中，分别比较和使用了两种图像采集卡：Evision 公司的 Picolo2 和 Matrox 公司的 Matrox Meteor-Ⅱ。两种板卡的性能对比如下：

1）Evision 公司的 Picolo2。

图像采集：Picolo2 图像采集卡可以采集彩色或黑白图像。兼容的图像制式有 NTSC-M、NTSC-Japan、PAL-B、PAL-D、PAL-G、PAL-H、PAL-I、PAL-M、PAL-N 和 SECAM。黑白图像采集兼容 CCIR 和 EIA 制式。Picolo2 图像采集卡可以采集某一区域图像并可对图像进行缩放。

图像传送：Picolo 支持 PCI 总线主控直接内存存取（Direct Memory Access，DMA）数据传送。图像在采集的过程中通过 DMA 方式传送到内存中去，图像的采集和传送是并行的。可以在一台计算机中插多块 Picolo 图像采集卡实现实时图像采集和传送。由于图像的传送是通过 PCI 总线主控 DMA 方式进行，所以在进行图像采集和传送的过程中，CPU 的占用率很低，这样有利于用户进行其他的操作。

图像格式：

RGB32，1 个像素占 32bit（8bitR；8bitG；8bitB，剩下的 8bit 用作 Alpha 通道或者不用）。

RGB24 组合型数据，4 个像素占 3 个 32bit。

RGB16，1 个像素占 16bit（5bitR；6bitG；5bitB）。

RGB15，1 个像素占 15bit（5bitR；5bitG；5bitB）。

Y8 只有亮度信号，4 个像素占 32bit。

YCrCb4∶2∶2，4 个像素占 2 个 32bit（组合型数据）。

YCrCb4∶1∶1，8 个像素占 3 个 32bit（组合型数据）。

软件控制：Picolo 系列图像采集卡使用 MultiCam 驱动。这个软件驱动极大地简化了单个或多个摄像机图像采集过程。

图像分析软件包 eVision：上手容易，使用简单，为 MMx 优化，工作在 Windows 系统下，开发工具：Microsoft VB、VC++、Borland C++和 C++ Builder。

2）Matrox 公司的 Matrox Meteor-Ⅱ。

硬件特点：采集 Camera Link/线阵，实时传送至 VGA 显存，32bit，40MHz 采样频率；具有外触发功能；可配置查找表（4 个 256×8bit 或者两个 4K×16bit）。

软件特点：

MIL（Matrox Imaging Library）为高层图像处理软件开发包，包含图像采集、传输、处理、分析和显示的完整的程序库。MIL 是一个图像处理和分析的开发平台，提供了一个图像处理和分析的函数的接口，做成静态库的形式。MIL 包含大量的优化函数用于图像的采集、传输、处理（点对点、统计、滤波、形态、几何变换、快速傅里叶变换、JPEG 编解码及图像分割）、模式匹配、连续域分析（BLOB）、测量、校正、条码和矩阵码读取、OCR、图形、显示。MIL 中捆绑了 Active MIL，它是专为控制图像采集、传输、处理、分析及显示而集成的 Active X 控件。Active MIL 完全融入微软的 Visual Basic/C++快速应用开发（RAD）环境中。Active MIL 既快捷又方便地编制专业的、面向客户的 Windows 界面应用程序。应用开发包括具有指向和点击性能的拖放工具，可节省大量的代码。软件的调试功能 Debugging 可以简单地校正程序，报告错误并详细说明错误的解决办法。用 ActiveMIL，OME 和系统集成商可以专心于与 INTEMMX/SSE 及 MATROX 的视觉处理器技术完全兼容，支持 VB 和 VC 开发。

Matrox Inspector：交互式高级图像处理软件。通过 Matrox 的图像采集卡直接从不同的图像源获取图像。读取 DICOM 文档，创建和管理图像数据库。

由于本任务所处理的图像特点、现有的实验条件和 Matrox Meteor-Ⅱ 的强大的图像处理能力及软件支持，因此选用 Matrox Meteor-Ⅱ。

2. 晶振图像预处理和识别

图像的预处理是为了后续的分析测量而提高图像的质量，在这个环节中，主要有 5 个问题：去除噪声、去除不均匀光照的影响、对比度增强、去除背景信息和彩色处理。实际的预处理过程中不一定包括全部的 5 个问题，但是人们在处理时要考虑到可能发生的各种情况，并按照各种不同的缺陷情况讨论预处理步骤。

Matrox Inspector 图像分析软件有三个重要的工具，分别是 Pattern Match、Measurement 和块分析（Blob Analysis）。在本任务的特征识别中用的是 Blob Analysis 工具。Blob Analysis 是

该软件图像分析的一种重要方法，该方法把一幅灰度图像内聚合在一起的像素区域划分出来，这个像素聚合区域称为块（Blob）。当这些区域识别出来的时候，就可以计算区域内选定的特征，并且自动剔除与特征无关的信息，并根据具体的特征值来将这些区域分类，进而将图像分类。常用的特征有：块内像素的个数，块的个数，块的面积、周长，块的直径，块的形状和块的位置等。

下面针对填充不足的晶振做实验说明：

采用背向照明法，用光纤光源从底部照射，光源的发光强度调节为基光的 2 倍。若光源的发光强度太大，如 5 倍光强，对于无填充不足缺陷的晶振，光线完全通过，有填充不足缺陷的晶振，光线从填充不足区域透射，由小孔效应产生的光斑过大，很难得到图像的特征。图 2-3 所示为填充不足的晶振，光线从底部照射，未填充区域透光，填充区域不透光。

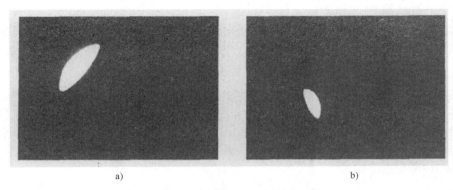

图 2-3　填充不足的晶振

图 2-4 所示为无填充不足的晶振，光线从底部入射时，光线强度不足以穿透晶振的填充材料，整个晶振区域不透光，亮度较暗。

图 2-4　无填充不足的晶振

下面以图 2-3a 和图 2-4a 分别作为填充不足和无填充不足的特例进行分析。

图 2-3a 的直方图如图 2-5 所示，由图中可以看出，像素主要集中于灰度值 30~100。图中含有随机噪声，用低通滤波去除。在填充不足处附近受到不均匀光照的影响。通常去除不均匀光照的影响，是用该图像减去相同光照条件下得到的不包含目标的背景图像，但是对于本任务，不均匀光照与通孔不同形状有关，即每个实验样本的光照不均匀程度都不相同，人们不可能也没有精力根据需要对每个样本去除不均匀光照的影响，而且在后面的识别过程中

发现填充不足的特征很容易识别，因此没有必要对光照不均匀进行去除。

块分析中设置最小的块面积是 20 像素，分析结果中只有一个块，面积为 3578 像素。

运用同样的方法和步骤对图 2-4a 进行分析，再进行块分析，分析结果图中不含块。各步骤处理后的图像如图 2-6 所示。

总结：对于填充不足的晶振来说，其预处理步骤是先用 5×5 的标准模板滤波，再以阈值 200 进行阈值分割。最后通过块分析来识别其特征。实验中，对缺陷样本和无缺陷样本各取样

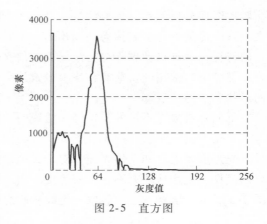

图 2-5　直方图

200，取填充不足晶振的特征为图像处理结果中含 1 个块。利用上述所示图像的方法来识别，无缺陷的晶振可以完全识别；有缺陷的样本，块分析结果只有 1 例误判为正常晶振，3 例含有 2 个块，余下的晶振都只有 1 个块。

a) 原图　　　　　　　　　　b) 平滑滤波后　　　　　　　　　c) 阈值分割后

图 2-6　各步骤处理后的图像

【知识拓展】

以有气泡的晶振检测与识别为例：图 2-7 所示为有气泡的晶振图像，当光线入射时，由于填充物中含有气泡，光线经过气泡的反射和折射，光强受损，亮度较弱且不均匀。

图 2-8 所示为无气泡的晶振图像，当光线入射时，直接穿透填充物，光强无额外损耗，

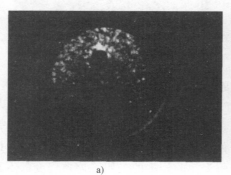
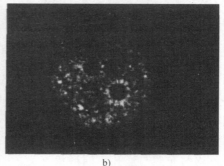

a)　　　　　　　　　　　　　　b)

图 2-7　有气泡的晶振图像

亮度高且均匀。图中白色区域的两个黑色圆斑是晶振的两只脚所在位置。

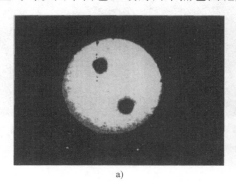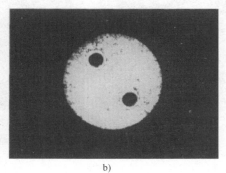

a)　　　　　　　　　　　　　　　　b)

图 2-8　无气泡的晶振图像

明显地，有气泡晶振的图像较暗，且对比度差；无气泡的图像则恰好相反，图像黑白分明，对比度好。可以通过阈值分割将灰度图转换成二值图像，再用统计的方法来计算其灰度为 1 的像素个数加以区别。

以图 2-7a 和图 2-8a 分别作为有气泡晶振和无气泡晶振的特例来分析。将原始图像（见图 2-9a）滤波（见图 2-9b）、分割（见图 2-9c），进行二值化处理。

a) 原图　　　　　　　　　　b) 滤波　　　　　　　　　　c) 分割

图 2-9　有气泡晶振的预处理和识别

对得到的图像进行直方图统计，灰度值为 1 的像素有 1047 个，如图 2-10 所示。

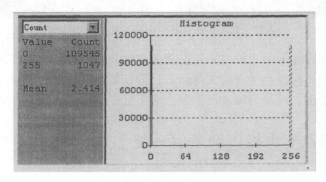

图 2-10　直方图

同时对图像进行块分析，Blob 数为 12 个。

同样的步骤对图 2-8a 进行分析，过程如图 2-11 所示。

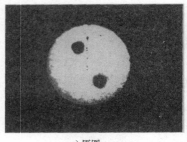  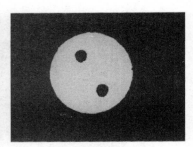

a) 原图　　　　　　　　　　　　　b) 滤波　　　　　　　　　　　　　c) 阈值分割

图 2-11　无气泡晶振的预处理和识别

图 2-11c 的直方图统计结果，像素值为 1 的个数为 24823。利用块分析结果中只含有 1 个块。对于无气泡晶振，用上述方法，将特征定为块数为 1 并且灰度为 255 的像素个数在 2000～3000 之间，在所抽取的样本中，只有 5 例误判为有缺陷晶振。

【常见问题解析】

识别长短脚晶振的图像方法

长短脚用光源垂直照射时，投影为脚的端面，无法识别。光源成一定角度照射时，由于两脚之间有 1.1cm 的距离，放大 10 倍后为 11cm，晶振在工作台上的排列方向是随机的，11cm 的距离差使拍到的平面图像两脚不能反映真实长度。同一晶振从不同角度得到的长短脚图像如图 2-12 所示。

 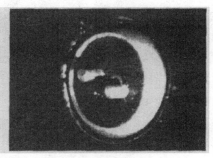

图 2-12　同一晶振从不同角度得到的长短脚图像

当光源方向和两脚在同一平面时，还会发生其中一脚和另外一脚重合的现象。其识别方法的复杂度远不如用机械探针的方法来的简单，而且影响识别率的因素过多。用三维重建的方法来测量两脚的长度，对长短脚进行识别，采用更好的算法和照明方法提高识别率。

任务 2-2　认识汽车电控汽油喷射系统

【任务说明】

电控发动机与化油器式发动机最大的不同在燃油供给系统。电控发动机的燃油供给系统

取消了化油器，却增加了不少电子自动控制装置，其中包括许多传感器、执行元件和电子控制单元（Electronic Control Unit，ECU）。电控发动机不仅要完成化油器所要完成的任务，而且要完成化油器难以完成的任务。化油器式发动机油路和电路划分得非常清楚，互相影响不大。由于电控发动机电子控制装置的增加，使发动机的整个结构（包括电控系统）更为复杂，本任务主要讲述气缸外电控汽油喷射系统，如图 2-13 所示。

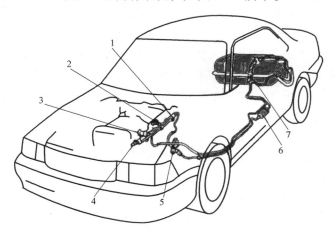

图 2-13　气缸外电控汽油喷射系统

1—输油管　2—冷起动喷油器　3—油压调节器　4—喷油器　5—油压脉动衰减器　6—燃油滤清器　7—燃油泵

 **【任务知识点】**

1. 电控发动机的优势

汽车发动机电控技术的发展始于 20 世纪 60 年代，可分为三个阶段。第一阶段从 20 世纪 60 年代中期到 20 世纪 70 年代末期，主要是为改善部分性能而对汽车电器产品进行技术改造。第二阶段从 20 世纪 70 年代末期到 20 世纪 90 年代中期，随着汽车数量的日益增多，汽车安全问题和排放污染日益严重，能源危机的影响更加突出。第三阶段从 20 世纪 90 年代中期到现在，主要体现在以"人-车-环境"为主线的系统工程整体的优化上。电控技术对汽车发动机性能的优势如下：

1）提高发动机的动力性。

2）提高发动机的燃油经济性。

3）改善发动机的加速或减速性能。

4）改善发动机的起动性能。

5）降低排放污染。

6）故障发生率大大降低。

2. 电控汽油机的工作原理

燃油喷射系统是根据直接或间接测量空气的进气量，确定燃烧所需的汽油量并通过控制喷油量开启时间来进行精确配制，使一定量的汽油以一定的压力通过喷油器喷射到发动机的进气道或气缸内与相应空气形成可燃混合气。

空燃比是混合气中空气与燃料之间的质量的比例。一般用每克燃料燃烧时所消耗的空气的克数来表示。理论空燃比为 14.7，此时保证充分燃烧；低于 14.7，为浓混合气；高于 14.7，为稀混合气。混合气过浓或过稀均不能充分燃烧，既浪费能源，又污染空气。

汽车电控汽油机燃油喷射系统的基本控制策略是适工况、精准喷、多给气、多给油、多给力。

电控燃油喷射系统一般由空气供给系统、燃油供给系统和电子控制系统三大部分组成。

空气供给系统的功能是根据发动机的工况提供适量的空气，并根据 ECU 的指令完成空气量的调节。空气供给系统主要由空气流量计或进气歧管绝对压力传感器、进气温度传感器、节气门位置传感器、进气歧管、辅助空气阀及空气滤清器等组成。

燃油供给系统是根据 ECU 的驱动信号，以恒定的压差将一定数量的汽油喷入进气管。燃油供给系统主要由油箱、电动汽油泵、汽油滤清器、燃油压力调节器、燃油分配管和喷油器等组成。

电控系统的功能是接收来自表示发动机工作状态的各个传感器输送来的信号，根据 ECU 内预存的程序加以比较和修正，决定喷油量。任何一种电控系统，其主要组成都可分为信号输入装置、ECU 和执行元件三大部分。信号输入装置是各种传感器。传感器的功能是采集控制系统所需的信号，并将其转换成电信号通过电路传输给 ECU。ECU 是一种综合控制电子装置，其功能是给各传感器提供参考（基准）电压，接收传感器或其他装置输入的信号，并对所接收的信号进行存储、计算和分析处理，根据计算和分析的结果向执行元件发出指令。执行元件是受 ECU 控制，具体执行某项控制功能的装置。电子控制系统的基本原理如图 2-14 所示。

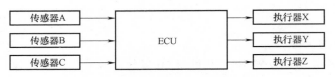

图 2-14　电子控制系统的基本原理

3. 电控燃油喷射系统

图 2-15 所示为电控燃油喷射系统的操作原理图。

（1）常用传感器　汽车发动机电控燃油喷射系统所用的传感器主要有：

1）空气流量计（MAFS）。由空气流量计测量发动机的进气量，并将信号输入 ECU，作为燃油喷射和点火控制的主控制信号。

2）进气管绝对压力传感器（MAPS）。由进气管绝对压力传感器测量进气管内气体的绝对压力，并将该信号输入 ECU，作为燃油和点火控制的主控制信号。

3）节气门位置传感器（TPS）。节气门位置传感器检测节气门的开度及开度变化（如全关、全开）以及节气门开闭的速率（单位时间内开闭的角度）信号，此信号输入 ECU，用于燃油喷射控制及其他辅助控制（如废气再循环控制、开闭环控制等）。

4）凸轮轴位置传感器（CMPS）。凸轮轴位置传感器给 ECU 提供曲轴转角基准位置信号（G 信号），作为供油正时控制和点火正时控制的主控制信号。

5）曲轴位置传感器（CKPS）。曲轴位置传感器有时称为转速传感器，用来检测曲轴转角位移，作为供油正时控制和点火正时控制的主控制信号。

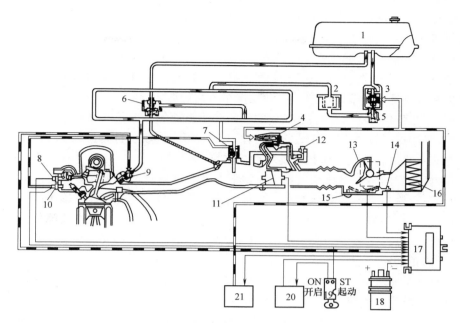

图 2-15　电控燃油喷射系统的操作原理图

1—油箱　2—汽油滤清器　3—电动汽油泵　4—辅助空气阀　5—汽油缓冲器　6—燃油压力调节器　7—冷起动喷油器

8—水温传感器　9—喷油器　10—温度时间开关　11—节气门位置传感器　12—怠速控制阀　13—空气流量计

14—进气温度传感器　15—旁通空气道调整螺钉　16—空气滤清器　17—电子控制单元（ECU）

18—点火线圈　19—点火开关　20—电控燃油喷射系统（EFI）继电器　21—电动汽油泵继电器

6）进气温度传感器（IATS）。进气温度传感器的功能是给 ECU 提供进气温度信号，作为燃油喷射控制和点火控制的修正信号。

7）发动机冷却液温度传感器（ECTS）。发动机冷却液温度传感器给 ECU 提供发动机冷却液温度信号，作为燃油喷射控制和发动机的修正信号。

8）车速传感器（VSS）。车速传感器检测汽车行驶速度，给 ECU 提供车速信号（SPD信号），用于巡航控制和限速断油控制，也是自动变速器的主控制信号。

9）氧传感器（O2S）。氧传感器用来检测汽车排气中的氧含量，向 ECU 输送空燃比的反馈信号，进行喷油量的闭环控制。

10）起动开关（STA）。发动机起动时，通过起动开关给 ECU 提供一个起动信号，作为燃油喷射控制和点火控制的修正信号。

11）空调开关（A/C）。又称空调信号，空调信号用来检测空调压缩机是否工作，空调信号与空调压缩机电磁离合器的电源在一起，ECU 根据空调信号控制发动机怠速时点火提前角、怠速转速和断油转速等，作为燃油喷射控制和点火控制的修正信号。

12）档位开关。自动变速器由 P/N（停车或空档）档位挂入其他档位时，发动机负荷将有所增加，档位开关向 ECU 输入信号，作为燃油喷射控制和点火控制的修正信号。

13）制动灯开关。在制动时，由制动灯开关向 ECU 提供制动信号，作为燃油喷射控制和点火控制的修正信号。

14）动力转向开关。采用动力转向装置的汽车，当转向盘由中间位置向左右转动时，由于动力转向油泵工作而使发动机负荷加大，此时动力转向开关向 ECU 输入信号，作为燃油喷射控制和点火控制的修正信号。

15）巡航（定速）控制开关。当进入巡航控制状态时，由巡航控制开关向 ECU 输入巡航控制状态信号，由 ECU 对车速进行自动控制。随着控制系统应用的日益广泛及其功能的扩展，传感器的数量也将不断增加，以满足汽车更高的要求。

（2）ECU 的基本功能　发动机 ECU 的功能随车型而异，但都必须有如下基本功能：

1）给传感器提供标准 2V、5V、9V 或者 12V 电压，接收各种传感器和其他装置输入的信息，并将输入的信息转换成微机所能接收的数字信号。

2）储存该车型的特征参数和运算中所需的有关数据信息。

3）确定计算输出指令所需的程序，并根据输入信号和相关程序计算输出指令数值。

4）将输入指令信号和输出指令信号与标准值进行比较，确定并储存故障信息。

5）向执行元件输出指令，或根据指令输出自身已储存的信息（如故障信息等）。

6）自我修正功能（学习功能）。

（3）执行元件的类型　在发动机集中控制系统中，执行元件主要有喷油器、点火器、怠速控制阀、巡航控制电磁阀、节气门控制电动机、EGR 阀、进气控制阀、二次空气喷射阀、活性炭罐排泄电磁阀、油泵继电器、风扇继电器、空调压缩机继电器、自诊断显示与报警装置和仪表显示器等。

4. 喷油量控制

喷油量的控制大致可分为起动控制、运行控制和断油控制等。

（1）起动控制　发动机起动时，起动机驱动发动机运转，其转速很低（50r/min 左右）且波动较大，导致反映进气量的空气流量信号或进气压力信号误差较大。因此，在发动机冷起动时，ECU 不是以空气流量传感器信号或进气压力信号作为计算喷油量的依据的，而是按照可编程只读存储器中预先编制的起动程序和预定空燃比控制喷油。起动控制采用开环控制，ECU 首先根据点火开关、曲轴位置传感器和节气门位置传感器提供的信号，判定发动机是否处于起动状态，以便决定是否按起动程序控制喷油，然后根据冷却液温度传感器信号确定基本喷油量。

（2）运行控制　在发动机运行过程中，喷油器的总喷油量由基本喷油量、喷油修正量和喷油增量三部分组成，如图 2-16 所示。基本喷油量由进气量传感器（空气流量传感器或歧管压力传感器）和曲轴位置传感器（发动机转速传感器）信号计算确定；喷油修正量由与进气量有关的进气温度、大气压力、氧传感器等传感器信号和蓄电池电压信号计算确定；喷油增量由反映发动机工况的点火开关信号、冷却液温度和节气门位置等传感器信号计算确定。

1）基本喷油量的控制。基本喷油量（或基本喷油时间）是在标准大气状态（温度为 20℃，压力为 101kPa）下，根据发动机每个工作循环的进气量、发动机转速和设定的空燃比来确定的。

2）喷油修正量的控制。ECU 根据空气温度和大气压力等信号，对喷油量（喷油时间）进行修正，使发动机在各种运行条件下，都能获得最佳的喷油量。空燃比的修正是为了提高发动机动力性、经济性和降低废气的排放，在工况不同时，其空燃比也不相同。空燃比反馈修正电控发动机都配装了三元催化转换器和氧传感器，借助于安装在排气管上的氧传感器反

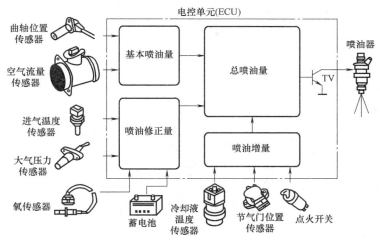

图 2-16　喷油量控制示意图

馈的空燃比信号，对喷油脉冲宽度进行反馈优化控制。蓄电池电压修正喷油器的电磁线圈为感性负载，其电流按指数规律变化，因此当喷油脉冲到来时，喷油器阀门开启和关闭都将滞后一定时间，为此必须进行修正。

3）喷油增量的控制。增量是在一些特殊工况下（如暖机、加速等），为加浓混合气而增加的喷油量。

（3）断油控制　断油控制是电脑在一些特殊工况下，暂时中断燃油喷射，以满足发动机运转中的特殊要求。它包括以下几种断油控制方式：

1）超速断油控制。超速断油是在发动机转速超过允许的最高转速时，由电脑自动中断喷油，以防止发动机超速运转，造成机件损坏，也有利于减小燃油消耗量，减少有害物排放。

2）减速断油控制。减速断油控制过程是由电脑根据节气门位置、发动机转速、水温等运转参数，做出的综合判断。在满足一定条件时，电脑执行减速断油控制。

3）溢油消除。起动时燃油喷射系统向发动机提供很浓的混合气。若多次转动起动电动机后发动机仍未起动，淤集在气缸内的浓混合气可能会浸湿火花塞，使之不能跳火。这种情况称为溢油或淹缸。此时驾驶人可将油门踏板踩到底，并转动点火开关，起动发动机。电脑在这种情况下会自动中断燃油喷射，以排除气缸中多余的燃油，使火花塞干燥。

4）减转矩断油控制。装有电子控制自动变速器的汽车在行驶中自动升档时，控制变速器的电脑会向燃油喷射系统的电脑发出减转矩信号。燃油喷射系统的电脑在收到这一减转矩信号时，会暂时中断个别气缸（如 2、3 缸）的喷油，以降低发动机转速，从而减轻换档冲击。

【任务实践】

汽车已经走进千家万户，以任意一台自动档汽车为例，打开引擎盖，并引导学生从三个方面去思考：

1）找出电控燃油喷射系统的三大组成部分：空气供给系统、燃油供给系统和电子控制系统。

2）找出水温传感器、曲轴位置传感器、电子控制单元、主继电器和喷油器等元器件，并知道它们的工作原理。

3）会测试上述元器件。

1. 任务要求

1）认识电控燃油喷射系统，能按工作顺序说出气路、油路。

2）找出相关电控元器件及其连接线束，了解工作原理。

3）用高阻抗万用表测试相关元器件的动态参数，树立测控的基本意识。

2. 任务实施

（1）水温传感器　水温传感器安装在发动机节温器出水口附近，它的功用是检测发动机冷却液温度。发动机在运转过程中，混合气浓度需根据发动机温度的高低进行修正，并采用水温传感器向 ECU 输送温度信号。水温传感器的结构如图 2-17a 所示，它由封闭在金属盒内的对温度变化非常敏感的负温度系数热敏电阻（NTC 电阻）构成，利用电阻值的变化来检测冷却液的温度。热敏电阻的特性如图 2-17b 所示，冷却液温度越低电阻值越大，冷却液温度越高电阻值越小。将该传感器的信号输入到 ECU，就可以根据冷却液温度进行喷油量的控制。冷却液温度传感器与 ECU 的连接电路如图 2-17c 所示。

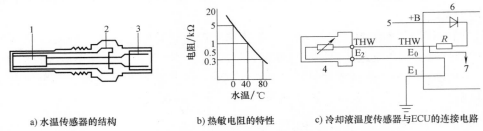

a) 水温传感器的结构　　b) 热敏电阻的特性　　c) 冷却液温度传感器与ECU的连接电路

图 2-17　水温传感器结构、热敏电阻特性及与 ECU 的连接电路

1—NTC 电阻　2—外壳　3—导线接头　4—水温传感器　5—接蓄电池端　6—电控单元（ECU）　7—水温信号

（2）曲轴位置传感器和发动机转速传感器　检测发动机转速及曲轴转角位置，需要采用发动机转速传感器和曲轴位置传感器。具有这种功能的传感器形式很多，其中使用最多的是电磁式传感器、光电式传感器和霍尔效应式传感器。

（3）主继电器　主继电器的作用是使包括 ECU 在内的电控燃油喷射系统的各部件不受电源干扰和电压脉冲的影响。采用双回路点火开关的汽车，使用单触点式主继电器，具体接线如图 2-18a 所示。采用单回路点火开关的汽车，使用双触点式主继电器，其具体接线如图 2-18b 所示。这些电路图对检修电路极有参考价值。

（4）发动机电控单元（ECU）　发动机电控单元根据各种传感器送来的信号，确定满足发动机运转状态所需的燃油喷射量，并根据该喷射量去控制喷油器的喷射时间。图 2-19 所示为 ECU 的构成框图。

（5）电磁喷油器　图 2-20 所示是喷油器的结构图，在筒状外壳内装有电磁线圈、柱塞、回位弹簧和针阀等。柱塞和针阀装成一体，在回位弹簧压力作用下，针阀紧贴阀座，将喷孔封闭。另外，为防止油中所含杂质影响针阀动作，设有滤清器，为适应不同应用场合，

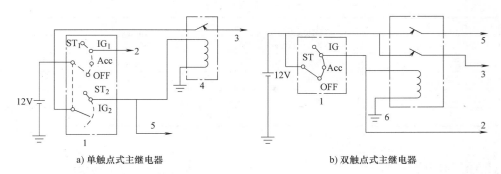

a) 单触点式主继电器   b) 双触点式主继电器

图 2-18 主继电器接线图

1—点火开关 2——一般电气设备 3—接 ECU 和电动汽油泵 4—单触点式主继电器 5—接喷油器和火花塞

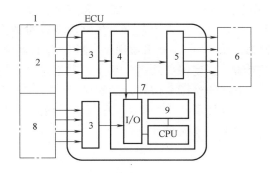

图 2-19 ECU 的构成框图

1—传感器 2—模拟信号 3—输入回路 4—A-D 转换器 5—输出回路 6—执行元件

7—微机 8—数字信号 9—ROM-RAM 记忆装置

设有调整针阀行程的调整垫片。

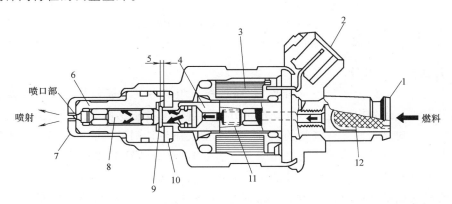

图 2-20 喷油器的结构图

1—燃油接头 2—电插头 3—电磁线圈 4—衔铁 5—行程 6—阀体 7—壳体

8—针阀 9—凸缘部 10—调整垫片 11—弹簧 12—滤清器

3. 任务评价

任务评价表见表 2-2。

表 2-2　任务评价表

项　目	目　标	分值	评分	得分
找出三大组成部分	能正确全面说明	20	不完整，每处扣 2 分	
说明气路油路	在工作顺序说明	20	不完整，每处扣 2 分	
说明相关元器件的工作原理	分析全面、正确、详尽	40	不完整，每处扣 4 分	
相关元器件动态参数测试	准确测试	20	酌情扣分	
总分		100		

 【知识拓展】

　　根据测量空气流量的方式不同，进气系统可分为质量流量式进气系统（用于 L 型 EFI 系统）、速度密度式进气系统（用于 D 型 EFI 系统）和节流速度式进气系统三种。空气流量计安装在空气滤清器和节气门之间，用来测量进入气缸内空气量的多少，然后，将进气量信号转换成电气信号输入 ECU，由 ECU 计算出喷油量，控制喷油器向节气门室（进气管）喷入与进气量成最佳比例的燃油。速度密度式进气系统是利用进气歧管绝对压力传感器测得进气歧管中的绝对压力，然后根据绝对压力值和发动机转速来推算出每一循环发动机吸入的空气量。速度密度式进气系统组成如图 2-21 所示，它与质量流量式进气系统的主要差别是用进气歧管绝对压力传感器代替了空气流量计。

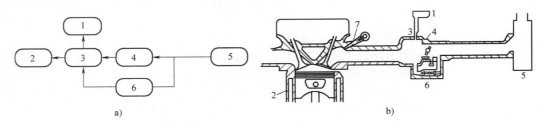

图 2-21　速度密度式进气系统组成

1—进气歧管绝对压力传感器　2—发动机　3—稳压箱　4—节流阀体　5—空气滤清器　6—空气阀　7—喷油器

1. 叶片式空气流量计

　　叶片式空气流量计由测量板（叶片）、缓冲板、阻尼室、旁通空气道、急速调整螺钉和回位弹簧等组成，此外内部还设有电动汽油开关及进气温度传感器等。叶片式空气流量计的电位计是以电位变化来检测空气量的装置，它与空气流量计测量板同轴安装，能把因测量板开度而产生的滑动电阻变化转换为电压信号，并送给 ECU。图 2-22a、b 所示是电位计与测量板的安装关系及叶片式空气流量计的工作原理图。

　　叶片式空气流量计的电位计内部电路如图 2-23 所示，电位计检测空气量有电压比与电压值两种方式。

　　叶片式空气流量计的电压输出形式有两种：一种是电压值 U_S 随进气量的增加而降低；另一种则是电压值 U_S 随进气量的增加而升高，如图 2-24 所示。

　　蓄电池的电压经主继电器加到空气流量计的 V_B 端子上，V_C 端子的电压加到电子控制器上，其值是由 V_B 与 V_C 间的电阻、V_C 与 E_2 之间的电阻来决定的，当然 V_C 端子的电阻要

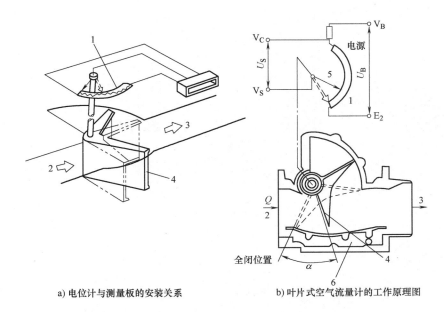

a) 电位计与测量板的安装关系　　　b) 叶片式空气流量计的工作原理图

图2-22　电位计与测量板的安装关系及叶片式空气流量计的工作原理图

1—电位计　2—自空气滤清器来的空气　3—到发动机的空气　4—测量板　5—电位计滑动触点　6—旁通空气道

稍稍低于 V_B 端子的电压，且大致为一定值。V_S 端子的电压随动触点的移动而变化。也就是说，风门叶片的开度大时，V_S 端子的电压升高；当开度减少时，V_S 端子的电压下降。V_S 端子电压是理解空气流量计时的一个重要数据。电子控制器根据 V_C 端子电压和 V_S 端子电压之差与蓄电池 V_B 端子电压比来求得进气量：

$$Q = K(V_C - V_S)/V_B$$

式中，Q 为进气量；K 为系数；V_C、V_S、V_B 分别为 V_C、V_S、V_B 的端子电压。

在丰田 IG-EU 型发动机上，电子控制器的 V_B-E_2 间的电压约为 12V，V_C-E_2 之间的电压为 8～9V。在风门全闭时，V_S-E_2 间的电压约为

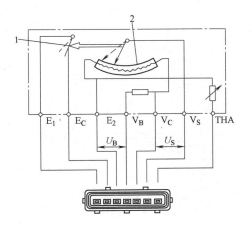

图2-23　电位计内部电路

1—电动汽油泵开关　2—电位计

1.7V。在风门全开时，V_S-E_2 间的电压约为 6.5V。V_C-E_2 曲线与 V_S-E_2 曲线之间的距离越短，风门开度越大。

2. 卡门旋涡式空气流量计

卡门旋涡式空气流量计按照检测方式不同，可以分为反光镜检测方式的卡门旋涡式空气流量计和超声波检测方式的卡门旋涡式空气流量计两种。

图2-25 所示为反光镜检测方式的卡门旋涡式空气流量计的结构图及输出脉冲信号波形。这种卡门旋涡式空气流量计是把卡门旋涡发生器两侧的压力变化，通过导压孔引向由薄金属制成的反光镜表面，使反光镜产生振动，反光镜一边振动，一边将发光二极管射来的光反射给光敏晶体管，这样旋涡的频率在压力作用下转换成镜面的振动频率，镜面的振动频率通过

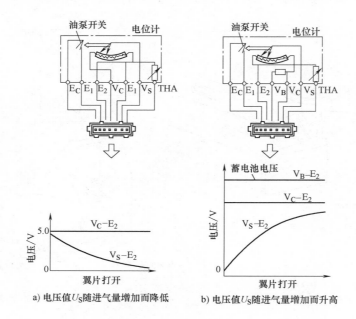

图 2-24 叶片式空气流量计的电压输出形式

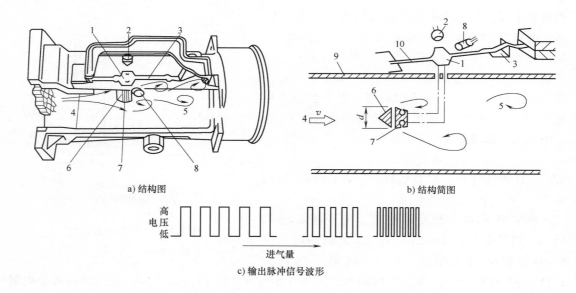

a) 结构图   b) 结构简图

c) 输出脉冲信号波形

图 2-25 反光镜检测方式的卡门旋涡式空气流量计的结构图及输出脉冲信号波形
1—反光镜 2—发光二极管 3—钢板弹簧 4—空气流 5—卡门旋涡 6—旋涡发生体
7—压力导向孔 8—光敏晶体管 9—进气管路 10—支承板

光耦合器转换成脉冲信号。

图 2-26 所示为超声波检测方式的卡门旋涡式空气流量计结构图。这种空气流量计是利用卡门旋涡引起的空气疏密度变化进行测量的，用接收器接收连续发射的超声波信号，因接收到的信号随空气疏密度的变化而变化，由此即可测得旋涡频率，从而测得空气流量。

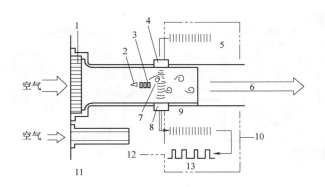

图 2-26　超声波检测方式的卡门旋涡式空气流量计结构图

1—整流栅　2—旋涡发生体　3—旋涡稳定板　4—信号发生器（超声波发射头）

5—超声波发生器　6—通往发动机　7—卡门旋涡　8—超声波接收器

9—与旋涡数对应的疏密声波　10—整形放大电路　11—旁通空气道

12—通往计算机　13—整形成矩形波（脉冲）

3. 热线式空气流量计（热膜式空气流量计）

热线式空气流量计是一种特殊的流量计。该流量计采用等温热线的方式，如图 2-27 所示。图中，R_H、R_K、R_A、R_B 组成惠斯顿电桥的 4 个臂，将热线 R_H（通常以铂丝制成）与温度补偿电阻 R_K（冷线）同置于所测量的通道中，使 R_H 与气流的温差维持在一个水平。当气流加大时，由于散热加快，R_H 降

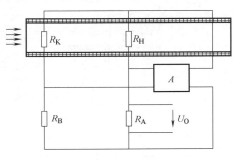

图 2-27　热线式空气流量计

温，阻值变化，电桥失去平衡，这时集成电路会提高桥压使电桥恢复平衡，通常取 R_A 上的压降为测量信号。

4. 真空度-转速式（压感式）空气流量计（进气歧管压力传感器）

从某种角度上讲，真空度-转速式（压感式）空气流量计并不是空气流量计，仅是一只进气歧管压力传感器，但其功能仍是测量进入发动机气缸的进气量。

图 2-28 所示为真空膜盒式进气歧管压力传感器的结构图。该传感器由真空膜盒（两个）、随着膜盒膨胀和收缩可左右移动的铁心、与铁心联动的差动变压器以及在大气压力差作用下可在膜盒工作区间进行功率档与经济档转换的膜片构成，传感器被膜片分为左、右两个气室。

图 2-29 所示为半导体式进气歧管压力传感器的结构图，它由半导体压力转换元件（硅片）与过滤器组成。该传感器的主要元件是一片很薄的硅片，硅片底面粘接了一块硼硅酸玻璃片，使硅膜片中部形成一个真空窗以传感压力，如图 2-30a 所示。硅片中的 4 个电阻连接成惠斯顿电桥形式，如图 2-30b 所示。

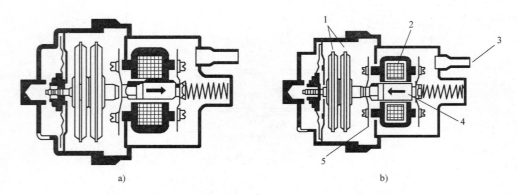

图 2-28　真空膜盒式进气歧管压力传感器的结构图
1—膜盒　2—感应线圈　3—至进气歧管　4—铁心　5—回位弹簧差动变压器

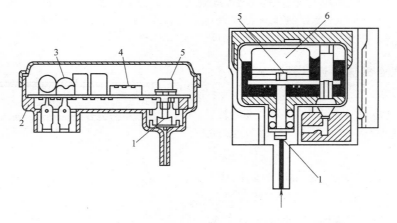

图 2-29　半导体式进气歧管压力传感器的结构图
1—滤清器　2—塑料外壳　3—过滤器　4—混合集成电路　5—硅片　6—真空室

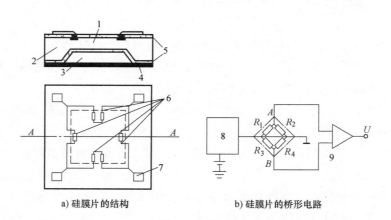

a) 硅膜片的结构　　　　　　b) 硅膜片的桥形电路

图 2-30　半导体式压力传感器硅膜片的结构及电路
1—硅片　2—硅　3—真空管　4—硼硅酸玻璃片　5—二氧化硅膜
6—应变电阻　7—金属块　8—稳压电源　9—差动放大器

电控汽油喷射系统几种最常见故障的诊断程序

（1）起动困难　首先检查起动加浓喷嘴是否工作，引线插头是否松脱，起动加浓阀是否卡死。若通电时能听到"嗒"的响声，说明起动加浓阀基本正常，否则为卡死。若起动加浓喷嘴无问题后还不能启动着火，则应检查电动输油泵与气流传感器，如都无问题，则可能是油泵供油量不足或压力不够，如两者经检查均无问题，则应检查节流阀开关及点火线路等。

（2）发动机通过拖车可以顺利发动，但用起动机驱动却不能起动着火　出现这种情况，可先按上述"起动困难"一项进行检查，若均无问题，则应检查气温传感器和热控开关；若仍不能起动，则检查电动输油泵控制电路及输油管路；若因电动输油泵供油较迟所致，可调整杠杆的角度予以解决。

（3）发动机失速　首先检查辅助空气装置是否工作不良。冷车时，阀门孔应与辅助气道相通；热车时，则应在弹簧作用下关闭。若此装置无问题，再检查电子计算机控制单元输入、输出插件是否工作不良，起动加浓阀能否在热车时关闭，最后再检查温度传感器是否工作正常。

（4）发动机怠速粗暴或喘振　应先检查各喷油阀的电路连接是否良好，然后检查每一喷油阀的吸铁线圈是否能正常工作。接着检查喷油阀是否能触发，处理太靠近高压线的控制信号线。检查各进气软胶管接头及真空软管有无破损与漏气处，若有则应予以修复或更换。

（5）高速性能差　在打开节流阀时，检查节流阀开关位置是否合适对中（打开壳盖），再用压力表接在供油管道上测试供油压力（该压力应为1471kPa）。过低时，应更换汽油压力调节器。如压力正常，再检查喷油嘴触发系统功能是否失调，检查各传感器并清查导线与插接件，若传感器有问题则应予以更换。

（6）耗油量过大　遇到这一问题时，应先检查各真空胶管是否有泄漏，再检查气温传感器是否失效或接头是否短路，测试装在气流传感器上的气温传感器的电阻，如不符合规定，则应予以更换。如果是接头短路，则应清理或更换。最后，再检查起动加浓阀能否关闭，若有问题，应予以排除。

任务2-3　认识汽车安全气囊的检测

【任务说明】

随着高速公路的发展和汽车性能的提高，汽车行驶速度越来越快，特别是由于汽车拥有量的迅速增加，交通越来越拥挤，使得事故更为频繁，所以汽车的安全性就变得尤为重要。汽车的安全性分为主动安全和被动安全两种。主动安全是指汽车防止发生事故的能力，主要有操纵稳定性、制动性能等，被动安全是指在发生事故的情况下，汽车保护乘员的能力，目前主要有安全带、安全气垫、防撞式车身和安全气囊防护系统等，如图2-31所示。由于现实的复杂性，有些事故是难以避免的，因此被动安全性也非常重要，安全气囊作为被动安全性的研究成果，由于使用方便、效果显著、造价不高，所以得到迅速发展和普及。那么汽车安全气囊的工作原理、基本结构是怎样的呢？人们在使用及检修中要注意哪些事项呢？

【任务知识点】

1. 汽车安全气囊与发展

汽车安全气囊系统（Supplemental Restraint System，SRS）是辅助安全系统，它通常是作为安全带的辅助安全装置出现的。安全气囊系统采用了一种类似火箭固体燃料发动机的气体发生器，在这种气体发生器中，燃料燃烧产生的气体使气囊充气。气体发生器的燃料通常使用叠氮化钠，但也有的使用硝化纤维，也有的系统使用压缩气体。安全带与安全气囊是配套使

图 2-31　安全气囊与安全带

用，没有安全带，安全气囊的安全效果将要大打折扣。据调查，单独使用安全气囊可使事故死亡率降低 18% 左右，单独使用安全带可使事故死亡率下降 42% 左右，而当安全气囊与安全带配合使用时，可使事故死亡率降低 47% 左右。

使用安全气囊来保护汽车乘员的想法最先产生于美国。1952 年，美国汽车生产者联合会在理论上阐述了这样一种汽车安全系统的必要性。几乎同时，这种系统的原理图也绘制了出来。1953 年，第一个气囊的专利就诞生了。但是，由于当时技术水平的限制，还不能把这种想法或专利付诸实现。到了 1980 年，德国默谢台斯公司开始实现这种设想，它在自己生产的部分汽车上安装了安全气囊。而从 1985 年起，在全部供应美国市场的汽车上都有安装了这种安全系统。随后，又出现了第一个保护驾驶人旁前排乘员头部的气囊。

现在，世界上许多汽车制造厂及专业生产厂都在设计和生产安全气囊，其中最大的是德国的博世公司。今天的气囊已经发展到可以在任意方向的碰撞中（包括侧向碰撞）起保护乘员头部、躯干和膝部的作用。

目前，世界上很多国家都要求在新车上必须安装气囊。例如，美国从 1989 年起要求汽车上一定要安装大尺寸的气囊；而欧洲的专家们则认为安全带和小尺寸气囊的配合使用效果更好，所以，欧洲的公司只生产小尺寸气囊。现在，在汽车上，一个气囊安装在驾驶盘上，一个气囊安装在驾驶人旁前排乘员的前面，侧面气囊或者装在车门上，或者装在座椅靠背上。气囊用尼龙制成，材料厚度为 0.45mm。为了保证气囊的气密性，在其内表面涂复薄薄一层合成橡胶或硅橡胶。在气囊的内表面固定有专门的带子，这些带子在气囊充气时能使其保持一定形状。气囊侧面设有许多孔，这些孔用来从气囊中快速排出气体。这点是十分重要的，否则，人就会被气囊推向后面或被一个气囊或几个气囊挤住而受伤。为避免气囊因长期叠置而成硬块，在气囊内部覆盖一层特殊的材料，它可使气囊的有效使用期达到 15 年。

当前，安全气囊出现了两种发展趋势。美国和日本的汽车公司努力设计大尺寸气囊来保护乘员。而欧洲一些汽车制造公司则认为，安全气囊本身并不是保障乘员安全的决定性装置，它必须在一个统一的汽车被动安全系统中才能有效地发挥作用，在这个系统中，一定要

具备紧缩式安全带、结构可靠的座椅、儿童专用座椅和一系列其他部件。而且，最好在车身结构设计开始时就考虑到这个安全系统所有必需的组成部件的安装。

按保护对象，安全气囊可分为以下几种：驾驶员气囊（Driver Front Airbag, DFA），前排乘员气囊（Passenger Front Airbag, PFA）、前座侧边气囊（Front Side Airbag, FSA）、后座侧边气囊（Rear Side Airbag, RSA）、侧边气囊（Side Tubular or Side Curtain Airbag, ST/SCA）和膝部气囊（Knee Airbag, KA）。

2. 汽车安全气囊的基本原理

汽车碰撞可分为一次碰撞（汽车和障碍物之间的碰撞）和二次碰撞（乘员与汽车内部结构之间的碰撞）两个阶段。一般将汽车的安全性分为主动安全性与被动安全性两种，汽车安全气囊属于二次碰撞的被动安全性范畴。

汽车安全气囊的基本思想是：在发生一次碰撞后，二次碰撞前，电控气囊系统做出快速反应，迅速在乘员和汽车内部结构之间打开一个充满气体的袋子，使乘员扑在袋子上，避免或减缓二次碰撞，从而达到保护乘员的目的。安全气囊系统是辅助约束系统的一个组成部分。辅助约束系统由两大部分组成：一是安全气囊，它在车辆发生碰撞时通过充气膨胀保护车内人员的头部、胸部、腹部；二是座椅安全带。有的轿车的安全带配有电动（或气动）收紧装置，当车辆发生强烈碰撞时，及时将车内人员收紧在座椅上，起定位保护作用。

气囊系统中的传感器通常有机械式、机电一体式及电子式三种类型。大多数气囊采用多个电子传感器分布在车身不同位置以便准确感知碰撞信号，并将信号传递到车上的控制系统中。控制系统控制气囊系统的点火，进行系统的故障诊断，判别要保护的乘员座位是否有乘员以及是什么样的乘员。若判定前排座位上为儿童座椅，那么，在发生碰撞时，儿童座椅前的气囊就不能点火。总之，控制系统可以保证只有在必须使用气囊时才使气囊工作。

目前，大多数安全气囊是以前方正面碰撞为保护前提而设计的（前方60°范围内），如图 2-32 所示。这类安全气囊在车辆被迫追尾或侧面碰撞时无效。根据交通事故统计：车辆发生前部碰撞的事故率约占65%；后部碰撞事故率约占13.2%；侧面垂直碰撞事故率极低。车内人员受伤部位统计情况如下：头部约占40%，胸部约占20%，腹部约占5%，腿部约占20%。因此，目前的安全气囊大多安装在车内人员的前方，并且在下列情况时会引爆前安全气囊。

1）汽车遭受侧面碰撞超过规定的角度时。

2）汽车遭受横向碰撞时。

3）汽车遭受后面碰撞时。

4）汽车发生绕纵向轴线侧翻时。

5）纵向减速度未达到预定值时。

6）行驶中紧急制动或在台阶路面上行驶时。

安全气囊碰撞的发生过程可详细分为下列几个阶段：

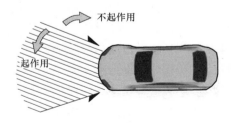

图 2-32　安全气囊的作用范围

第一阶段：汽车撞车达到气囊系统引爆极限，碰撞传感器从测出碰撞到接通电流需10ms，气囊 ECU 中的引爆控制电路点燃气囊的充气元件，而此时驾驶人仍然处于直坐状态。

第二阶段：充气元件在 30ms 内将气囊完全胀起，撞车 40ms 后，驾驶人身体开始向前移动，斜系在驾驶人身上的安全带随驾驶人的前移被拉长，撞车时产生的冲击，一部分被安全带吸收。

第三阶段：汽车撞车 60ms 之后，驾驶人的头部和身体上部都压向气囊，气囊后面的泄气孔允许气体在压力作用下匀速地逸出。

3. 汽车安全气囊的基本结构

汽车安全气囊由传感器、电子控制器（ECU）、充气组件、电气连接件 4 部分组成，下面一一介绍。

（1）传感器　常用的传感器有电子式碰撞传感器和机电式传感器两种。

1）电子式碰撞传感器。

常用的电子式碰撞传感器有两种。

第一种是德国博世（BOSCH）公司研制生产的电阻应变计式碰撞传感器。其结构如图 2-33a 所示，主要由电子电路 4、电阻应变计 5、振动块 6、缓冲介质 7 和壳体 3 等组成，电子电路包括稳压与温度补偿电路 W、信号处理放大电路 A。应变计的电阻 R_1、R_2、R_3、R_4 制作在硅膜片 8 上，如图 2-33b 所示。当膜片发生变形时，应变电阻的阻值就会发生变化。为了提高传感器的检测精度，应变电阻一般都连接成桥式电路，并设计有稳压和温度补偿电路，如图 2-33c 所示。

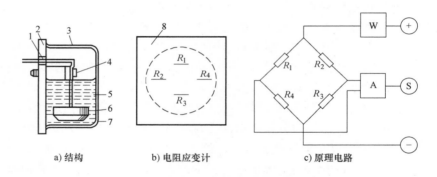

a) 结构　　　　　b) 电阻应变计　　　　　c) 原理电路

图 2-33　电阻应变式碰撞传感器

1—密封树脂　2—传感器底板　3—壳体　4—电子电路
5—电阻应变计　6—振动块　7—缓冲介质　8—硅膜片

当汽车遭受碰撞时，振动块振动，缓冲介质随之振动，应变计的应变膜片发生变形，阻值随之发生变化，经过信号处理放大后，传感器 S 端输出的信号电压就会发生变化。电子控制器（ECU）根据电信号强弱便可判断碰撞的烈度（激烈程度）。如果信号电压超过设定值，ECU 就会立即向点火器发出点火指令，引爆点火剂，使充气剂受热分解产生气体给气囊充气，气囊展开，达到保护驾驶人和乘员的目的。

第二种是压电效应式碰撞传感器，它是利用压电效应制成的传感器。压电效应是指压电晶体在压力作用下，晶体外形发生变化而使其输出电压发生变化。压电晶体通常用石英和陶瓷制成。当汽车遭受碰撞时，传感器内的压电晶体型碰撞产生的压力作用下，输出电压就会变化。ECU 根据电压信号强弱可以判断碰撞的烈度。如果电压信号超过设定值，ECU 就会立即向点火器发出点火指令，引爆点火剂，使气体发生器给气囊充气，气囊展开，达到保护驾驶人和乘员的目的。

2）机电式传感器。应用最多的机电式传感器有 3 种。

第一种是泰克勒（Tcchncr）式碰撞传感器，如图 2-34 所示，薄壁滚筒弹簧内部有一质量，在加速度的作用下，质量将滚筒展开并向前推动，当滚筒的动触点接触到其前部静触点时，电路便闭合，这是一种加速度传感器，这种传感器由于对急速撞击和粗糙路面过于灵敏，现已逐渐被淘汰。

第二种是布里德（Breed）式碰撞传感器，如图 2-35 所示，平时小钢球被磁场力所约束，当碰撞时，在圆柱形钢套内的小钢球就向前运动，一旦接触到前面的触点，便将局部电路接通。这种传感器的灵敏度由 3 个参数确定，即磁场大小、小钢球和圆柱形钢套之间的间隙及小钢球与触点间的距离。这种传感器目前应用很广，可以检测各种撞击信号。

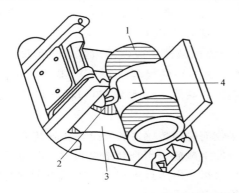

图 2-34　泰克勒（Tcchncr）式碰撞传感器
1—滚筒　2—静触点　3—卷簧　4—动触点

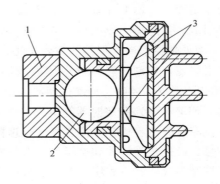

图 2-35　布里德（Breed）式碰撞传感器
1—磁铁　2—小钢球　3—触点

第三种是偏心转动式传感器，图 2-36 所示为具有偏心转动质量的机电式加速度传感器。传感元件是由具有偏心转动质量的转动平板、旋转触点与固定触点、螺旋弹簧构成，如图 2-36a、b 所示，当汽车正常行驶时，转动平板利用螺旋弹簧的回复力被拉回，处于平衡状

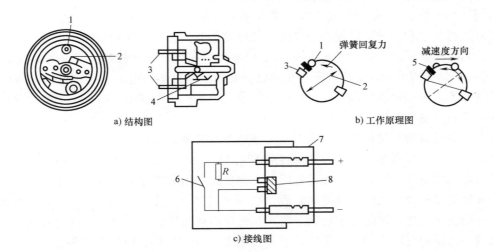

图 2-36　偏心转动式传感器
1—偏心转动质量　2—旋转触点　3—固定触点　4—螺旋弹簧　5—挡块
6—传感器触点　7—连接器　8—连接检验销

态，此时转子上安装的旋转触点与固定触点不接触。当车辆受到正面碰撞且速度达到设定位时，偏心转动质量带动转子板旋转，使旋转触点与固定触点接触，从而向 ECU 发出闭合电路信号。图 2-36c 是偏心转动式传感器接线图。在连接器上，与 ECU 相连的正、负接线柱和连接检验销的 4 个接线柱与传感元件的接线柱正确接合时，才处于如图 2-36c 所示状态，这时必须确认 ECU 在正、负接线柱之间具有电阻 R。

（2）电子控制器　电子控制器（ECU）又称为安全气囊电脑组件，ECU 是安全气囊系统的核心部件，其安装位置因车型而异。当防护传感器与 ECU 组装在一起时，ECU 通常安装在驾驶室变速杆前、后的装饰板下面。当防护传感器与 ECU 分开安装时，ECU 的安装位置则因车型而异。ECU 主要由微处理器、信号处理电路、备用电源电路、保护电路和稳压电路等组成。传感器一般也与安全气囊微处理器一起制造在 ECU 中。

1）微处理器。微处理器的主要功能是监测汽车纵向减速度或惯性力是否达到设计值的点火器引爆点。控制气囊组件中微处理器由模-数（A-D）转换器、数-模（D-A）转换器、输入/输出（I/O）接口、只读存储器（ROM）、随机存储器（RAM）、电可擦除可编程只读存储器（EEPROM）和定时器等组成。

在汽车行驶过程中，安全气囊微处理器不断接收前碰撞传感器和安全传感器传来的车速变化信号，经过数学计算和逻辑判断后，确定是否发生碰撞。当判断结果为发生碰撞时，立即运行控制点火的软件程序，并向点火电路发出点火指令引爆点火剂，点火剂引爆时产生大量热量，使充气剂受热分解释放气体，给安全气囊充气。

此外，安全气囊微处理器还对控制组件中关键部件的电路（如传感器电路、备用电源电路、点火电路、安全气囊指示灯及其驱动电路）不断进行诊断测试，并通过安全气囊指示灯和存储在存储器中的故障码来显示测试结果。仪表盘上的安全气囊指示灯可直接向驾驶人提供安全气囊系统的状态信息，微处理器存储器中的状态信息和故障码可用专用仪器或通过特定方式从通信接口调出，以供装配检查与设计参考。

2）信号处理电路。信号处理电路主要由放大器和滤波器组成。其功能是对传感器检测到的信号进行整形和滤波，以便安全气囊微处理器能够接收、识别和处理。

3）备用电源电路。安全气囊系统有两个电源：一个是汽车电源（蓄电池和交流发电机），另一个是备用电源。备用电源又称为后备电源和紧急备用电源。备用电源电路由电源控制电路和若干个电容器组成，在单个安全气囊系统的控制组件中，设有一个微处理器备用电源和一个点火备用电源。

在双安全气囊的控制模块中，设有一个微处理器备用电源和两个点火备用电源，即两条点火电路各设一个备用电源。点火开关接通 10s 之后，如果汽车电源电压高于安全气囊微处理器的最低工作电压，那么微处理器备用电源和点火备用电源即可完成储能任务。当汽车电源与安全气囊微处理器之间的电路切断后，在一定时间（一般为 6s）内维持安全气囊系统供电，保持安全气囊系统的正常功能。当汽车遭受碰撞而导致蓄电池和交流发电机与安全气囊微处理器之间的电路切断时，微处理器备用电源在 6s 之内向微处理器供电，保持微处理器测出碰撞、发出点火指令等正常功能；点火备用电源在 6s 之内向点火器供给足够的点火能量引爆点火剂，使充气剂受热分解给气囊充气。当时间超过 6s 之后，备用电源供电能力降低，微处理器备用电源不能保证微处理器测出碰撞和发出点火指令；点火备用电源不能供给最小点火能量，安全气囊不能无气展开。

4）保护电路和稳压电路。在汽车电气系统，许多电气部件带有电感线圈，电气开关也是种类繁多。当线圈电流接通或切断、开关接通或断开、负载电流突然变化时，都会使电气负载变化频繁，产生瞬时脉冲电压。这时，保护电路和稳压电路能保持安全气囊系统的正常功能。

电子控制器（ECU）的工作原理如图2-37所示。

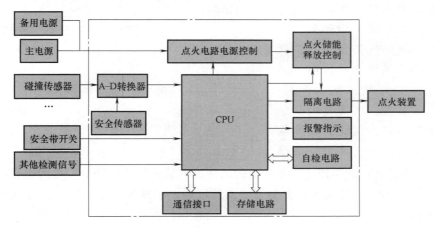

图2-37　电子控制器（ECU）的工作原理图

（3）充气组件　充气组件主要由充气装置、气囊、饰盖和底板等组成。驾驶人一侧的充气组件位于方向盘的中间，如图2-38所示。前排乘员一侧的充气组件装在前排乘员一侧的工具箱的上方，如图2-39所示。

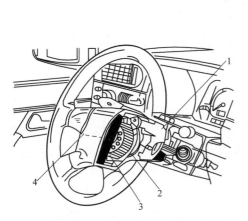

图2-38　驾驶人侧的充气气囊组件安装图
1—底板　2—充气装置　3—气囊　4—饰盖

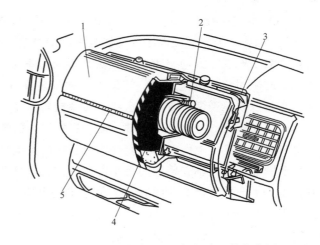

图2-39　前排乘员侧的充气气囊组件安装图
1—饰盖　2—充气装置　3—固定装置　4—气囊　5—撕裂纹

1）充气装置。充气装置主要由外壳、引爆器、气体发生剂、过滤器和增压充剂等组成，如图2-40所示。

充气装置外壳一般采用铝合金或钢板冲压成形。目前铝合金外壳已逐步取代钢板外壳。铝合金外壳底部采用惰性气体焊接，出气口处用铝箔黏接封严。引爆器固定在充气装置的底部。当汽车发生碰撞达到引爆条件时，安全气囊ECU接通引爆控制电路，电流经过引爆器，使引爆器的电热丝产生热量，引燃火药，生成的压力和热量冲破药筒将增压充剂引燃。增压充剂装在引爆器与气体发生剂之间。当引爆器引燃后，点燃增压充剂，冲撞气体发生剂，促使气体发生剂快速燃烧。目前使用的气体发生剂是片状氮化钠合剂，它燃烧后产生氮气。气体发生剂的装置决定充气装置密封筒的最高输出压力，可通过改变气体发生剂厚

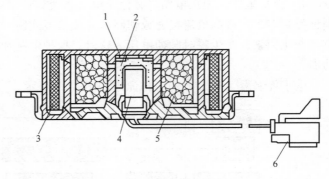

图2-40 充气装置结构
1—外壳 2—增压充剂 3—过滤器 4—引爆器
5—气体发生剂 6—带短路条的连接器

度来调节充气条件。过滤器用于冷却生成的气体，并滤去气体燃烧后产生的杂质。

2）气囊。气囊按布置位置可分为驾驶人侧气囊、前排乘员侧气囊、后排气囊、侧面气囊；按大小可分为保护整个上身的大型气囊和主要保护面部的小型护面气囊。驾驶人侧气囊多由涂有硅橡胶或氯丁橡胶的尼龙布制成。橡胶涂层起密封和阻燃作用，气囊背面有两个泄气孔。乘员侧气囊没有涂层，靠尼龙布本身的孔隙泄气。

3）饰盖。饰盖是充气组件的盖板，其上置有撕缝，以便气囊能冲破饰盖而展开。

4）底板。气囊和充气装置都装在底板上。底板装在方向盘或车身上，气囊展开时，底板承受气囊的反冲力。

（4）电气连接件 安全气囊系统的电气连接件有螺旋电缆、连接器和线束。

1）螺旋电缆。螺旋电缆的功能是把电信号输送到安全气囊引爆器的接线上。由于驾驶人侧气囊是安装在方向盘上的，而方向盘需要转动，为了实现这种静止与活动端的可靠连接，因此采用螺旋电缆连接。螺旋电缆被安装在托盘内，托盘则通过螺栓固定在转向轴顶部，它是以顺、逆两个方向的盘绕来实现旋转运动的可靠连接。电缆的内侧是固定端，与转向轴固定在一起；外侧是活动端，通过连接器与引爆器连接在一起。螺旋电缆的电阻取决于本身材料的长度。电缆材料为复合铜带，一面是铜，一面是聚酯薄膜。电缆长度由方向盘最大转向圈数和转向轴安装毂的最小内径决定，电缆一般长为4.8m。当转向轴处于中间位置时，可分别向左右各做2.5圈转动。由于引爆器阻抗很小，故对电缆阻抗偏差的控制非常严格，否则会影响安全气囊ECU对引爆器故障的诊断。螺旋电缆中心与转向轴的同轴度对保证安全气囊系统的性能有很大影响，如果偏差过大，可能导致螺旋电缆旋转过量而造成永久性损坏。考虑到偏差的缘故，螺旋电缆正、反两面各方向上要留出半圈余量。拆卸时应做好标记，以保证其准确还原。

2）连接器。安全气囊系统的连接器采用双保险锁定和分断自动短接措施。连接器分断后，引爆器的电源端和地线会自动短接，防止因误通电或静电造成引爆器误触发。

3）线束。安全气囊系统的线束采用特殊的包装和色标，以保证在碰撞中能保持线路连接可靠和便于检查。

【任务实践】

随着科学技术的发展和以人为本观念的深入人心，汽车的设计会越来越人性化，越来越关注人的安全。安全气囊是汽车安全装置中重要的一部分，学生要正确掌握安全气囊系统的使用方法和检修方法。

1. 任务要求

1）认识安全气囊系统，了解其工作原理。

2）正确掌握安全气囊系统的使用方法。

3）正确掌握安全气囊系统的检修方法。

2. 任务实施

（1）安全气囊使用中的注意事项

1）安全气囊必须和安全带配合使用。安全气囊属于被动安全装置，只有和安全带配合使用，才能获得良好的安全保护效果，所以驾驶人和乘员在汽车运行时必须系好安全带。

2）注意日常检查。日常检查主要检查各碰撞传感器的固定是否牢固；搭铁线部位是否清洁；连接是否可靠；方向盘转动时是否有卡滞现象，以判断方向盘内的 SRS 螺旋电缆是否完好。起动车辆时要特别注意观察 SRS 报警灯是否自动熄灭，如果接通点火开关 6~8s 后，它依然闪烁或长亮不熄，则表示 SRS 有故障。在运行过程中，如果指示灯闪烁 5min 后长亮，也表示 SRS 出现故障。

3）及时排除安全气囊的故障，否则会产生两种严重后果：一种是当汽车发生严重碰撞，需要安全气囊展开起保护作用时，它却不能工作；另一种是在汽车正常运行，安全气囊不应工作时，它却突然膨胀展开，给驾驶人和乘员造成不应有的意外伤害，甚至发生交通事故。

4）避免高温。应妥善保管安全气囊装置的部件，不要让它处在 85℃ 以上的高温环境下，以免造成安全气囊误打开。

5）避免意外碰撞和振动。安全气囊传感器等部件对碰撞和冲击很敏感，因此应尽量避免碰撞和冲击，以免造成安全气囊不必要的突然打开。

6）不要擅自改变安全气囊系统及其周边布置。不能擅自改动系统的线路和组件，以及更改保险杠和车辆前面部分结构。方向盘和乘员侧气囊部位不可粘贴任何装饰品和胶条，以防影响气囊的爆开。

7）乘员尽量坐后排。儿童和身材矮小的乘员在乘坐有安全气囊的车辆时，应尽量坐在后排，因为安全气囊对他们的保护效果并不理想。

8）严格按照规范保管安全气囊系统元器件。安全气囊系统中有火药、传爆管等易燃易爆物品，必须严格规范运输、保管，否则将会造成严重后果。

（2）安全气囊检修中的正确操作

1）非安全气囊专业维修人员不得进行安全气囊的检查、维修。

2）在开始检修前，应将时钟、防盗与音响系统的内容记录下来，有电动倾斜和伸缩转向系统、电动车外后视镜、电动座椅及电动肩带系统装置的车辆，维修后应重新调整和设置存储。禁止使用车外备用电源。

3）对安全气囊进行检修作业时，先将点火开关置于锁止位置，然后再断开蓄电池负极，等待 3min。

4）气囊拆下放置时，应将缓冲垫（软面）朝上，且要远离水、机油、油脂、清洁剂等物。

5）对不同车型的安全气囊系统故障码的读取与消除方法应加以区别。

6）禁止对安全气囊或点火器进行加热或用工具打开。

7）拆卸时应注意保护安全气囊组件，特别是连接器。电焊作业前，应拔出转向柱下多功能开关附近的连接器，对安全气囊系统进行安全保护。

8）拆卸已经起爆的安全气囊后，应洗手，如有杂质进入眼睛内，应立刻用清水冲洗，以防受到损伤。

9）安全气囊的元器件要保证使用原厂包装，牌号必须一致。传感器安装架已经变形时，不论安全气囊是否爆开，都必须更换新传感器，同时对传感器安装部位进行修复，使传感器外壳方向标记朝向汽车前方。对于已经爆开的安全气囊，必须全部更换新件。

10）安装时必须按规定拧紧力矩将控制装置安装牢固。安装线束时，注意线束不要被其他零部件挤压，也不要交叉穿越其他零部件。

11）安装好安全气囊系统后方可测试电气，禁止使用模拟式万用表测试，只能使用数字式万用表测试。

12）安装前应关闭点火开关，接通蓄电池后打开点火开关，务必注意头不要在安全气囊打开的范围之内活动。

13）应妥善处理安全气囊系统的废旧器件，在引爆废旧安全气囊时，需注意自身和周围人的安全，尽量避开居民区和人多的地方，选择一个通风场所，并采取安全措施。引爆完毕，待气囊冷却、烟尘散尽后（10min），人才可靠近。

14）严禁分解已引爆的气囊，因气囊中没有任何可维护的零部件，更不能修理和再次使用已引爆的气囊。

15）对于不能被引爆的气囊应妥善保管，并及时进行处理。

3. 任务评价

任务评价表见表 2-3。

表 2-3　任务评价表

项目	目标	分值	评分	得分
安全气囊使用中的注意事项	正确使用安全气囊，发现问题能及时处理	50	（1）不能正确使用安全气囊，扣 10 分 （2）发现问题不能及时处理，扣 20 分	
安全气囊检修中的正确操作	掌握安全气囊检修步骤	50	（1）不按照检修步骤操作，扣 10 分 （2）损坏元器件，扣 20 分	
总分		100		

【知识拓展】

汽车安全气囊的发展的趋势

1. 智能化

随着电子信息技术的飞速发展，形形色色的智能技术在汽车上得到推广应用，智能化安全气囊就是其中之一。它是在普通安全气囊的基础上增设传感器和与之相配套的计算机软件而制成。其重力传感器能根据重力感知乘员是大人还是儿童，其红外线传感器能根据热量探测座椅上是人还是物，其超声波传感器能探明乘员的存在和位置等。计算机软件则能根据乘员的身体、体重、所处位置和是否系安全带以及汽车碰撞速度及撞击程度等，及时调整气囊的膨胀时机、速度和程度，使安全气囊为乘员提供最合理、有效的保护。这种气囊系统能够在汽车碰撞的一瞬间，根据碰撞条件和乘员状况来调节气囊的工作性能。它解决了安全气囊膨胀过快而对乘员造成的挤压伤害问题。

2. 绿色环保化

目前汽车安全气囊中普遍使用了叠氮化钠（NaN_3）。从环保和人体健康角度讲，叠氮化钠是一种有毒物质，其毒性是砷的近 30 倍。此外，从安全角度讲，叠氮化钠在被激活后释放的气体冲起气囊的同时，还会生成固态的钠，钠的化学性质非常活泼，特别是在与水接触时可以直接燃烧。因而，避免使用有潜在危险和有毒性的含钠物质，采用新型气体发生技术，使之符合环境保护的要求，是汽车安全气囊发展的一个方向。

3. 虚拟技术化

采用计算机模拟的"虚拟技术"方式替代轿车实物碰撞。它由一台超级计算机进行"虚拟试验"，从而一方面减少人力、物力、财力的消耗；另一方面也加快了产品的开发周期。超级计算机位于一间配有精密气候调控系统的机房中，进行模拟碰撞试验时，一方面测算轿车的设计对减少驾驶人和乘员受伤的风险能起多少作用，另一方面研究轿车受撞变形的方式，以及安全带和安全气囊之类防护系统应如何设计，才能达到最佳的防护效果。而各种运算都是以现实交通中发生的同类事故为依据进行的。

4. 小型、轻型化

安全气囊总成将采用体积小的新型气体发生器，它采用压缩气体的混合式气体发生器及采用有机气体的纯气体式气体发生器。另外，安全气囊作为一个高度集成化的系统和模块，体积小的安全气囊模块，有足够的空间来集成更多的控制系统，可以提供高度紧凑型的乘员正面保护安全气囊，而且气囊系统的盖板与方向盘的接缝非常细小，几乎看不出来，安装的位置也比较独特，且方向盘看上去更美观。

5. 保护全方位化

安全气囊不再仅局限于保护驾驶人与前座乘员。现代汽车还将采用窗帘一般的侧气囊，这样即使是侧面被撞，车内乘员的安全也能得到充分的保证。如侧翼气囊，它是置于车门两侧及车顶的气囊装置。来自侧翼撞击的力量必须足够大时才能触发气囊充气，仅是踢踹或撞击产生的能量还不足以造成气囊装置的触发。当侧面撞击发生时，撞击力虽被分散，但还有一部分由车门传至装有传感器的座椅上，就在门与传感器接触的刹那，火焰推动两个气体发生器，以高达 2000m/s 的速度，差不多是 7 倍的声速为气囊充满氮气。它还可以在撞击发生的关键瞬间，自始至终地保护人体的上身。

【常见问题解析】

安全气囊故障的检测

（1）调取故障码　一旦弄清是 SRS 有故障，调取 SRS 故障码是简便、快捷诊断故障的方法，但有些车型调取 SRS 故障码需要专用仪器，还需要故障码表。这就需要借助于专业的维修手册。

（2）解除 SRS 工作　为了安全地对 SRS 进行检查和进行必要的电压、电阻等测试，必须对安全气囊进行解除，即解除处于工作状态下的安全气囊。

SRS 一般的解除工作步骤如下：

1）摘下蓄电池负极接头。

2）等待约 90s，待 SRS 电脑中的电容器（第 2 电源）放电完毕。

3）摘下驾驶人侧气囊组件连接器。

4）摘下乘员侧气囊连接器。

5）重新接上蓄电池负极接头。

（3）检查与参数测试

1）检查：检查传感器外壳、托架有无变形、裂纹及安装松动等缺陷，检查 SRS 电脑线路连接、传感器连接及连接检查机构、过电检测机构是否可靠；检查各线路连接器和安全带收紧机构是否有损坏等。

2）测试：测试碰撞传感器的电阻、电压值及时钟弹簧电阻值；测试 SRS 电脑输入、输出电压值；测试各线路是否断路、短路等。根据维修经验，SRS 的时钟弹簧故障率较高，要注意检测；有些车型 SRS 灯一直亮，没有故障码显示，一般是由于电源电压过低或备用电源电压过低，SRS 电脑未将故障码存入存储器中引起的。此外，在 SRS 的故障诊断过程中，可以参照同类型（不同牌号）SRS 来分析故障原因和位置，也可更换某个零件做对比试验。

（4）检查 SRS 工况　维修好的 SRS 应进行如下检测：接通点火开关，SRS 警示灯应亮约 6s 后熄灭，这表示 SRS 故障排除，工作正常，否则应重新检修。

仿真实验：机电一体化控制仿真实验

1. 实验目的

1）熟悉和了解机电一体化控制系统的基本控制设备，了解铝箔加工机铝箔张力测量控制方法、原理及过程。理解机电一体化系统中机、电、信息结合的实际意义。

2）根据控制原理进行加工设备及测量控制设备连接，完成机电一体化设备的装配和传感器的安装，了解传感器的性能及种类。

3）学会对铝箔张力进行测量控制。

2. 实验原理

铝箔张力测量控制原理图如图 2-41 所示。

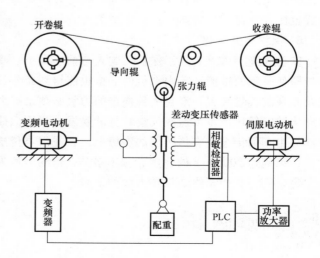

图 2-41　铝箔张力测量控制原理图

3. 实验内容

根据铝箔张力测量控制原理图及元件库（见表 2-4），完成设备之间的连接。

表 2-4　元件库

元件编号	元件名称	元件编号	元件名称
元件 1	伺服电动机	元件 6	变频器
元件 2	变频电动机	元件 7	功率放大器
元件 3	导向辊	元件 8	相敏检波器
元件 4	配重	元件 9	PLC
元件 5	差动传感器	元件 10	张力辊

4. 实验步骤

1）按照原理图接线。

2）按界面上"启动"按钮，进行动画播放。

3）按"停止"按钮停止。

5. 实验结果

铝箔张力测量控制在铝箔生产中相当重要。开卷辊和收卷辊均设计为恒张力控制，张力的恒定与否，能否达到控制精度要求，关系到系统能否正常工作。

动作过程：收卷辊上的箔卷是由小卷逐步地缠绕成符合要求的大卷，张力辊同时在不断地向上移动。为保证卷取张力的恒定，采用差动变压传感器测量张力辊的位移变化，经过相敏检波器将信号传送给 PLC 进行分析计算，将需要调整的参数再送给变频器和功率放大器，从而改变伺服电动机、变频电动机的转速，保证卷取张力恒定不变。

6. 结论分析

根据实验结果分析总结在实验中遇到的问题，以及解决问题的方案。

7. 思考题

问题 1：张力传感器在铝箔机中的作用是什么？

问题 2：采用差动变压器作为张力传感器的特点有哪些？

创新案例：汽车防撞系统设计案例

1. 创新案例背景

随着高速公路里程的增加，因浓雾等恶劣天气而造成的交通事故也日益增多，据不完全统计，高速公路因雾天引起的事故已占事故总数的 25% 以上，给国家和人民群众生命财产造成重大损失，引起了各级政府、交通管理部门和整个社会的普遍关注。

2. 创新设计要求

1）在雾天，两车小于安全距离时，该系统就发出报警。

2）主要用于汽车雾天在高速公路上行驶，要求系统安装方便、使用简单、安全可靠、方便携带。

3）实现自动功能。

3. 设计方案分析

导致高速公路追尾交通事故的主要原因是驾驶人未能保持安全的车间距离，一个好的汽车防撞系统关键在于距离测量的实时性和准确性。准确地探测行车距离并且快速、实时地做出反应是未来汽车研发的方向。

我国对于汽车防撞系统的研究开展较晚，该项研究目前在我国尚处于起步阶段。随着电子技术的发展，车辆的控制水平不断提高，以往的控制系统仅仅检测车辆自身的状态，最新的控制系统正在向着根据车辆周围的环境与状况进行控制的方向发展，因此就需要准确地识别车辆周围的状况，有意外情况及时发出报警信号。经调查，市场上只有智能轿车才有自动防撞系统，但是智能轿车投资费用较高，且自动防撞系统在其他车上安装不便。这套用于普通汽车的激光传感器测距报警系统，采用激光传感器测距的科学原理和通过微处理器实现自动显示报警信号，使驾驶人在雾天行驶更安全。

4. 技术解决方案

激光测距的工作原理与微波雷达测距相似。激光镜头使脉冲状的红外激光束向前方照射，并利用汽车的反射光，通过受光装置检测其距离，激光汽车防撞系统的检测距离达100m以上。具体的测距方式有连续波和脉冲波两种。连续波相位测距是用无线电波段的频率，对激光束进行幅度调制并测定调制光往返测线一次所产生的相位延迟，再根据调制光的波长，换算此相位延迟所代表的距离，即用间接方法测定出光经往返测线所需的时间。连续波相位测距的精度极高，一般可达毫米级，但相对脉冲测距而言，连续波相位测距法电路复杂、成本高，考虑到在汽车防碰撞系统中，不需要太高的测距精度，本案例利用了激光脉冲测距法来测量车前物体的距离。激光脉冲测距是利用测量往返脉冲间隔时间获知距离。测时方法是在确定时间起止点之间用时钟脉冲填充计数。

本案例设计的汽车防撞系统的基本思路如下：利用激光传感器检测出距前方障碍物的距离，通过微处理器进行自动计算并显示出实际距离，当小于安全距离时，该系统就发出声光报警提示驾驶人注意前方有障碍物。另外在防护栏上也安装了信号灯，如在汽车前方200m之内有障碍物，该信号灯显示红色，提示驾驶人注意前方有障碍物，若障碍物在200m之外则信号灯显示绿色。汽车防撞系统原理图如图2-42所示。

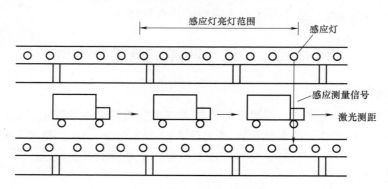

图2-42　汽车防撞系统原理图

5. 案例小结

该汽车防撞系统应用了激光传感器测距的科学原理和通过微处理器实现自动显示报警信号，使驾驶人在雾天行驶更安全。该汽车防撞系统的创新点和先进性在于：

1）简单实用的汽车防撞系统，既经济又方便携带。

2）雾天，通过本系统能判断前方有无障碍物。

3）防漏电保护设计保证了安全。

该系统本身还存在不少的问题，有待进一步探讨，主要的问题有以下几个方面：

1）由于系统中的参数大部分为根据经验预先设定，但这些参数又与车辆的具体情况密切相关，因而这些预设的参数与实际参数必定会存在差距，从而影响系统的性能。

2）由于激光测距模块易受天气影响，工作温度为-20~70℃，温度超出此范围，激光测距模块难以准确地工作。

3）由于激光测距只能用于直线测量，在车辆经过弯道时系统会受到一定影响。

6. 实物作品

汽车防撞系统实物如图2-43所示。

图 2-43　汽车防撞系统实物

思考与练习

1. 什么是机器视觉检测技术？
2. 数字图像处理主要研究哪六个方面的内容？
3. 汽车发动机电控燃油喷射系统所用的传感器主要有哪些？
4. 安全气囊检修的注意事项有哪些？
5. 安全气囊系统使用与维护中的注意事项有哪些？

项目3

机电一体化中的PLC控制技术与实践

【项目导学】

　　自动化生产过程中，经常遇到物料的自动传送、分拣、加工、装配等自动工艺过程，这些过程往往按照一定的顺序进行。在工业控制领域中，跳转/标号指令、子程序调用指令、顺序控制等指令应用很广。本项目将结合西门子 PLC 的相关知识来介绍三相异步电动机连续控制、组合机床动力滑台控制、升降电梯机电传动与控制，让读者们进一步了解，在自动化生产过程中，PLC 程序设计的主要方法。

任务 3-1　三相异步电动机连续控制

【任务说明】

　　三相异步电动机采用继电器-接触器控制装置，具有简单易懂、使用方便、价格便宜等特点，但由于采用硬接线逻辑及大量的机械触点，该系统可靠性不高，并且当控制要求发生变化时，需要花费大量时间重新布线，通用性和灵活性较差。广大技术人员迫切需要一种新的控制方式取代传统继电器-接触器控制系统，用以改善解决以上问题。随着 PLC 技术的发展，使用 PLC 替代传统的继电器以满足对电动机的不同控制要求已成为一种趋势。

【任务知识点】

1. PLC 控制与继电器控制系统的比较

　　（1）控制方式　继电器控制系统的控制是采用硬接线实现的，是利用继电器机械触点的串联或并联及延时继电器的滞后动作等组合形成控制逻辑，只能完成既定的逻辑控制。PLC 控制系统采用存储逻辑，其控制逻辑是以程序方式存储在内存中，要改变控制逻辑，只需改变程序即可，这种控制方式也称为软接线。

　　（2）工作方式　继电器控制系统采用并行的工作方式，PLC 控制系统采用串行工作方式。

　　（3）控制速度　继电器控制系统控制逻辑是依靠触点的机械动作实现控制的，工作频率低，毫秒级，机械触点有抖动现象。PLC 控制系统是由程序指令控制半导体电路来实现控制，速度快，微秒级，严格同步，无抖动。

（4）定时与计数控制　继电器控制系统是靠时间继电器的滞后动作实现延时控制的，而时间继电器定时精度不高，受环境影响大，调整时间困难。继电器控制系统不具备计数功能。PLC 控制系统用半导体集成电路作为定时器，时钟脉冲由晶体振荡器产生，精度高，调整时间方便，不受环境影响。另外，PLC 控制系统具备计数功能。

（5）可靠性和维护性　继电器控制系统可靠性较差，电路复杂，维护工作量大；PLC 控制系统可靠性较高，外部电路简单，维护工作量小。

2. PLC 的基本工作原理

（1）扫描工作方式　当 PLC 投入运行后，其工作过程一般分为三个阶段，即输入采样、用户程序执行和输出刷新。在整个运行期间，PLC 的 CPU 以一定的扫描速度重复执行上述三个阶段。

（2）PLC 执行程序的过程　PLC 执行程序的过程分为输入采样阶段、用户程序执行阶段和输出刷新阶段。

在输入采样阶段，PLC 以扫描方式依次地读入所有输入状态和数据，并将它们存入 I/O 映像区中的相应的单元内。输入采样结束后，转入用户程序执行和输出刷新阶段。在这两个阶段中，即使输入状态和数据发生变化，I/O 映像区中的相应单元的状态和数据也不会改变。因此，如果输入是脉冲信号，则该脉冲信号的宽度必须大于一个扫描周期，才能保证在任何情况下，该输入均能被读入。

在用户程序执行阶段，PLC 是按由上而下的顺序依次扫描用户程序。在扫描每一条梯形图时，是先扫描梯形图左边的由各触点构成的控制电路，并按先左后右、先上后下的顺序对由触点构成的控制电路进行逻辑运算，然后根据逻辑运算的结果，刷新该逻辑线圈在系统 RAM 存储区中对应位的状态；或者刷新该输出线圈在 I/O 映像区中对应位的状态；或者确定是否要执行该梯形图所规定的特殊功能指令，这个结果在全部程序未执行完毕之前不会送到输出端口上。

在输出刷新阶段，当扫描用户程序结束后，PLC 就进入输出刷新阶段。在此期间，CPU 按照 I/O 映像区内对应的状态和数据刷新所有的输出锁存电路，再经输出电路驱动相应的外部负载。这时，才是 PLC 的真正输出。

一般来说，PLC 的扫描周期包括自诊断、通信等，即一个扫描周期等于自诊断、通信、输入采样、用户程序执行、输出刷新等所有时间的总和。

3. PLC 基本指令

S7-200 系列 PLC 具有丰富的指令集，按功能可分为基本逻辑指令、算术与逻辑指令、数据处理指令、程序控制指令及集成功能指令 5 部分。指令是程序的最小独立单位，用户程序是由若干条顺序排列的指令构成。对于各种编程语言（如梯形图和语句表），尽管其表达形式不同，但表示的内容是相同或类似的。

基本逻辑指令是 PLC 中应用最多的指令，是构成基本逻辑运算功能指令的集合，包括基本位操作、取非和空操作、置位/复位、边沿触发、逻辑堆栈、定时、计数、比较等逻辑指令。从梯形图指令的角度来讲，这些指令可分为触点指令和线圈指令两大类。这里先介绍与本项目有关的部分指令。

（1）触点指令 触点指令是用来提取触点状态或触点之间逻辑关系的指令集。触点分为常开触点和常闭触点两种形式。在梯形图中，触点之间可以自由地以串联或并联的形式存在。

触点指令代表 CPU 对存储器的读操作，常开触点和存储器的位状态一致，常闭触点和存储器的位状态相反。常开触点对应的存储器地址位为 1 状态时，触点闭合；常闭触点对应的存储器地址位为 0 状态时，触点闭合。用户程序中的同一触点可以多次使用。S7-200 系列 PLC 部分触点指令的格式及功能见表 3-1。

表 3-1 S7-200 系列 PLC 部分触点指令的格式及功能

梯形图（LAD）	语句表（STL）		功 能	
	操作码	操作数	梯形图含义	语句表含义
bit —‖—	LD	bit	将一常开触点 bit 与母线相连接	将 bit 装入栈顶
	A	bit	将一常开触点 bit 与上一触点串联，可连续使用	将 bit 与栈顶相与后存入栈顶
	O	bit	将一常开触点 bit 与上一触点并联，可连续使用	将 bit 与栈顶相或后存入栈顶
bit —/—	LDN	bit	将一常闭触点 bit 与母线相连接	将 bit 取反后装入栈顶
	AN	bit	将一常闭触点 bit 与上一触点串联，可连续使用	将 bit 取反与栈顶相与后存入栈顶
	ON	bit	将一常闭触点 bit 与上一触点并联，可连续使用	将 bit 取反与栈顶相或后存入栈顶
—|NOT|—	NOT	无	串联在需要取反的逻辑运算结果之后	对该指令前面的逻辑运算结果取反

说明：

1）语句表程序的触点指令由操作码和操作数组成。在语句表程序中，控制逻辑的执行通过 CPU 中的一个逻辑堆栈来实现，这个堆栈有 9 层深度，每层只有 1 位宽度，语句表程序的触点指令运算全部都在栈顶进行。

2）表中的操作数 bit 为寻址寄存器 I、Q、M、SM、T、C、V、S、L 的位值。

（2）线圈指令 线圈指令是用来表达一段程序的运行结果的指令集。线圈指令包括普通线圈指令、置位及复位线圈指令、立即线圈指令等。

线圈指令代表 CPU 对存储器的写操作，若线圈左侧的逻辑运算结果为"1"，则表示能流能够到达线圈，CPU 将该线圈所对应的存储器的位置"1"；若线圈左侧的逻辑运算结果为"0"，则表示能流不能够到达线圈，CPU 将该线圈所对应的存储器的位写入"0"，在同一程序中，同一线圈一般只能使用一次。S7-200 系列 PLC 普通线圈指令的格式及功能见表 3-2。

表 3-2 S7-200 系列 PLC 普通线圈指令的格式及功能

梯形图（LAD）	语句表（STL）		功能	
	操作码	操作数	梯形图含义	语句表含义
—(bit)	=	bit	当能流流进线圈时，线圈所对应的操作数 bit 置 1	复制栈顶的值到指定 bit

说明：

1）线圈指令的操作数 bit 为寻址寄存器 I、Q、M、SM、T、C、V、S、L 的位值。

2）线圈指令对同一元件（操作数）一般只能使用一次。

（3）触点及线圈指令的使用

1）LD、LDN、=指令。LD（Load）装载指令，用于常开触点与起始母线的连接。每一个以常开触点开始的逻辑行（或电路块）均使用这一指令。LDN（Load Not）装载指令，用于常闭触点与起始母线的连接。每一个以常闭触点开始的逻辑行（或电路块）均使用这一指令。=（Out）线圈驱动指令，用于驱动各类继电器的线圈。LD、LDN、= 指令的使用方法如图 3-1 所示。

说明：

① LD 与 LDN 指令既可用于与起始母线相接的触点，也可与 OLD、ALD 指令配合，用于分支电路的起点。

② =指令是驱动线圈的指令。用于驱动各类继电器线圈，但梯形图中不应出现输入继电器的线圈。

③ 并行的 = 指令可以使用任意次，但不能串联使用。

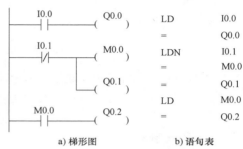

a) 梯形图　　　b) 语句表

图 3-1　LD、LDN、= 指令的使用方法

2）A、AN 指令。A（And）与操作指令，用于单个常开触点与前面的触点（或电路块）串联连接。AN（And Not）与操作指令，用于单个常闭触点与前面的触点（或电路块）串联连接。A、AN 指令的使用方法如图 3-2 所示。

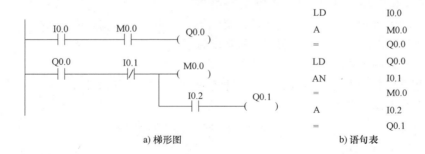

a) 梯形图　　　　　　　　b) 语句表

图 3-2　A、AN 指令的使用方法

说明：

A 与 AN 指令用于单个触点与前面的触点（或电路块）的串联（此时不能用 LD、LDN 指令），串联触点的次数不限，即该指令可多次重复使用。

3）O、ON 指令。O（Or）或操作指令，用于单个常开触点与上面的触点（或电路块）的并联连接。ON（Or Not）或操作指令，用于单个常闭触点与上面的触点（或电路块）的并联连接。O、ON 指令的使用方法如图 3-3 所示。

说明：

① O 与 ON 指令是用于将单个触点与上面的触点（或电路块）并联连接的指令。

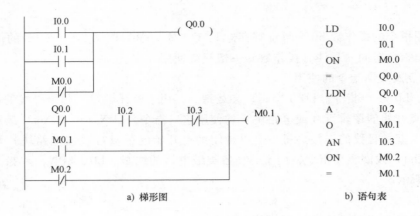

a) 梯形图　　　　　　　　　　　　b) 语句表

图 3-3　O、ON 指令的使用方法

② O 与 ON 指令引起的并联是从 O 和 ON 一直并联到前面最近的母线上，并联的数量不受限制。

【任务实践】

1. 任务要求

图 3-4 所示是采用继电器控制的电动机单向连续运行控制电路。主电路由电源开关 Q、熔断器 FU1、交流接触器 KM 的常开主触点、热继电器 FR 的热元件和电动机 M 构成；控制电路由熔断器 FU2、起动按钮 SB1、停止按钮 SB2、交流接触器 KM 的常开辅助触点、热继电器 FR 的常闭触点和交流接触器线圈 KM 组成。

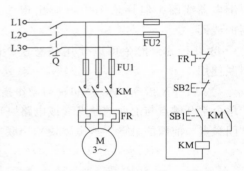

图 3-4　电动机单向连续运行控制电路

采用继电器控制的电动机单向连续运行控制电路的工作过程如下。

先接通三相电源开关 Q。

试设计 PLC 控制的三相异步电动机单向连续运行控制系统，功能要求如下。

1）当接通三相电源时，电动机 M 不运转。

2）当按下起动按钮 SB1 后，电动机 M 连续运转。

3）当按下停止按钮 SB2 后，电动机 M 停止运转。

4）电动机具有长期过载保护。

2. 任务实施

（1）分析控制要求，确定输入/输出设备　通过对采用继电器控制的电动机单向连续运行控制电路的分析，可以归纳出电路中出现了3个输入设备，即起动按钮SB1、停止按钮SB2和热继电器FR；1个输出设备，即接触器KM。这是将继电器控制转换为PLC控制必做的准备工作。

（2）对输入/输出设备进行I/O地址分配　根据电路要求，I/O地址分配见表3-3。

表3-3　I/O地址分配

输入设备			输出设备		
名称	符号	地址	名称	符号	地址
起动按钮	SB1	I0.1	接触器	KM	Q0.0
停止按钮	SB2	I0.2			
热继电器	FR	I0.3			

（3）绘制PLC外部接线图　根据I/O地址分配结果，绘制PLC外部接线图，如图3-5所示。

（4）PLC程序设计　根据控制电路的要求，设计PLC控制程序，如图3-6所示。

（5）安装配线　按照图3-5进行配线，安装方法及要求与继电器控制电路相同。

（6）运行调试

1）在断电状态下，连接好PC/PPI电缆。

2）在作为编程器的PC上，运行STEP 7-Micro/WIN编程软件，打开PLC的前盖，将运行模式开关拨

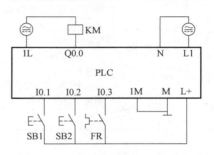

图3-5　三相异步电动机单向连续运行控制电路的PLC外部接线图

到STOP位置，或者单击工具栏中的"STOP"按钮，此时PLC处于停止状态，可以进行程序输入或编写。

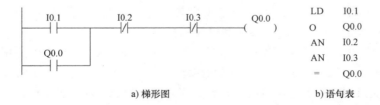

a）梯形图　　　　　　　　　　　b）语句表

图3-6　三相异步电动机单向连续运行控制电路的PLC控制程序

3）执行菜单命令"文件"→"新建"，生成一个新项目；执行菜单命令"文件"→"打开"，打开一个已有的项目；执行菜单命令"文件"→"另存为"，可以修改项目名称。

4）执行菜单命令"PLC"→"类型"，设置PLC型号。

5）设置通信参数。

6）编写控制程序。

7）单击工具栏的"编译"按钮或"全部编译"按钮来编译输入的程序。

8）下载程序文件到PLC。

9）将运行模式选择开关拨到"RUN"位置，或者单击工具栏的"RUN"按钮使PLC进入运行方式。

10）按下起动按钮SB1，观察电动机是否起动。

11）按下停止按钮SB2，观察电动机是否能够停止。

12）再次起动按钮SB1，如果系统能够重新起动运行，并能在按下停止按钮SB2后停车，则程序调试结束。

3. 任务评价

任务评价表见表3-4。

表 3-4　任务评价表

任务	目标	分值	评分	得分
编写相序控制表	能正确分析控制要求，控制脉冲时序	20	不完整，每处扣2分	
绘制原理图	按照控制要求，绘制系统原理图，要求完整、美观	10	不规范，每处扣2分	
在 Proteus 中搭建仿真系统	按照原理图，搭建仿真系统。线路安全简洁，符合工艺要求	30	不规范，每处扣5分	
程序设计与调试	（1）程序设计简洁易读，符合任务要求 （2）在保证人身和设备安全的前提下，通电调试一次成功	40	第一次调试不成功，扣20分；第二次调试不成功，扣20分	
总分		100		

【知识拓展】

PLC 程序的继电器控制电路移植法

PLC 在控制系统的应用中，其外部硬件接线部分较为简单，对被控对象的控制作用都体现在 PLC 的程序上。因此，PLC 程序设计的好坏，直接影响控制系统的性能。

PLC 在逻辑控制系统中的程序设计方法主要有继电器控制电路移植法、经验设计法和逻辑设计法。这里先介绍一下继电器控制电路移植法。

（1）继电器控制电路移植法的基本步骤　继电器控制电路移植法主要用于继电器控制电路改造时的编程，按原电路逻辑关系对照翻译即可。其具体步骤大致如下：

1）认真研究继电器控制电路及有关资料，深入理解控制要求，这是设计 PLC 控制程序的基础。找出主电路和控制电路的关键元件和电路，逐一对它们进行功能分析，如哪些是主令电器，哪些是执行电器等。也就是说，找出哪些电器元件可以作为 PLC 的输入/输出设备。

2）对照 PLC 的输入/输出接线端，对继电器控制线路中归纳出的输入/输出设备进行 PLC 控制的 I/O 编号设置，也即对输入/输出设备进行 PLC I/O 地址分配，并绘制出 PLC 的输入/输出接线图。要特别注意对原继电器控制电路中作为输入设备的常闭触点形式的处理。

3）将现有继电器控制电路的中间继电器、时间继电器用 PLC 辅助继电器、定时器代替。

4）完成翻译后，对梯形图进行简化、修改完善（注意避免因 PLC 的周期扫描工作方式可能引起的错误），并且联机调试。

（2）常闭触点的输入处理　PLC 是继电器控制柜的理想替代物，在实际应用中，常遇到对老设备进行改造的问题，即用 PLC 取代继电器控制柜。这时已有了继电器控制原理图，此原理图与 PLC 的梯形图相类似，因此可以进行相应的转换，但在转换过程中必须注意对作为 PLC 输入信号的常闭触点的处理。

【常见问题解析】

当 PLC 的工作状态发生异常情况时，应先找出故障的部位，分清故障现象，分析原因，排除故障。

（1）ERR 灯亮　先将 PLC 工作方式由"RUN"置为"PROG"，此时有两种可能：ERR 灯灭，则可确定是"总体检查"错，可用编程工具检查程序，并做出修改；然后重新运行 PLC，ERR 灯仍亮，则可能为"自诊断"错，可查找相关手册。

（2）ALARM 灯亮　假设为系统 WATCHDOG 定时器错，先将 PLC 工作方式由"RUN"置为"PROG"，然后断电源重启动。此时可能出现以下 3 种情况：ALARM 灯又亮了，可能是 PLC 主机有问题，应与厂商联系。ALARM 灯灭了，但 ERR 灯亮了，此时可按 ERR 故障处理。系统正常，则可将工作方式由"PROG"置为"RUN"，如果 ALARM 灯又亮，则说明程序执行时间过长。

（3）所有指示灯都不亮　先检查电源接线情况，再检查 PLC 的电源波动是否在额定范围内。若以上检查结果均正常，则可检查用于输入的内装直流电源的输出导线连接情况。若 PLC 与其他的设备共用电源，则检查电源线是否接到其他设备上了。如果 PLC 上的指示灯是瞬间闪亮，则说明电源的供电容量不足。

（4）当 PLC 诊断为输出失常故障时　可以从以下几点来判断：

1）输出状态指示灯长亮，先检查输出设备的接线是否正确牢固，再检查加到输出设备上的电源是否合适，若检查均为正常，则应对负载进行检查。若电源并未加到主负载上，则单元本身有问题，请与厂商联系。

2）输出状态指示灯长灭，用编程工具检查输出情况，检查是否有重复输出的错误。如无此类错误。再用编程工具强制输出"ON"，若输出状态灯亮，便可回到输入情况检查；若输出状态灯仍不亮，则可能为单元本身输出有问题，可更换单元。

3）输入指示灯长亮，首先用编程工具监视输入状况，若所监视的输入被接通，则再检查程序；若所监视的输入不工作，则可能是单元输入回路有问题，可更换单元。

4）输入状态指示灯长灭，先检查输入设备的接线，再检查加到输入端上的电源是否合适。若都正常，则可能是单元内部电路有问题，可更换单元。

任务 3-2　组合机床动力滑台控制

【任务说明】

组合机床是由通用部件和部分专用部件组成的高效专用机床。而动力滑台是组合机床的一种重要通用部件。可以根据不同工件的加工要求，通过电气控制系统的配合实现动力头各种动

作循环。传统的组合机床液压动力滑台的电气部分采用继电器控制系统，可靠性不高、故障发生率高、维护困难、继电器电路接线复杂；若工艺流程改变，则需要改变相应的继电器控制系统的接线。由于可编程序控制器（PLC）具有较高的可靠性，控制过程中能得到良好的控制精度，能够轻而易举地实现工业自动化，还具有易维护、操作简便等一系列优点，PLC在现代工业中得到了大量而广泛的应用。本任务采用PLC进行组合机床动力滑台的设计。

 【任务知识点】

1. 组合机床概述

组合机床是一种在制造领域中用途广泛的半自动专用机床，这种机床既可以单机使用，也可以多机配套组成加工自动线。组合机床由通用部件（如动力头、动力滑台、床身、立柱等）和专用部件（如专用动力箱、专用夹具等）两大类部件组成，有卧式、立式、倾斜式、多面组合式多种结构形式。组合机床具有加工精度较高、生产效率高、自动化程度高、设计制造周期短、制造成本低、通用部件能够被重复使用等优点，因而，被广泛应用于大批量生产的机械加工流水线或自动线中，如汽车零部件制造中的许多生产线。

组合机床的主运动由动力头或动力箱实现，进给运动由动力滑台实现，动力滑台与动力头或动力箱配套使用，可以对工件完成钻孔、扩孔、铰孔、镗孔、铣平面、拉平面或圆弧、攻螺纹等孔和平面的多种机械加工工序。

2. PLC基本指令

程序控制类指令的作用是控制程序的运行方向，如程序的跳转、程序的循环以及按步序进行控制等。程序控制类指令包括跳转/标号指令、循环指令、顺序控制继电器指令、子程序调用指令、结束及子程序返回指令、看门狗指令等。

（1）跳转/标号指令　跳转/标号指令在工程实践中常用来解决一些生产流程的选择性分支控制，可以使程序结构更加灵活，缩短扫描周期，从而加快系统的响应速度。跳转/标号指令的格式及功能见表3-5。

表3-5　跳转/标号指令的格式及功能

梯形图（LAD）	语句表（STL）	功　　能
n ——(JMP)	JMP　n	条件满足时，跳转指令（JMP）可使程序转移到同一程序的具体标号（n）处
n LBL	LBL　n	标号指令（LBL）标记跳转目的地的位置（n）

说明：

1）跳转标号n的取值范围是0~255。

2）跳转指令及标号指令必须配对使用，并且只能用于同一程序段（主程序或子程序）中，不能在主程序段中用跳转指令，而在子程序段中用标号指令。

3）由于跳转指令具有选择程序段的功能，所以在同一程序且位于因跳转而不会被同时执行的两段程序中的同一线圈不被视为双线圈。

（2）跳转/标号指令应用　图3-7所示为跳转/标号指令的功能示意图。

执行程序A后，当转移条件成立（I0.0常开触点闭合）时，跳过程序B，执行程序C；

若转移条件不成立（I0.0 常开触点断开），则执行程序 A 后，执行程序 B，然后执行程序 C。这两条指令的功能是传统继电器控制所没有的。跳转/标号指令在工业现场控制中常用于操作方式的选择。

【例 3.1】　设 I0.0 为点动/连续运行控制选择开关，当 I0.0 得电时，选择点动控制；当 I0.0 不得电时，选择连续运行控制。采用跳转/标号指令实现对其控制的梯形图如图 3-8 所示。

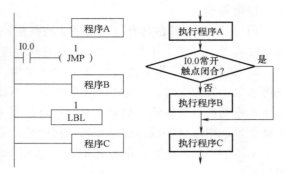

图 3-7　跳转/标号指令的功能示意图

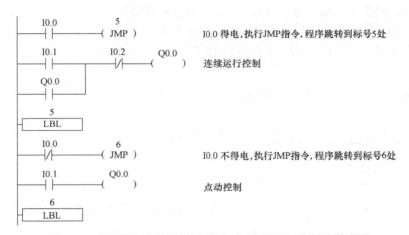

I0.0 得电，执行JMP指令，程序跳转到标号5处

连续运行控制

I0.0 不得电，执行JMP指令，程序跳转到标号6处

点动控制

图 3-8　采用跳转/标号指令实现点动/连续运行控制的梯形图

【任务实践】

1. 任务要求

某组合机床液压动力滑台的工作循环和液压元件动作表如图 3-9 所示。

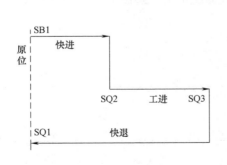

a) 工作循环示意图

元件\工步	YV1	YV2	YV3
原位	−	−	−
快进	+	−	−
工进	+	−	+
快退	−	+	−

b) 液压元件动作表

图 3-9　液压动力滑台的工作循环和液压元件动作表

控制要求如下：

1）液压动力滑台具有自动和手动调整两种工作方式，由转换开关 SA 进行选择。当 SA 接通时为手动调整工作方式，当 SA 断开时为自动工作方式。

2）选择自动工作方式时，其工作过程为：按下起动按钮 SB1，滑台从原位开始快进，快进结束后转为工进，工进结束后转为快退至原位，结束一个周期的自动工作，然后自动转入下一周期的自动循环。如果在自动循环过程中，按下停止按钮 SB2 或将转换开关 SA 拨至手动位置，则滑台完成当前循环后返回原位停止。

3）选择手动调整工作方式时，用按钮 SB3 和 SB4 分别控制滑台的点动前进和点动后退。

2. 任务实施

（1）分析控制要求，确定输入/输出设备　通过对动力滑台控制要求的分析，可以归纳出该电路有 8 个输入设备，即起动按钮 SB1、停止按钮 SB2、点动前进按钮 SB3、点动后退按钮 SB4、行程开关 SQ1、SQ2、SQ3、转换开关 SA；3 个输出设备，即液压电磁阀 YV1～YV3。

（2）对输入/输出设备进行 I/O 地址分配　根据 I/O 个数，进行 I/O 地址分配，见表 3-6。

表 3-6　输入/输出地址分配

输入设备			输出设备		
名称	符号	地址	名称	符号	地址
转换开关	SA	I0.0	液压电磁阀	YV1	Q0.0
起动按钮	SB1	I0.1	液压电磁阀	YV2	Q0.1
停止按钮	SB2	I0.2	液压电磁阀	YV3	Q0.2
前进按钮	SB3	I0.3			
后退按钮	SB4	I0.4			
行程开关	SQ1	I0.5			
行程开关	SQ2	I0.6			
行程开关	SQ3	I0.7			

（3）绘制 PLC 外部接线图　根据 I/O 地址分配结果，绘制 PLC 外部接线图，如图 3-10 所示。

（4）PLC 程序设计　通过选择开关 SA（I0.0）建立自动循环和手动调整两个选择，并采用 M1.0 作为自动循环过程中有无停止按钮动作的记忆元件。当 SA 闭合时，程序跳转至标号 2 处执行手动程序，此方式下，按下 SB3（I0.3）或 SB4（I0.4）可实现相应的点动调整。为使液压动力滑台只有在原位才可以开始自动工作，采用了 $\overline{SA}$（$\overline{I0.0}$）与 SQ1（I0.5）

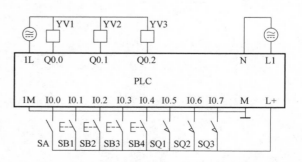

图 3-10　液压动力滑台的 PLC 外部接线图

相"与"作为进入自动工作的转移条件，即当$\overline{I0.0} \cdot I0.5$条件满足时，程序跳转至标号1处等待执行自动程序。按下起动按钮SB1（I0.1），系统开始工作，并按快进（M0.0）→工进（M0.1）→快退（M0.2）的步骤自动顺序进行，当快退工步完成时，如果停止按钮SB2（I0.2）无按动记忆（M1.0不得电），则自动返回到快进，进行下一循环；如果停止按钮SB2有按动记忆（M1.0得电），则返回原位停止，再次按动起动按钮SB1后，才进入下一次自动循环的起动。如果在自动循环过程中，将转换开关SA拨至手动位置，不能立刻实施手动调整，需在本循环结束后才能实施，为此，将M0.0～M0.2常开触点分别与$\overline{I0.0} \cdot I0.5$并联，作为执行自动程序的条件，保证在自动循环过程中不能接通手动调整程序；将M0.0～M0.2的常闭触点分别与I0.0串联，作为执行手动程序的条件。

根据控制电路要求，采用跳转/标号指令设计PLC梯形图程序或语句表程序，梯形图程序如图3-11所示。

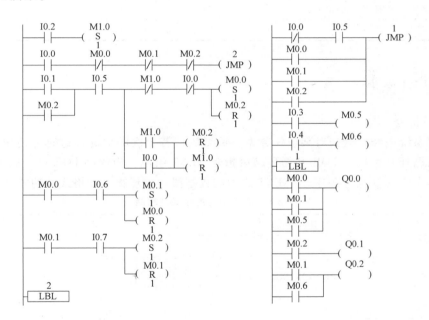

图3-11 采用跳转/标号指令的液压动力滑台PLC控制梯形图程序

（5）安装配线 按照图3-10进行配线，安装方法及要求与继电器控制电路相同。

（6）运行调试

1）在断电状态下，连接好PC/PPI电缆。

2）运行STEP 7-Micro/WIN编程软件，设置通信参数。

3）编写控制程序，编译并下载程序文件到PLC。

4）将拨动开关SA拨至手动位置，分别按下SB3、SB4，观察能否实现点动调整。

5）将拨动开关SA拨至自动位置，按下起动按钮SB1，观察能否实自动循环。

6）在自动循环过程中按下停止按钮SB2，观察系统是否按要求停止。

7）在自动循环过程中，将拨动开关SA拨至手动位置，观察系统是否按要求停止。

8）在手动过程中，将拨动开关SA拨至自动位置，观察系统是否正常工作。

3. 任务评价

任务评价表见表 3-7。

表 3-7 任务评价表

任务	目标	分值	评分	得分
编写相序控制表	能正确分析控制要求,控制脉冲时序	20	不完整,每处扣 2 分	
绘制原理图	按照控制要求,绘制系统原理图,要求完整、美观	10	不规定,每处扣 2 分	
在 Proteus 中搭建仿真系统	按照原理图,搭建仿真系统。线路安全简洁,符合工艺要求	30	不规范,每处扣 5 分	
程序设计与调试	(1)程序设计简洁易读,符合任务要求 (2)在保证人身和设备安全的前提下,通电调试一次成功	40	第一次调试不成功,扣 20 分;第二次调试不成功,扣 20 分	
总分		100		

【知识拓展】

1. 循环指令

在控制系统中经常遇到对某项任务需要重复执行若干次的情况,这时可使用循环指令。循环指令由循环开始指令 FOR 和循环结束指令 NEXT 组成,当驱动 FOR 指令的逻辑条件满足时,该指令会反复执行 FOR 与 NEXT 之间的程序段。循环指令的格式及功能见表 3-8。

表 3-8 循环指令的格式及功能

梯形图(LAD)	语句表(STL)	功 能
FOR EN ENO ???? - INDX ???? - INIT ???? - FINAL	FOR INDX,INIT,FINAL	INDX:当前循环计数端 INIT:循环初值 FINAL:循环终值 当使能位 EN 为 1 时,执行循环体,INDX 从 1 开始计数。每执行一次循环体,INDX 自动加 1,并且与终值相比较,如果 INDX 大于 FINAL,循环结束
——(NEXT)	NEXT	

说明:

1)FOR 和 NEXT 必须配对使用,在 FOR 与 NEXT 之间构成循环体,并允许嵌套使用,最多允许嵌套深度为 8 次。

2)INDX、INIT、FINAL 的数据类型为字整型数据。

3)如果 INIT 的值大于 FINAL 的值,则不执行循环。

【例 3.2】 在图 3-12 所示的梯形图中,当 I0.0 = 1 时,进入外循环,并循环执行"网络1"~"网络6"6 次;当 I0.1 = 1 时,进入内循环,每次外循环、内循环都要循环执行"网络3"~"网络5"8 次。如果 I0.1 = 0,在执行外循环时,则跳过"网络2"~"网络4"。

2. 有条件结束指令

有条件结束指令的格式及功能见表 3-9。

网络 1
I0.0
FOR
EN ENO
VW10 INDX
1 INIT
6 FINAL
网络 2
I0.1
FOR
EN ENO
VW20 INDX
1 INIT
8 FINAL
网络 3
SM0.5
C0
CU CTU
I0.3
R
50 PV
网络 4
SM0.5
C1
CU CTU
I0.4
R
50 PV
网络 5
(NEXT)
网络 6
(NEXT)

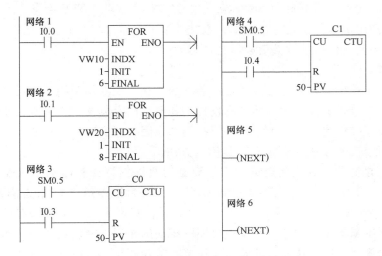

图 3-12　循环指令的应用实例

表 3-9　有条件结束指令的格式及功能

梯形图(LAD)	语句表(STL)	功　　能
——(END)	END	当执行条件成立时终止主程序，但不能在子程序或中断程序中使用

说明：有条件结束指令无操作数。

【例 3.3】 图 3-13 所示为 STOP、WDR、END 指令应用举例。

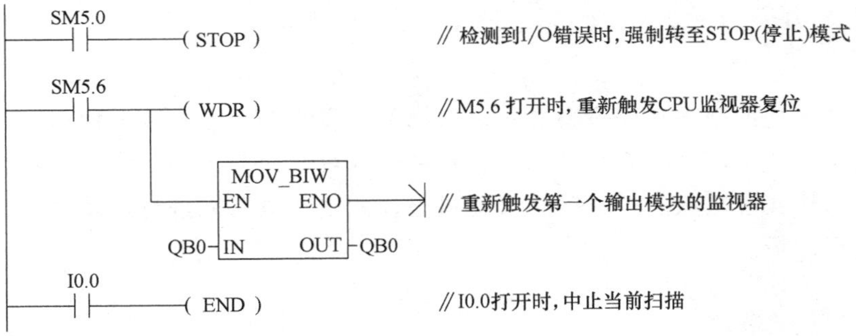

SM5.0
(STOP)
// 检测到I/O错误时，强制转至STOP(停止)模式
SM5.6
(WDR)
// M5.6 打开时，重新触发CPU监视器复位
MOV_BIW
EN ENO
// 重新触发第一个输出模块的监视器
QB0 IN OUT QB0
I0.0
(END)
// I0.0打开时，中止当前扫描

图 3-13　STOP、WDR、END 指令的应用举例

【常见问题解析】

1. “无工进”现象

快速进刀速度正常，开始加工时工作台就停止不前，称为“无工进”现象。

2. 故障原因

1）切削力大。

2）液压泵内泄。

3）溢流阀内部零件卡住、损坏或弹簧疲劳。

4）执行控制元件（方向阀、流量阀等）内部零件磨损或卡死及检修装配失误。

5）执行元件内部零件磨损造成内漏；系统外漏油严重。

6）液压缸因密封件挤进缸壁引起执行件阻力增大等。

3. 故障排查

组合机床液压系统中，各种元件和辅助装置的机构及油液均封闭在液压站及管道和执行元件内，不像机械故障那样直观，而且测量也不如电气问题方便，不易直接判断。如果先从液压站逐一检查，维修起来非常困难，不但找不到原因，还会因盲目拆卸元件，造成新的故障。以下介绍两个快速诊断"无工进"故障的方法。

（1）工进切削力大　这类问题的原因主要是刀具磨损，锋利度不够，或零件材质不均匀，有硬点存在，特别是铸造毛坯夹杂硬点很多。因为很多组合机床为满足加工要求的"快进大流量、小压力，工进小流量、大压力"需要，基本都采用自反馈变量泵。当工进切削力增大时，液压系统压力增大。柱塞在反馈液压油的作用下推动定子向右运动，直至定子与转子同轴、无流量输出，从而进油管路无流量，滑台停止。可以从加工产生的声音是否异常来判断这种情况，也可观察液压系统压力表读数是否超过泵的额定压力。解决这种问题最简单的办法就是检查更换质量好的刀具，或测试毛坯硬度、改善毛坯铸造质量。

（2）液压泵内泄　当油温过高时，液压油黏度下降，泵端盖螺钉松动或转子与端盖间隙因磨损增大均可造成液压泵内泄，不能输出压力油，从而无工进。

任务3-3　升降电梯机电传动与控制

【任务说明】

升降电梯是典型的起重运输设备之一。电梯的种类繁多，有乘客电梯、载货电梯、病床电梯、杂物电梯、住宅电梯、客货电梯以及特种电梯等，而与人们生活息息相关的乘客电梯即升降电梯是怎样实现机械运行的呢？又通过怎样的电气电路来进行运动控制呢？下面通过本任务逐步进行剖析。

【任务知识点】

1. 升降电梯的机械结构

电梯是机械电气结合紧密而又复杂的产品，一般包括曳引系统、导向系统、门系统、轿厢系统、重量平衡系统、电力拖动系统、电气控制系统和安全保护系统。图3-14所示为升降电梯的整体结构图。

其中曳引机、限速器、极限开关、控制柜与型号柜、机械选层设备、电源接线板及排风设备一般安装在机房中。导轨、对重装置、缓冲装置、钢丝绳张紧装置、随行电缆和分线盒等安放在井道中。门系统主要包括轿厢门、层门（也叫厅门）、开门机构、联动机构、门锁等。轿厢是用以运送乘客或货物的电梯组件。

电力拖动系统由曳引电动机、供电系统、速度反馈装置、调速装置等组成。曳引电动机是电梯的动力源，根据电梯配置可采用交流电动机或直流电动机。供电系统是为电动机提供电源的装置。速度与反馈装置是为调速系统提供电梯运行速度信号的，一般采用测速发电机或速度脉冲发生器，与电动机相连，调速装置对曳引电动机实行调速控制。

电气控制系统由操纵装置、位置显示装置、控制屏、平层装置以及选层器等组成。操纵装置包括轿厢内的按钮操作箱或手柄开关箱、层站呼唤按钮、轿顶和机房中的检修应急操作箱。

安全保护系统包括机械和电气的各类保护。

（1）电梯曳引机　电梯曳引机通常由电动机、制动器、减速箱及底座等组成。如果拖动装置的动力，不用中间的减速箱而直接传到曳引轮上的曳引机称为无齿轮曳引机。无齿轮曳引机的电动机电枢和制动轮、曳引轮同轴直接相连。而拖动装置的动力通过中间减速箱传到曳引轮的曳引机称为齿轮曳引机。

无齿轮曳引机一般是以直流电动机作

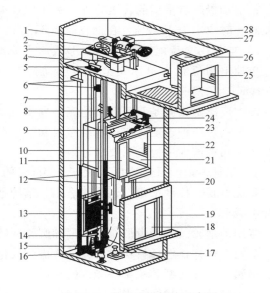

图 3-14　交流电梯结构示意图

1—减速箱　2—曳引轮　3—曳引机底座　4—导向轮
5—限速器　6—导轨支架　7—钢丝绳　8—开关碰铁
9—紧急终端开关　10—轿架　11—轿门　12—导轨
13—对重　14—补偿链　15—补偿链导轮　16—张紧装置
17—缓冲器　18—层门　19—呼唤盒　20—随行电缆
21—轿壁　22—操作盘　23—开门机　24—井道传感器
25—电源开关　26—电气控制柜
27—曳引电动机　28—制动器

为动力，由于去掉了减速机这一中间环节，其传递效率高、噪声小、传动平稳，但是能耗大、造价高、维修不方便，因而限制了其应用。

有齿曳引机的基本结构如图3-15所示，主要包括曳引电动机、制动器、减速机、曳引轮和盘车手轮，其技术较为成熟，已经广泛应用到速度小于2m/s的电梯中。

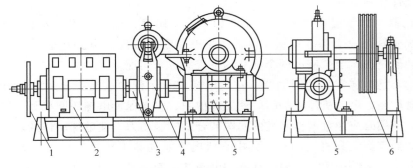

图 3-15　有齿曳引机的基本结构

1—惯性轮　2—电动机　3—联轴器　4—制动器　5—减速机　6—曳引轮

1）电梯用交流电动机。电梯用电动机的特性要求如下：具有大的起动转矩；起动电流要小；电动机应有平坦的转矩特性；为了保证电梯的稳定性，在额定电压下，电动机的转差率在高速时应不大于12%，在低速时应不大于20%；要求噪声小，脉动转矩小。

2）电梯用交流电动机的主要形式。主要形式有单速电动机、双速电动机、三速电动机。单速电动机是指单速笼型异步电动机，一般用于杂物梯、简易电梯、其额定转速为1500r/min。

国内广泛采用的是双速双绕组笼型异步电动机。双速单绕组电动机可以改变电动机的接线方式来实现两种速度。双速双绕组电动机是在电动机定子中设置高速绕组和低速绕组两组绕组，以两种速度适应曳引要求。

3）蜗杆传动。目前速度不大于2.5m/s的有齿轮曳引机的减速箱大多采用蜗杆传动，其主要优点是：传动平稳，运行噪声小；结构紧凑，外形尺寸小；传动零件少；具有较好的抗冲击载荷特性。

常用的蜗轮、蜗杆齿形有圆柱形和圆弧回转面两种。

蜗轮、蜗杆在选择材料时要充分考虑到其传动的特点，蜗杆要选择硬度高、刚性好的材料，蜗轮应选择耐磨和减摩性能好的材料。

由于蜗杆传动的摩擦损失功率较大，损失的功率大部分转化为热量，使油温升高。过高的油温会大大降低润滑油的黏度，使齿面之间的油膜破坏，导致工作面直接接触产生齿面胶合现象。为了避免出现润滑油过热现象，设计的蜗轮箱体应满足，从蜗轮箱散发出的热量大于或至少等于动力损耗的热量。

4）斜齿轮传动。在设计电梯用斜齿轮时应考虑交应变力、冲击弯曲应力、点蚀与磨损、振动和噪声等几方面的因素。

（2）曳引轮和曳引绳　电梯曳引轮是悬挂曳引钢丝绳的轮子，由曳引电动机通过减速机带动旋转。曳引轮运转时，通过曳引绳和曳引导轮之间的摩擦力，驱动轿厢和对重装置上下运动。曳引轮一般用球墨铸铁制造，上面开有绕钢丝绳的绳槽。曳引轮的直径一般为$\phi350\sim\phi750$mm，是根据电梯曳引钢丝绳的直径及电梯轿厢速度等条件确定。曳引轮上的绳槽数，根据电梯的额定载荷重量而定。

曳引绳承受着电梯的全部重量，并在电梯运行中，绕着曳引轮、导向轮或反绳轮单向或交变弯曲。同时，钢丝绳在绳槽中也承受着较高的挤压应力，所以要求电梯用钢丝绳具有较高的强度、挠性和耐磨性。

（3）制动器　为了提高电梯的可靠性和平层准确度，曳引机需要安装制动器。而且，电梯制动系统应具有一个机电式制动器，当主电路断电或控制电路断电时，制动器必须动作。切断制动器电流，至少应由两个独立的电气装置来实现。

电磁制动器是电梯常用的制动器，它是电梯安全运行的重要装置。当电动机通电旋转时，它能及时松闸，电动机停止的瞬间就立即抱闸，它是保证电梯轿厢准确平层和有效停止的关键部件。使用时应注意调整闸瓦的间隙和合适的制动力，使电梯动作准确。

电磁制动器有交流和直流两种，其中直流电磁制动器工作性能稳定、噪声小。图3-16所示是电磁制动器的结构图，主要包括制动电磁铁、制动臂、制动闸瓦和制动弹簧等。

电磁制动器安装在电动机轴与蜗杆轴相连的制动轮处。当电梯处于静止状态时，电动机中无电流，电磁制动器的电磁线圈因与电动机并联，也无电流，两个铁心间没有吸引力，制动闸瓦在制动弹簧的作用下，将制动轮抱紧，保证了电梯的静止。当电动机通电放开，与制动轮脱开，使电梯在无制动作用力的情况下运行。

制动器的制动作用应由导向的压缩弹簧或重锤来实现。制动力矩应足以使以额定速度运行并载有125%额定负载的轿厢制停。

（4）减速机　有齿轮曳引机在电梯额定速度不大于2.5m/s时，减速机大多采用蜗杆传动。这种减速机有两种形式，一是蜗杆位于蜗轮之上（上置式），如图3-17所示；一是蜗杆位于蜗轮之下（下置式），如图3-18所示。上置式的优点是箱体比较容易密封，容易检查，不足之处是蜗杆润滑比较差。

曳引电动机通过联轴器与蜗杆相连，蜗轮与曳引轮通过主轴相连，从而实现了运动的正反向传递。

我国电梯曳引机减速机中的蜗杆、蜗轮，大都采用延长渐开线蜗杆。减速机安放在电动机曳引轮轴之间，蜗杆、蜗轮的啮合性能良好，可以实现平稳传动。

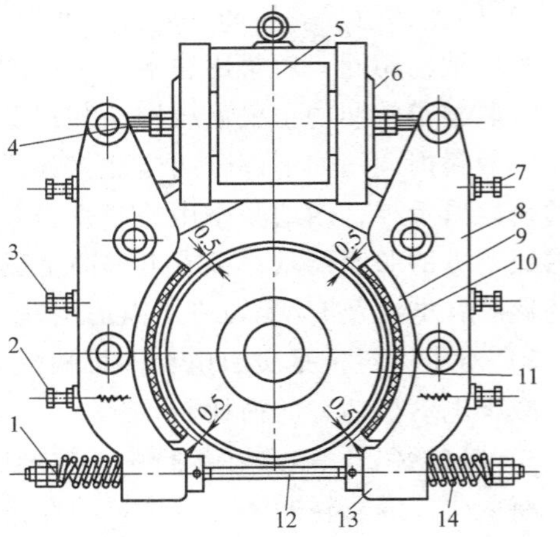

（5）轿厢、平衡系统与导引系统　在曳引电梯中，轿厢和对重悬挂于曳引轮两侧，轿厢是运送乘客或货物的承载部件，也是乘客可以看到的电梯结构部件。使用对重的目的是为了减轻电动机的负担，提高曳引效率。卷筒驱动和液压驱动的电梯很少用对重，因为这两种电梯轿厢均可以靠自重作用下降。

图 3-16　电磁制动器的结构图

1—制动弹簧调节螺母　2—闸瓦定位弹簧调节螺钉
3—闸瓦调节螺钉　4—铁心调整螺母　5—电磁铁
6—电磁铁心　7—制动臂定位螺栓　8—制动臂
9—制动闸瓦　10—制动衬料　11—制动轮
12—制动弹簧调节螺杆　13—手动松
闸装置　14—制动弹簧

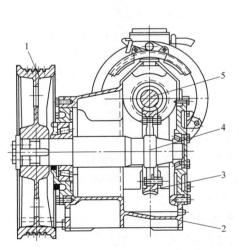

图 3-17　蜗杆上置式减速机
1—曳引轮　2—箱体　3—蜗轮
4—主轴　5—蜗杆

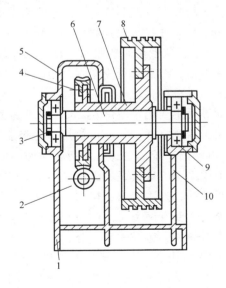

图 3-18　蜗杆下置式减速机
1—下箱体　2—蜗杆　3—轴承挡盖　4—蜗轮　5—上箱机
6—主轴　7—连接套　8—曳引轮　9—轴承　10—机座

1）轿厢的组成。轿厢一般由轿厢架、轿底、轿壁和轿顶等主要构件组成。各类电梯的轿厢基本结构相同，由于用途不同在具体结构及外形上将有一定的差异。

轿厢架是轿厢的主要承载构件，它由立柱、底梁、上梁和拉条组成。

一般轿内调用如下部分或全部装置：操纵电梯用的按钮操作箱；显示电梯运行方向及位置的轿内指示板；通信联络用的警铃、电话或对讲系统；风扇或抽风机等通风设备；保证有足够照明度的照明器具；标有电梯额定载重量、额定载客数及电梯制造厂名称或相应识别标志的铭牌；电源及有/无司机操纵的钥匙开关等。

2）对重。对重是曳引电梯不可缺少的部件，它可以平衡轿厢的重量和部分电梯负载重量，减少电动机功率的损耗。

3）补偿装置。电梯在运行中，轿厢侧和对重侧的钢丝绳以及轿厢下的随行电缆的长度在不断变化。随着轿厢和对重位置的变化，这个总重量将轮流地分配到曳引轮的两侧。为了减少电梯传动中曳引轮所承受的载荷差，提高电梯的曳引性能，宜采用补偿装置。

补偿装置悬挂在轿厢和对重下面，当电梯上升和下降时，其长度变化正好与曳引绳相反。当电梯位于最高位置时，曳引绳大部分在对重侧，而补偿装置却大部分在轿厢侧。当轿厢位于最低位置时，则情况刚好相反，从而起到了平衡的作用，保证了对重的相对平衡作用。

补偿装置的形式有补偿链、补偿绳或补偿缆。

4）导轨。导轨通过导轨架固定在井道壁上，导轨的位置限定了轿厢和对重的位置，是轿厢上下运行的轨道，导轨的主要作用是为轿厢和对重在垂直方向运动时导向，限制轿厢和对重在水平方向的移动。安全钳动作时，导轨作为被夹持的支承件，支承轿厢或对重，防止由于轿厢的偏载而产生的倾斜。

导轨通常采用机械加工方式或冷轧加工方式制作，分为"T"形导轨和"Q"形导轨。

导轨每段长度一般为 3~5m，导轨两端部中心分别有榫和榫槽，导轨端缘底面有一加工平面，用于导轨连接板的连接安装，每根导轨端部至少要用 4 个螺栓与连接板固定。

5）导靴。导靴是使轿厢和对重沿着导轨运行的装置，轿厢导靴安装在轿厢上梁和轿底安全钳座下面，对重导靴安装在对重架上部和底部，一般每组 4 个。导靴的主要类型有滑动导靴和滚动导靴两种。

滑动导靴主要用于速度在 2m/s 以下的电梯，有弹性滑动导靴和刚性滑动导靴。滚动导靴主要用于高速电梯中，也可应用于中等速度的电梯。

6）电梯门系统。电梯有层门和轿厢门。层门设在层站入口处，根据需要，井首在每层楼设 1 个或 2 个出入口，不设层站出入口的层楼称为盲层。层门数与层站出入口相应。轿厢门与轿厢随动，是主动门，层门是被动门，图 3-19 所示是对开式层门结构图。

电梯门主要有两类：滑动门和旋转门，目前普遍采用的是滑动门。滑动门按其开门方向又可分为对开式、旁开式和直分式三种。

① 门的结构形式。电梯门由门扇、门滑轮、门地坎和门导轨架等部件组成。层门和轿门都由门滑轮悬挂在门的导轨（或导槽）上，下部通过门滑块与地坎相配合。

电梯的层门和轿门均应是封闭无孔的，特殊情况除外。不论是轿门和层门，其机械强度均应满足：当门在锁住位置上时，用 300N 的力垂直作用在门扇的任何位置，且均匀分布在 5cm² 的圆形面上，其弹性变形应不大于 15mm，当外力消失后，应无永久变形，且启闭正常。

轿门导轨架安装在轿厢顶部前沿，层门导轨架安装在层门门框上部。门滑轮安装在门扇上部。

门地坎和门靴是门的辅助导向件，与门导轨和门滑轮配合，使门的上、下两端均受导向和限位。门在运动时，门靴顺着地坎槽滑动。有了门靴，门扇在正常外力作用下就不会倒向井道。

② 门的传动装置——自动开门机。门的关闭和开启的动力源是门电动机，在我国广泛使用的自动门机构采用 DC 110V 的永磁电动机为动力源。通过传动机构驱动轿门运动，再由轿门带动层门一起运动。门电动机采用切换电阻调速时，则由安装在曲柄轮转动轴上的行程开关来实现。

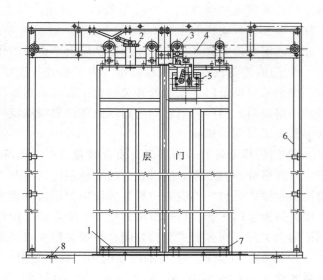

图 3-19 对开式层门结构图

1—层门地坎 2—锁停装置 3—吊门轮 4—门导轮 5—门联锁
6—门架立柱 7—门滑块 8—固定预埋件

自动开关门机构的形式较多，在客梯中一般采用对开封闭式结构。对开封闭结构多采用曲柄连杆拖动。自动开关门机构在开关过程中，速度是变化的，且关门的平均速度低于开门的平均速度。开门的基本过程是：低速起动运行→第一级减速运行→第二级减速运行→停机，惯性运行至门全闭。

双臂式自动开门机械是应用较为广泛的一种对开式开门机械，其结构如图 3-20 所示。

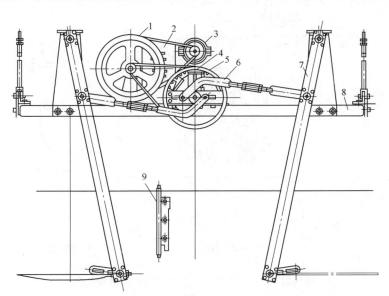

图 3-20 双臂式自动开门机械的结构

1—带轮 2—电阻箱 3—电动机 4—行程开关 5—曲柄轮 6—连杆 7—摇杆 8—开门机架 9—门刀

其原动力为直流电动机，以两级 V 带传动减速，第二级减速的带轮就是曲柄轮，曲柄轮通过杠杆和摇杆带动轿厢左、右两扇门运动。曲柄轮顺逆旋转各 108°，能使左、右两扇门同时开启或闭合，完成开关门动作。曲柄轮上平衡锤的作用是抵消关门后的自开趋势。

③ 门的传动装置——联动机构。为了节省井道空间，电梯门大多采用二扇、三扇或四扇，极少采用单扇门。在门的开关过程中，当采用单门刀时，轿门只能通过门系合装置直接带动一扇层门，层门门扇之间的运动协调是靠联动机构来实现的，包括对开式层门联动机构和旁开式层门联动机构。

④ 门的传动装置——层门自闭合装置。电梯大部分事故出在门系统上，其中，由于门不应打开事故最为严重。所以在轿门驱动层门的情况下，当轿厢在开锁区域以外时，层门无论因何种原因开启，都应有一种装置能确保层门自动关闭。这种装置可以利用弹簧或重锤的作用，强迫层门闭合。目前重锤式层门自闭合装置用得较多，重锤式层门自闭合装置始终用同样的力关门，而弹簧式层门自闭合装置在门关闭终了时的力较弱。

⑤ 门的传动装置——自动门锁机构。电梯层门的开和关是通过安装在轿门上的开门刀片来实现的，如图 3-20 的门刀 9 所示。每个层门上都有一把门锁，有些对开式层门上各装一把门锁。层门关闭后，门锁的机械锁钩啮合，同时层门电气联锁触点闭合，电梯控制回路接通，此时电梯才能起动运行。

自动门锁是一种机电联锁装置，门关闭后，既可将门锁紧，防止从层门外将层门扒开出现危险，又可以保证只有层门、轿门完全关闭后，电梯控制回路接通，此时电梯才能起动运行。

图 3-21 所示为层门固定式门刀自动门锁的结构简图。

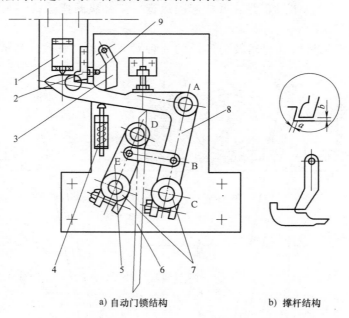

a) 自动门锁结构 b) 撑杆结构

图 3-21　层门固定式门刀自动门锁的结构简图
1—行程开关　2—锁钩　3—撑杆　4—复位弹簧　5—摆杆
6—门刀　7—橡胶轮　8—锁臂　9—限位螺钉

电梯运行时，当轿厢到达某一楼层时，安装在轿厢上方的门刀进入门锁的两个橡胶轮之间。当轿门开启时，带动门刀向右移动。门刀进而推动锁臂绕 A 轴逆时针方向旋转，使得锁臂首先脱离锁钩，这一过程就是开锁，开锁过程结束后就是层门开启过程。在图中，锁臂绕 A 点转动，摆杆绕 D 点转动，连接 B 点和 E 点的杆子称为连杆。当门刀推动橡胶轮转动时，会使锁臂转过一定的角度，并通过连杆传递到摆杆。由于 AB 远大于 DE，所以摆杆摆动的角度会大于锁臂的摆动角度；因此会使摆杆的摆动速度大于锁臂的摆动速度，很快摆杆上的橡胶轮便会与门刀接触，形成两个橡胶轮把门刀夹在中间的结果。此时，门刀便不能继续推动锁臂旋转，从而利用锁臂推动层门门扇的开启。与此同时，撑杆在自重的作用下摆动，卡住锁臂，为关门做好准备，防止关门过程迟滞以及关门不严。

关门时，由门刀推动摆杆上的橡胶轮。由于锁臂被撑杆卡住，不能回摆，因此层门门扇会在门刀的推动下关闭。当关闭到位时，由限位螺钉将撑杆顶回，锁臂在复位弹簧的作用下落锁，同时接通行程开关完成关门、落锁及门扇闭合验证的过程。

⑥ 门入口的安全保护装置。乘客电梯轿门的入口应设置安全保护装置，以免在关门过程中夹伤人。正在关闭的门扇受阻时，门能自动重开。

常用的门入口安全保护装置有接触式保护装置（又称安全触板）、非接触式保护装置、光电式保护装置、超声波监控装置和电磁感应式保护装置等几种。

2. 升降电梯的安全装置

电梯的安全性除了在结构的合理性、可靠性和电气控制及拖动的可靠性方面充分考虑外，还应具有防范各种潜在危险的安全装置。首先应把乘客的安全作为首先考虑的因素，同时也要对电梯本身和所载货物以及电梯所在的建筑结构进行保护。

（1）电梯运行的安全措施实施要求　为了确保乘客和电梯设备的安全，杜绝人身伤害事故的发生，电梯应该具有以下安全措施：

1）有限速器、安全钳等超速保护装置。

2）有相序保护断电器对供电系统断相和错相进行保护。

3）有缓冲器等防撞底缓冲装置。

4）有强迫减速开关、终端限位开关、终端极限开关等进行超越上、下极限工作位置时的保护装置。

5）有门锁和联锁装置等厅门门锁与轿门电气联锁装置，确保门不关闭，电梯不能运行。

6）井道底坑有通道时，对重应有防止超速或端绳下落的装置。

7）停电或电气系统发生故障时，应有能使轿厢缓慢移动的装置。

8）轿厢内应设有警铃和电话设备，一旦发生故障，电梯内的人员能及时报警求援。

9）不正常状态处理系统有手动盘车、自备发电机等装置。轿厢应有安全窗、轿门应设有手动开门设备等。

10）层门、轿门应设门光电装置、门电子检测装置或门安全触板等门的安全装置，确保门开启、闭合时的安全。

（2）超速保护装置——限速器　电梯由于控制失灵、曳引力不足、制动器失灵或制动力不足及超载断绳等原因会造成轿厢超速和坠落。防超速和断绳的保护装置是安全钳与限速器系统，两者成对使用。限速器的作用是检测速度，而安全钳的作用是限制轿厢或对重的运动。也就是说，限速器是在轿厢或对重快速坠落时停止限速器绳的运动，安全钳是在出现轿厢或对重坠落的情况下，将它们固定在导轨上，避免发生坠落。

安全钳与限速器系统的工作结构图如图 3-22 所示，正常工作时，限速器绳与轿厢同步上下运行，这时连杆系统不动作。当轿厢（或对重）急速下坠时，限速器将限速器绳卡住使其不能运行，而轿厢则在自身重量的作用下下滑。这一动作使得连杆系统动作，而连杆又使安全钳动作，紧紧抱住导轨，阻止轿厢继续下滑。

1）轿厢常见的坠落原因。

① 曳引钢丝绳因各种原因折断。

② 轿厢绳头板或对重绳头板与轿厢横梁或对重焊接处开焊，用销钉定位连接的销钉磨断。

③ 蜗轮、蜗杆的轮齿、轴、键、销折断。

④ 曳引摩擦轮绳严重磨损，平衡失调，加之轿厢超载，造成钢丝绳和曳引轮打滑。

⑤ 轿厢严重超载、平衡失调，制动器失灵。

⑥ 由于平衡对重偏轻或轿厢自重偏轻，使得轿厢与对重平衡失调，造成钢丝绳在曳引轮上打滑。

2）限速器的结构。限速器按其动作原理可分为摆锤式或离心式两种，一般离心式限速器较为常用。

摆锤式限速器是利用绳轮上的凸轮在旋转过程中与摆锤一端的滚轮接触，摆锤摆动的频率与绳轮的转速有关，当摆锤的振动频率超过一个预定值时，摆锤的棘爪进入绳轮的止停爪内，从而使限速器停止运转。

离心式结构的限速器又可分为甩锤式和甩球式两种。它的特点是结构简单、可靠性高、安装所需空间小。它是以旋转所产生的离心力来反映电梯的实际速度。图 3-23 所示为甩锤式离心限速器结构图，图 3-24 所示为甩球式离心限速器结构图。

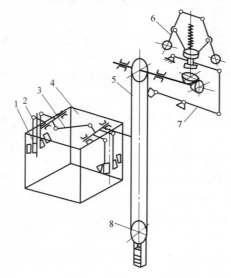

图 3-22　安全钳与限速器系统的工作结构图

1—安全钳楔块　2—楔块拉条　3—联动机构　4—轿厢
5—钢丝绳　6—限速器　7—连杆系统　8—张紧栓

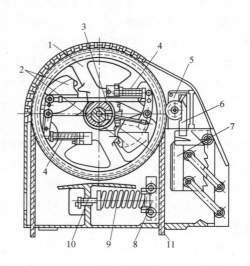

图 3-23　甩锤式离心限速器结构图

1—限速器绳轮　2—甩锤（块）　3—连杆　4—螺旋弹簧
5—超速开关　6—锁栓　7—摆动钳块　8—固定钳块
9—压紧弹簧　10—调节螺栓　11—限速器绳

以图3-23为例，当电梯运行时，轿厢通过钢丝绳带动限速器的绳轮转动，轿厢的运行速度越大，甩锤的离心力就越大。当轿厢的运行速度达到其额定速度的115%以上时，甩锤在离心力的作用下被甩开，首先是超速开关动作，使电梯制动器失电抱闸。如果绳轮转速进一步加快，则甩锤会撞击锁栓，使其松开摆动钳块。摆动钳块下落后与固定钳块一起将限速器绳夹住，限速器绳便不能继续运行，以保证可靠地触发安全钳的工作。

在设计、选用和检修限速器时，应注意以下问题：限速器动作速度；限速器绳的预张紧力；限速器绳在绳轮中的附着力或限速器的动作时的张紧力；限速器动作的响应时间应尽量短。

（3）超速保护装置——安全钳　电梯安全钳的作用是当轿厢（或对重）高速下坠时，对其进行制动，以保证安全。凡是由钢丝绳或链条悬挂的电梯轿厢均应设有安全钳。安全钳安装于轿厢之上，随着轿厢一起沿着导轨运行，当出现曳引钢丝绳断裂等情况导致轿厢坠落时，安全钳会在限速器的驱动下，抱紧导轨，使轿厢制动，保证乘客和电梯的安全。

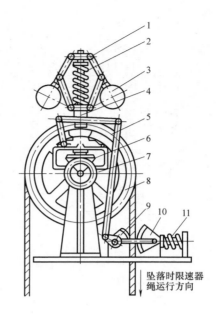

图3-24　甩球式离心限速器结构图
1—转轴　2—转轴弹簧　3—甩球　4—活动套
5—杠杆　6—锥齿轮1　7—锥齿轮2　8—绳轮
9—钳块1　10—错块2　11—绳错弹簧

目前电梯用安全钳，按照其制动元件结构形式的不同可分为楔块型、偏心轮型和滚柱型三种；从制停减速度（制停距离）方面可分为瞬时式和渐进式安全钳，上述安全钳根据电梯额定速度和用途不同来区别选用。

当限速器采用甩锤式时，与其配套的是瞬时式安全钳，如图3-25所示。它的特点是制动距离短，轿厢承受冲击较大。

正常工作时，楔块与导轨两侧的间隙保持在2~3mm，当拉杆被提起时，钳座随着轿厢下落，相当于楔块错座斜面上滑，从而使楔块与导轨之间的间隙消失，使得楔块夹住导轨。

渐进式安全钳如图3-26所示，导轨从两个楔块中间通过，在限速器没有动作之前，轿厢可以自由运行，其特点是楔块与导轨的接触是渐进的，具有较小的冲击，制停距离远，轿厢平稳。

（4）轿厢和对重用缓冲器　缓冲器是电梯限位置的安全装置。当电梯超越底层或顶层时，由缓冲器吸收或消耗电梯的能量，从而使轿厢或对重安全减速至停止。

一般缓冲器均设置在底坑内，有的缓冲器装于轿厢或对重底部随其运行，因此在底坑内必须设置高度至少为0.5m的支座。

强制驱动电梯还应在轿厢顶部设置能在行程的上限位置作用的缓冲器。如装有对重，应在对重缓冲器被完全压缩之后，才使装于轿厢上部的缓冲器动作。

1）缓冲器的类别和性能要求。电梯用缓冲器有蓄能型缓冲器和耗能型缓冲器两种主要形式。蓄能型缓冲器指的是弹簧缓冲器，主要部件是由圆形或方形钢丝制成的螺旋弹簧，它只能用于额定速度不超过1.0m/s的电梯。

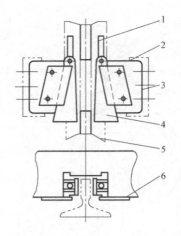

图 3-25　楔块型瞬时式安全钳

1—拉杆　2—钳座　3—轿厢架下梁

4—楔块　5—导轨　6—盖板

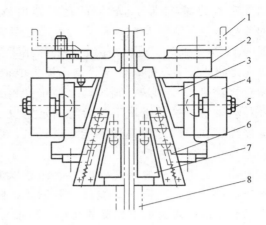

图 3-26　渐进式安全钳

1—轿厢架下梁　2—壳体　3—塞铁　4—安全垫

5—调整螺栓　6—滚筒器　7—楔块　8—导轨

耗能型缓冲器适用于任何额定速度的电梯,当载有额定载荷的轿厢自由下落,并以设计缓冲器时所取的冲击速度作用到缓冲器上时,它应满足平均减速度不大于 $1g$,减速度超过 $2.5g$ 以上的作用时间不应大于 $0.04s$ 。

2)弹簧缓冲器。弹簧缓冲器在受到冲击后,它使轿厢或对重的动能和势能转化为弹簧的弹性变形能,由于弹簧的反作用力,使轿厢或对重减速。当弹簧压缩到极限位置后,弹簧要释放缓冲过程中的弹性变形能,轿厢仍要反弹上升产生撞击,撞击速度越高反弹速度越大。因此弹簧式缓冲器只适用于额定速度不大于 $1.0m/s$ 的电梯。

弹簧缓冲器一般由缓冲橡胶垫、底座、弹簧和弹簧套组成,如图 3-27 所示。在底坑中并排设置两个,对重底下常用一个。为了适应大吨位轿厢,压缩弹簧由组合弹簧叠合而成。行程高度较大的弹簧缓冲器,为了增强弹簧的稳定性,在弹簧下部设有导套或在弹簧中设导向杆,也可在满足行程的前提下加高弹簧座高度,缩短无效行程。

3)液压缓冲器。液压缓冲器在制停期间的作用力近似常数,从而使柱塞近似做匀减速运动。

液压缓冲器是利用液体流动的阻尼缓解轿厢或对重的冲击,具有良好的缓冲性能。在使用条件相同的情况下,液压缓冲器所需的行程比弹簧缓冲器减少一半。液压缓冲器的结构如图 3-28 所示,主要包括缓冲垫、弹簧、柱塞、节流孔、变量棒及缸体等。

各种液压缓冲器的构造虽有所不同,但基本原理相同。当轿厢或对重撞击缓冲器时,柱塞向下运动,压缩液压缸内的油通过节流孔外溢,在制停轿厢或对重的过程中,其动能

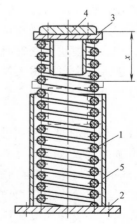

图 3-27　弹簧缓冲器

1—弹簧　2—底座　3—上缓冲器

4—缓冲橡胶垫　5—弹簧套

转化成油的热能，即消耗了电梯的动能，使电梯以一定的减速度逐渐停止下来。当轿厢或对重离开缓冲器时，柱塞在复位弹簧的作用下向上复位。

3. 升降电梯的驱动系统

电梯的电力驱动系统对电梯的起动加速、稳速运行、制动减速起着控制作用。驱动系统的优劣直接影响电梯的起动、制动加减速度，平层精度，乘坐的舒适性等指标。

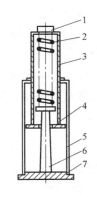

图 3-28　液压缓冲器的结构
1—缓冲垫　2—弹簧　3—柱塞　4—节流孔
5—缸体　6—变量棒　7—底座

（1）变极调速系统　电动机极数少的绕组称为快速绕组，极数多的绕组称为慢速绕组。变极调速是一种有级调速，调速范围不大，因为过大地增加电动机的极数，就会显著地增大电动机的外形尺寸。

快速绕组作为起动和稳速之用，而慢速绕组作为制动和慢速平层停车用。

变极调速系统一般采用开环方式控制，电路简单，电动机的造价较低，因而总成本较低。但是电梯的舒适感稍差，一般只适用于额定速度不大于 1m/s 的电梯。

（2）交流调压调速系统　双速梯采用串电阻或电抗起动，变极减速平层，一般起、制动加减速度大，运行不平稳。因此可用晶闸管取代起、制动用电阻或电抗器，从而控制起、制动电流，并实现系统闭环控制。通常采用速度反馈，运行中不断检查电梯运行速度是否符合理想速度曲线要求，以达到起、制动舒适，运行平稳的目的。这种系统由于无低速爬行时间，使电梯的总输送效率大大提高，而且按距离制动直接停靠楼层，电梯的平层精度可控制在 ±10mm 之内。

调压调速电梯也常以制动方式来划分，有如下几种。

1）能耗制动型：由晶闸管调压调速和直流能耗制动组成。其制动力矩是由电动机本身产生的，因而可以方便地对起动加速、稳速运行和制动减速，实现全闭环控制。能耗制动型对电动机的制造要求较高，同时由于电动机在运行过程中一直处于转矩不平衡状态，所以其噪声较大，电动机会产生过热现象。

2）涡流制动器调速系统：通常由电枢和定子两部分组成，其结构简单、可靠性高。但是由于是开环起动，起动时的舒适感不是很好。

3）反接制动方式：电梯减速时，把定子绕组中的两相交叉改变相序，使定子磁场的旋转方向改变。而转子的转向仍未改变，即电动机转子逆磁场旋转方向运转，产生制动力矩，使转速逐渐降低，此时电动机以反相序运转于第二象限。当速度下降到零时，需立即切断电动机电源，抱闸制动，否则电动机就自动反转。

（3）变压变频调速系统　交流异步电动机的转速是施加于定子绕组上的交流电源频率的函数，均匀且连续地改变定子绕组的供电频率，可平滑地改变电动机的同步转速。但是根据电动机和电梯为恒转矩负载的要求，在变频调速时需保持电动机的最大转矩不变，维持磁通恒定，这就要求定子绕组供电电压要做相应的调节。因此，其电动机的供电电源的驱动系统应能同时改变电压和频率，即对电动机供电的变频器要求有调压和调频两种功能。使用这种变频器的电梯常称为 VVVF 型电梯。采用交流变频变压调速拖动系统的电梯，可以比较好地消除交流调压调速拖动系统电梯的缺陷，与采用交流调压调速拖动系统的电梯相比可以节能 40%～50%，与直流拖动电梯相比可以节能 65%～70%。

近年来国内生产的新电梯，以及在对原老电梯的技术改造中，越来越多地采用变压变频调速拖动系统，在部分电梯品种规格范围内，变压变频调速拖动系统正在取代直流调速拖动、交流变极调速拖动、交流调压调速拖动系统，其控制原理图如图 3-29 所示。

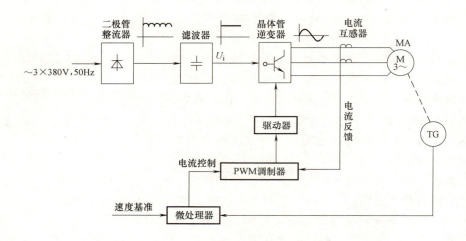

图 3-29　变压变频调速电梯拖动原理图

1）变频器。变频器可分为交-交变频器和交-直-交变频器两大类。

交-交变频器的频率只能在电网频率以下的范围内进行变化，交-直-交变频器的频率由逆变器的开关元件的切换频率所决定，即变频器的输出频率不受电网频率的限制。

2）PWM 调制器。目前，电梯用 VVVF 调速系统大多采用脉宽调制（PWM）控制器。它按一定的规律控制逆变器中功率开关元件的通断，从而在逆变器的输出端获得一组等幅而不等宽的矩形脉冲波，用来近似等效正弦波。

3）低、中速 VVVF 电梯拖动系统。VVVF 电梯电驱动部分是其核心，也是它与定子调压控制方式的主要区别之处。VVVF 驱动控制部分由三个单元组成：第一单元是根据来自速度控制部分的转矩指令信号，对应该供给电动机的电流进行运算，产生出电流指令运算信号；第二单元是将数-模转换后的电流指令和实际流向电动机的电流进行比较，从而控制主电路转换器的 PWM 控制器；第三单元是将来自 PWM 控制部分的指令电流供给电动机的主电路控制部分。

主电路的控制部分构成如下：将三相交流电变换成直流的整流器部分；平滑该直流电压的电解电容器；电动机制动时，再生发电处理装置以及将直流转换成交流的大功率逆变器部分。

（4）电梯的直流驱动系统　电梯最早使用的就是直流驱动系统，直流电梯速度快、舒适感好、平层精度高，在速度为 2m/s 的电梯系统中应用比较广泛。

直流电梯的拖动系统通常有两种：一是用发动机组成的晶闸管励磁的发电机-电动机驱动系统，其原理如图 3-30 所示；二是晶闸管直接供电的晶闸管-电动机系统，在该系统中，两组晶闸管取代了传统驱动系统中的发电机组，其原理图如图 3-31 所示。

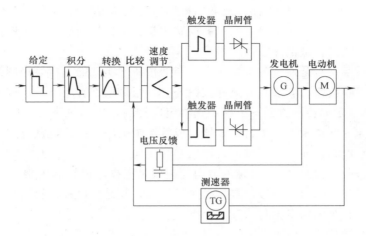

图 3-30　发电机-电动机驱动系统原理图

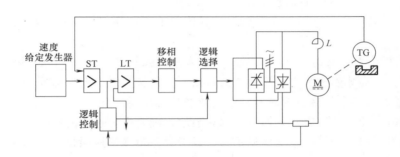

图 3-31　晶闸管-电动机驱动系统原理图

4. 升降电梯的电气控制系统

不论采用何种控制方式，电梯总是按轿厢内指令和层部召唤信号要求，向上或向下起动、起行、减速、制动、停站。

电梯的控制主要是指对电梯原动机及开门机的起动、减速、停止、运行方向、指层显示、层站召唤、轿厢内指令、安全保护等指令信号进行管理。操作是实行控制环节的方式和手段。

（1）常规继电器控制的典型控制环节　这种控制方式在早期的电梯控制中应用相当广泛，其最大的特点是简单、容易掌握。由于这种控制方式中应用了大量的继电器和接触器，工作时会产生较大的噪声。由于继电器的外形尺寸较大，因而电控柜的占地面积也较大。继电器的最大特点是利用触点的通断控制电梯，众多的继电器会降低整个系统的可靠性，也给维修带来很大的麻烦，同时这种控制方式柔性差。

1）自动开关门的控制电路。自动门机安装于轿厢顶上，它在带动轿门启闭时，还需通过机械联动机构带动层门与轿门同步启闭。为使电梯门在启闭过程中达到快和稳的要求，必须对自动门机系统进行速度调节。当用小型直流伺服电动机时，可用电阻串并联方法。采用小型交流转矩电动机时，常用加涡流制动器的调速方法。直流电动机调速方法简单，低速时发热较少，交流门机在低速时电动机发热厉害，对三相电动机的堵转性能及绝缘要求均较高。

2）轿厢内指令和层站召唤电路。轿厢内操纵箱上对应每一层楼设一个带灯的按钮，也称指令按钮。乘客入轿厢后按下要去的目的层站按钮，按钮灯便亮，即轿厢内指令登记，运行到目的层站后，该指令被消除，按钮灯熄灭。

电梯的层站召唤信号是通过各个楼层门口旁的按钮来实现的。信号控制或集选控制的电梯，除顶层只有下呼按钮，底层只有上呼按钮外，其余每层都有上下召唤按钮。

3）电梯的选层定向控制方法。电梯的选层定向控制常用的机种有手柄开关定向、井道分层转换开关定向、井道永磁开关与继电器组成的逻辑电路定向、机械选层器定向、双稳态磁开关和电子数字电路定向、电子脉冲式选层装置定向。

4）电梯的定向、选层电路。电梯的方向控制就是根据电梯轿厢内乘客的目的层站指令和各层楼召唤信号与电梯所处层楼位置信号进行比较，凡是在电梯位置信号上方的轿厢内指令和层站召唤信号，令电梯定上行，反之定下行。

方向控制环节必须注意以下几点：

① 电梯要保持最远层楼乘客召唤信号的方向运行。

② 轿内召唤指令优先于各层楼召唤指令而定向。

③ 在司机操纵时，当电梯尚未起动运行的情况下，应让司机有强行改变电梯运行方向的可能性。

④ 在检修状态下，电梯的方向控制由检修人员直接持续按住轿厢内操纵箱上或轿厢顶上的方向按钮，电梯才能运行，而当检修人员松开方向按钮时，电梯即停止。

5）楼层显示电路。乘客电梯轿厢内必定有楼层显示器，而层站上的楼层显示器则由电梯生产厂商视情况而定。过去的电梯每层都有显示，随着电梯速度的提高，群控调度系统的完善，现在很多电梯取消了层站楼层显示器，或者只保留基站楼层显示，到达召唤站时采用声光预报板，如电梯将要到达，报站钟发出声音，方向灯闪动或指示电梯的运行方向，有的采用轿内语音报站，提醒乘客。

6）检修运行电路。为了便于检修和维护，轿厢顶处安装有一个易于接近的控制装置。该装置中有一个能满足电气安全要求的检修双稳态的运行开关，并设有无意操作防护。

检修时应满足下列条件：

① 一旦进入检修运行，应取消正常运行、紧急状态下的电动运行和对接装卸运行。只有再一次操作检修开关，才能使电梯重新恢复正常工作。

② 上、下行只能点动操作，为防止意外，应标明运行方向。

③ 轿厢检修速度应不超过 0.63m/s。

④ 电梯运行应仍依靠安全装置，运行不能超过正常的运程范围。

7）电梯的电气安全保护系统。电梯一般设有超速保护开关，层门锁闭装置的电气联锁保护，门入口的安全保护，上、下端站的超越保护，缺相、断相保护，电梯控制系统中的短路保护，曳引电动机的过载保护等保护环节。

8）电梯的消防控制功能。为了使电梯能安全运行，电梯还应达到消防控制的基本要求，典型的消防控制系统如下：

① 电梯的底层（或基站）设置有供消防火警用的带有玻璃窗的专用消防开关箱。在火警发生时，敲碎玻璃窗，拨动箱内开关，就可使电梯立即返回底层。

② 电梯的底层（或基站）设置除有专用消防开关箱外，尚有可供消防员操作的专用钥匙开关，只要接通该钥匙开关就可使已返回底层（或基站）的电梯供消防员使用。

③ 电梯返回底层（或基站）后，供消防员控制操作的专用钥匙开关设置在轿厢内的操纵箱上。

④ 消防员专用钥匙开关不是设在轿厢内操纵箱上，而是设置在底层（或基站）外多个召唤按钮箱中的某一个按钮箱上，只要消防员专用钥匙开关工作，即可使一组电梯中的所有电梯均投入消防紧急运行状态。

（2）电梯的PLC控制　电梯采用PLC进行控制，PLC具有体积小、耗电少、可靠性高、稳定性好、编程简单、使用方便、工作噪声非常小以及程序更改容易等特点。另外，PLC程序执行快，可以很快地响应系统提出的请求。由于PLC控制系统具有良好的柔性，使得PLC在电梯的控制上得到广泛的应用。

PLC的工作原理是通过对输入信号不断地进行采样（输入信号来自按钮、传感器、行程开关等），根据事先编制存入PLC内存的用户程序，产生相应的输出信号（这些输出信号控制被控系统的外部负载，如继电器、指示灯等）。

（3）电梯的微机控制系统

1）单片机控制装置。利用单片机控制电梯有成本低、通用性强、灵活性大及易于实现复杂控制等优点。

2）单台电梯的微机控制系统。对于不要求群控的场合，利用微机单梯进行控制。每台电梯控制器可以配以两台或更多台微机。例如，一台担负机房与轿厢的通信，一台完成轿厢的各类操作控制，还有一台专用于速度控制等。微机控制电梯主要包括三个部分：电气传动系统控制、信号的传输与控制、轿厢的顺序控制。

3）群控——多台微机控制系统。为了提高建筑物内多台电梯的运行效率，节省能耗，减少乘客的待梯时间，将多台电梯进行集中统一的控制称为群控。群控目前都采用多台微机控制的系统，群控的任务是：收集层站呼梯信号及各台电梯的工作状态信息，然后按最优决策最合理地调度各台电梯；完成群控管理机与单台梯控制微机的信息交换；对群控系统的故障进行诊断和处理。目前对群控技术的要求是，缩短候梯时间，与大楼的信息系统相对应，并采用电梯专家知识，组成服务周到及具有灵活性的控制系统。

✦【任务实践】

1. 任务要求

电梯常见故障有曳引机故障、限速器与安全钳故障、钢丝绳与补偿链故障、电梯抖动与振动故障及电气故障等。要求分析：钢丝绳与补偿链有哪些典型故障现象？主要原因是什么？如何解决？

2. 任务实施

为了能有效地完成任务，即对电梯的机电故障进行排除，就要对电梯机械系统故障的排除与电气故障的排除做全面的了解，按照规范要求进行工作，图3-32所示为电梯故障排除的基本思路。

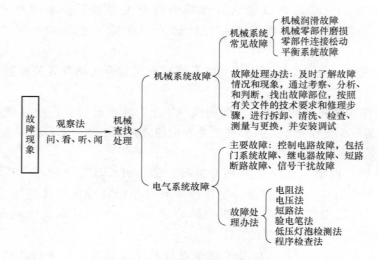

图 3-32　电梯故障排除的基本思路

机械系统一旦发生故障，会造成较为严重的后果，停机修理时间长，还有可能造成人身伤害事故，所以最主要的安全保障措施是加强电梯的管理和日常维护，下面就钢丝绳与补偿链故障进行分析，见表 3-10。

表 3-10　钢丝绳与补偿链故障

典型故障现象	主要原因分析	故 障 排 除
曳引钢丝绳打滑	（1）曳引轮绳槽磨损严重，钢丝绳与槽底的间隙小于 1mm （2）曳引钢丝绳太长，使电梯运行在最高时，配重搁置在缓冲器上，使钢丝绳打滑 （3）钢丝绳上有过多的渗油，摩擦力不够而打滑	（1）更换曳引轮，或修正曳引轮本槽 （2）截断钢丝绳，重做绳头 （3）用煤油去除钢丝绳上的油污
钢丝绳外表面磨损快，断丝周期短	（1）轮槽槽形与钢丝绳不匹配，有夹绳现象 （2）绳轮的垂直度超差，曳引轮与抗绳轮的平行度超差 （3）钢丝绳质量差	（1）消除钢丝绳内应力，防止打滚 （2）调整相关零部件的垂直度与平行度 （3）选用合适匹配的槽形与钢丝绳
钢丝绳悬垂于井道后打结、松解、弯曲、蛇状	（1）发货时，钢丝绳解卷的办法不对 （2）钢丝绳打卷存放时间过长，产生永久性变形	（1）采用正确的办法解卷钢丝绳 （2）在挂绳前将钢丝绳放开，使之自由悬垂于井道内，消除内应力
电梯补偿链掉，拖地并有异声	（1）补偿链过长或太短；补偿链有扭曲现象 （2）保养时的润滑有问题 （3）随着曳引钢丝绳的伸长，电梯的补偿链就有可能拖地，甚至严重时有可能会拉坏补偿链支架并损坏井道中其他零部件	（1）按规定要求计算补偿链长度，防止其扭曲 （2）采用合适的润滑方式 （3）重新绑扎补偿链，使其符合要求

3. 任务评价

任务评价表见表 3-11。

表 3-11　任务评价表

任务	目标	分值	评分	得分
典型故障现象类别	能正确分析出典型故障现象	30	不完整, 每处扣2分	
对典型故障现象产生的主要原因进行分析	能正确分析出典型故障现象的产生原因	40	不规范, 每处扣2分	
对典型故障现象进行排除	根据故障现象, 能采用正确的方法进行排除	30	不规范, 每处扣5分	
总分		100		

【知识拓展】

电梯日常维护管理常识

在一般情况下, 管理人员需开展下列工作:

1) 收取控制电梯自动开关门锁的钥匙、操纵箱上电梯工作状态转移开关的钥匙 (一般的载货电梯和医用医床电梯可能没有装设)、机房门锁的钥匙等。

2) 根据具体情况, 确定司机和维修人员的人选, 并送到有合格条件的单位培训。

3) 收集和整理电梯的有关技术资料, 具体包括井道及机房的土建资料, 安装平面布置图, 产品合格证书, 电气控制说明书, 电路原理图和安装接线图, 易损件图册, 安装说明书, 使用维修说明书, 电梯安装及验收规范, 装箱单和备品备件明细表, 安装验收试验和测试记录以及安装验收时移交的资料和材料, 国家有关电梯设计、制造、安装等方面的技术条件、规范和标准等。资料收集齐全后应登记建账, 妥为保管。只有一份资料时应提前联系复制。

4) 收集并妥善保管电梯备品、备件、附件和工具。根据随机技术文件中的备品、备件、附件和工具明细表, 清理校对随机发来的备品、备件、附件和专用工具, 收集电梯安装后剩余的各种安装材料, 并登记建账, 合理保管。除此之外, 还应根据随机技术文件提供的技术资料编制备品、备件采购计划。

5) 根据具体情况和条件, 建立电梯管理、使用、维护保养和修理制度。

6) 熟悉收集到的电梯技术资料, 向有关人员了解电梯在安装、调试、验收时的情况, 条件具备时可控制电梯做上下试运行若干次, 认真检查电梯的完好情况。

7) 做好必要的准备工作, 而且条件具备后可交付使用, 否则应暂时封存。封存时间过长时, 应按技术文件的要求妥当处理。

【常见问题解析】

1. 为什么蜗轮蜗杆减速机运转时会很热?

由于蜗杆传动的摩擦损失功率较大, 损失的功率大部分转换为热量, 使油温升高。过高的油温会大降低润滑的黏度, 使齿面间的油膜破坏, 导致工作面直接接触产生齿面胶合现象, 因而会产生很多的热量。

2. 在进行曳引机电动机与蜗杆轴的同轴度调整时, 为什么只调整电动机, 而不调整减速机?

由于曳引机位置是根据井道轿厢和对重位置而确定的, 因此以上调整同轴度是在曳引机到位的情况下进行的，所以在进行两者同轴度调整时，要求不动蜗杆轴即减速机的位置，只调整电动机的位置。

仿真实验：PLC 与上位机通信实验

1. 实验目的

1）熟悉 PLC 与上位机串行通信的原理。
2）熟悉 PLC 与上位机串行通信的操作步骤、方法。
3）能进行交通灯监控系统的通信参数设置、程序下载，并完成 PLC 与上位机串行通信操作。

2. 实验设备

1）PLC。
2）个人计算机（装有 VB 环境）。
3）专用通信电缆及串行电缆。
4）串口设备服务器。

3. 实验原理

本实验是十字路口交通灯实时监控系统（图 3-33）中的具体应用，介绍了 VB 和 PLC 通信的实现过程。该系统以装有 VB 的 PC 作为上位机，PLC 作为下位机。利用 VB 中的 MSComm 控件，PLC 的自由口模式创建用户定义的协议，通过 PC/PPI 电缆连接 PC 和 PLC，实现上位机和下位机的串口通信。

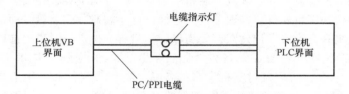

图 3-33　交通灯监控系统构成原理图

4. 实验内容

（1）参数设置（图 3-34）

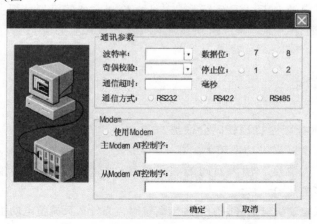

图 3-34　参数设置

（2）I/O 分配表（见表 3-12）

表 3-12　I/O 分配表

输　入	输　出
交通灯起动按钮 SB1-X0	东西直行绿灯 Y0-L1
东西直行按钮 SB2-X1	东西直行红灯 Y1-L2
南北直行按钮 SB3-X2	东西左转绿灯 Y2-L3
交通灯停止按钮 SB4-X3	东西左转红灯 Y3-L4
	南北直行绿灯 Y4-L5
	南北直行红灯 Y5-L6
	南北左转绿灯 Y6-L7
	南北左转红灯 Y7-L8

（3）通信演示（图 3-35）

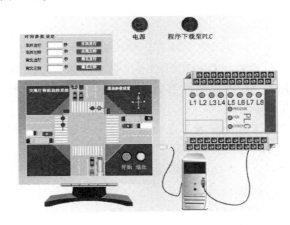

图 3-35　上位机（VB 界面）与 PLC 通信

5. 实验步骤

1）按 PLC 电源开关 SB（电源指示灯变亮）。

2）按"程序下载至 PLC"按钮（程序下载至 PLC 按钮指示灯变亮）。

3）按"交通灯启动按钮"SB1，运行指示灯变亮。

4）设置通信参数。按下如图 3-35 所示上位机 VB 界面上的通信参数设置按钮，弹出如图 3-34 所示画面，按确定按钮后，通信参数才设置完毕。

5）设置时间参数：东西直行 5s；东西左转 3s；南北直行 5s；南北左转 3s。

6）按"开始"按钮，电缆指示灯闪烁，交通灯动作。

① L1 绿灯亮（亮 5s，闪 3s），L4、L6、L8 红灯亮。

② L3 绿灯亮（亮 3s，闪 2s），L2、L6、L8 红灯亮。

③ L5 绿灯亮（亮 5s，闪 3s），L2、L4、L8 红灯亮。

④ L7 绿灯亮（亮 3s，闪 2s），L2、L4、L6 红灯亮。

如此一直循环。

7）按"退出"按钮，交通灯停止动作，全部变灰色，电缆指示灯为灰色。

8）按"交通灯停止按钮"SB4，运行指示灯变暗。

9）关电源指示灯 SB。

6. 实验结果

按照实验步骤，检验能否达到参考动画控制要求，实现交通信号的通信与有序控制。可通过配套光盘中的仿真实验仪进行操作实验。

东西直行绿灯 L1 亮（亮 5s），到 5s 时，东西直行绿灯 L1 开始闪亮，3s 后熄灭，在东西直行绿灯 L1 熄灭后，东西直行红灯 L2 亮、东西左转红灯 L4 灭，东西左转绿灯 L3 亮（亮 3s），到 3s 时，东西左转绿灯 L3 闪亮，2s 后熄灭。在东西左转绿灯 L3 熄灭时，东西左转红灯 L4 亮，同时南北直行红灯 L6 灭，南北直行绿灯 L5 亮（亮 5s），到 5s 时，南北直行绿灯 L5 开始闪亮，3s 后熄灭，在南北直行绿灯 L5 熄灭后，南北直行红灯 L6 亮、南北左转红灯 L8 灭，南北左转绿灯 L7 亮（亮 3s），到 3s 时，南北左转绿灯 L7 闪亮，2s 后熄灭。在南北左转绿灯 L7 熄灭时，南北左转红灯 L8 亮同时东西直行红灯 L2 灭，东西直行绿灯 L1 亮（亮 5s）……如此循环。

注：

1）图 3-35 所示上位机 VB 界面指示灯有三种状态：没有运行时为灰色，允许通行为绿色，禁止通行为红色。人行道指示灯与相应的直行指示灯的状态相同。

2）图 3-35 所示上位机 VB 界面东西直行指示灯为绿色时，"东西直行车"开始行驶，"东西直行人"开始从人行道通过。

3）图 3-35 所示上位机 VB 界面南北直行指示灯为绿色时，"南北直行车"开始行驶，"南北直行人"开始从人行道通过。

4）图 3-35 所示上位机 VB 界面，在东西、南北左转指示灯为绿色时，相应"左转车"开始行驶，但行人不可从人行道通过。

7. 结论分析

根据实验结果分析总结在实验中遇到的问题，以及解决的方法。

8. 思考题

1）一般工业控制中，上位机与下位机之间采用什么方式来进行通信？

2）上位机与 PLC 之间通信需要设定哪些主要参数？

创新案例：月球寻轨通信型智能小车设计

1. 创新案例背景

随着我国"神七"和"天宫一号"的成功发射，联想到能否开发出一种智能小车在月球上载着探测仪进行工作。基于以上想法开发了月球寻轨通信型小车，以培养学生动手能力和创新思维能力。

2. 创新设计要求

1）主要功能：可实现自动追踪（自动寻轨）。

2）具备避障功能。

3）具备红外连机通信等功能。

3. 设计案例分析

首先案例考虑到设计一个月球寻轨通信型小车要具备线性跟踪、USB无线电收发器、驱动设计、传感器等功能来适应月球探测车载功能。小车采用光敏晶体管来寻迹方案，光敏晶体管安装在小车前侧，在小车前进过程中，通过光敏晶体管实时地检测路面状况，并传送到AVR单片机，使单片机产生相应的操作，同时具备避障，红外联机通信等功能。

4. 技术解决方案

月球寻轨通信型智能小车设有两个电动机、六个碰撞型的小型开关，一个以红外线与计算机间通信的异步通信串口，一个由发光二极管和晶体管形成的自动追踪系统，轮胎上装有两个传感器，还有两只尾灯，两个静态LED和选配的PC板，实现自动追踪（自动寻轨）、追踪光源、设定路线来转弯等功能。

（1）系统功能结构设计（图3-36）

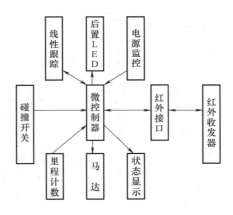

图3-36　系统功能结构图

（2）原理设计（图3-37）

（3）红外收发器通信原理设计（图3-38）

月球寻轨通信型智能小车用的是免费的AVR软件，可以把计算机上的C语言源程序转换成机器人可以识别的十六进制代码，通过与计算机连接的红外发射板将十六进制代码发射到产品上面，产品接收完就覆盖掉旧的程序，展示新的动作，以实现可复编程。发射不同的程序，可实现不同的功能，如自动追踪（自动寻轨）、追踪光源、设定路线来转弯、计算机遥控、唱歌、机器人走迷宫、感应人的身体后可后退等动作对月球寻轨通信型智能小车来说，轻而易举。

5. 创新案例小结

作品涉及了机械、电子、通信等方面的理论知识，应用了传感器、单片机、电动机等功能元件。创新点主要包括：

1）实现自动寻轨功能。

2）实现无线信号传输指令功能。

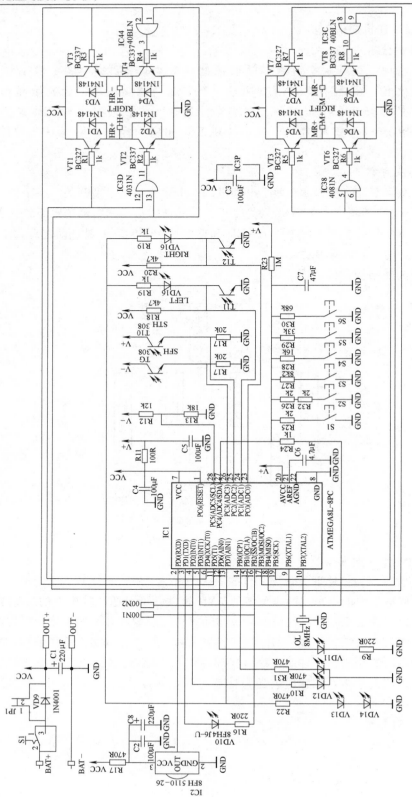

图 3-37 原理设计图

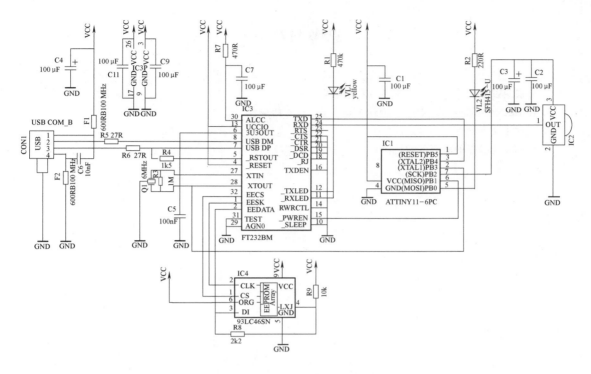

图 3-38　红外收发器通信原理设计图

3）具有自动避障功能。

4）红外遥控，故障报警功能。

5）小车上组装机械手，实现取样分析、主动排除故障、活动作业功能。

6）基于互联网的远程控制功能。

6. 作品实物效果

月球寻轨通信型智能小车实物如图 3-39 所示。

图 3-39　月球寻轨通信型智能小车实物图

思考与练习

1. 什么是 PLC？
2. 一般情况下为什么 PLC 不允许双线圈输出？
3. 在 PLC 的外部输入电路中，为什么要尽量少用常闭触点？
4. 电梯主要安全开关和装置是什么？
5. 电梯安全操作的必要条件是什么？

项目4

机电一体化系统的常用控制策略与实践

【项目导学】

在工程实际中，应用最为广泛的调节器控制规律为比例、积分、微分控制，简称 PID 控制，又称 PID 调节。PID 控制器问世至今已有近 70 年历史，它以结构简单、稳定性好、工作可靠、调整方便等优点而成为工业控制的主要技术之一。当被控对象的结构和参数不能完全掌握，或得不到精确的数学模型，控制理论的其他技术难以采用时，系统控制器的结构和参数必须依靠经验和现场调试来确定，这时应用 PID 控制技术最为方便。即当人们不完全了解一个系统和被控对象，或不能通过有效的测量手段来获得系统参数时，最适合用 PID 控制技术。PID 控制是通称，实际中也有 PI 控制和 PD 控制。PID 控制器就是根据系统的误差，利用比例、积分、微分计算出控制量进行控制的。本项目通过空气/煤气比例调节系统和直流电动机转速控制来介绍模拟 PID 控制器和数字 PID 控制的理论及应用。

任务 4-1   模拟 PID 调节器

【任务说明】

在化工和冶金工业生产中，经常需要将两种物料以一定的比例混合或参加化学反应，一旦比例失调，轻者影响产品的质量或造成浪费，重者造成生产事故或发生危险。例如，在加热炉燃烧系统中，要求空气和煤气（或者油）的比例一定，若空气量比较多，将带走大量的热量，使炉温下降；反之，如果煤气量过多，则会有一部分煤气不能完全燃烧而造成浪费。按偏差的比例、积分、微分进行控制的控制器称为 PID 控制器，是控制系统中应用最为广泛的一种控制规律，因此本任务利用比例调节器来完成物料的比例协调，在模拟控制系统中，比例调节多采用单元组合仪表来完成。

【任务知识点】

PID 是 Proportional（比例）、Integral（积分）、Differential（微分）三者的缩写。PID 调节是模拟调节系统中最成熟、应用最广泛的一种调节方式。PID 调节实质就是根据输入的偏差值，按比例、积分、微分的函数关系构成控制量，利用该控制量对被控对象进行控制。在实际应用中根据被控对象的特性和控制要求，可灵活地改变 PID 的结构，取其中一部分环节构成控制规律，如比例（P）调节、比例积分（PI）调节、比例积分微分（PID）调节等。

PID 调节应用非常广泛的主要原因如下：

1）PID 算法本身的优点：是模拟调节系统中技术最成熟、应用最为广泛的一种调节方式；结构灵活（PI、PD、PID）；参数整定方便；适应性强。

2）用计算机模拟 PID 方法简单、可行。

3）不用求出被控系统的数学模型。

4）人们对 PID 规律熟悉，经验丰富。

1. 比例（P）调节器

比例（P）调节器的微分方程为

$$y(t) = K_P e(t) \tag{4-1}$$

式中，$y(t)$ 为调节器输出；K_P 为比例系数；$e(t)$ 为调节器输入，为偏差值，$e(t) = r(t) - m(t)$。其中 $r(t)$ 为给定值，$m(t)$ 为被测参数测量值。

由式（4-1）可以看出调节器输出 $y(t)$ 与输入偏差 $e(t)$ 成正比，即只要偏差一出现，就能产生及时的、与之成正比的调节作用。比例调节的特性曲线图如图 4-1 所示。

由图 4-1 可以看出，比例调节的作用如下：K_P 变大，比例调节增强；K_P 减小，比例调节减弱。K_P 越大，比例调节作用使静差消除速度越快。K_P 太大，将引起自激振荡。

比例调节的优点一是调节及时，二是调节作用强；缺点是存在静差。对于扰动较大，惯性也比较大的系统，纯比例调节难以兼顾动态和静态特征，需要比较复杂的调节器。

2. 比例积分（PI）调节器

比例积分调节器简称 PI 调节器，积分作用是指调节器的输出与输入的偏差对时间的积分成比例的作用。

积分调节的微分方程为

$$y(t) = \frac{1}{T_I} \int e(t) \, dt \tag{4-2}$$

式中，T_I 为积分时间常数，它表示积分速度的大小，T_I 越大，积分速度越慢，积分作用也越弱。图 4-2 所示为阶跃作用下积分作用响应曲线。

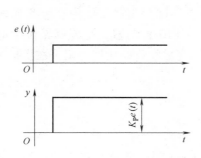

图 4-1　比例调节的特性曲线图

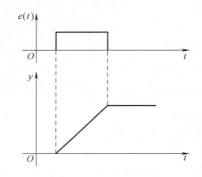

图 4-2　阶跃作用下积分作用响应曲线

由图 4-2 可知，积分调节作用的特点如下：

1）调节作用的输出与偏差存在的时间有关，只要偏差存在，积分调节器的输出就会随时间增长，直至偏差消除。所以，积分作用能消除静差。

2）积分作用缓慢，且在偏差刚刚出现时，调节作用很弱，不能及时克服扰动的影响，致使被调参数的动态偏差增大，因此积分调节很少单独使用。若采用 PI 调节，效果就好得多。

PI 调节的微分方程为

$$y(t) = K_P \left[e(t) + \frac{1}{T_I} \int e(t) \, dt \right] \tag{4-3}$$

PI 调节的动态响应曲线如图 4-3 所示。

由图 4-3 可以看出，阶跃作用时，首先有一个比例作用输出，随后在同一方向的比例基础上，调节器输出不断增加，这便是积分作用。如此克服了单纯比例调节存在静差的缺点，又克服了积分作用调节慢的缺点，即静态和动态特性都得到了改善，因此，PI 调节得到了广泛的应用。

3. 比例微分（PD）调节器

比例微分调节器简称 PD 调节器，当对象具有较大的惯性时，PI 调节器就不能得到很好的调节品质，如果在调节器中加入微分（D）作用，将得到很好的改善。

微分调节的微分方程为

$$y(t) = T_D \frac{de(t)}{dt} \tag{4-4}$$

式中，T_D 为微分时间常数，代表微分作用的强弱，微分调节作用动态响应曲线，如图 4-4 所示。

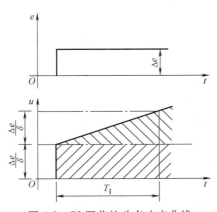

图 4-3　PI 调节的动态响应曲线

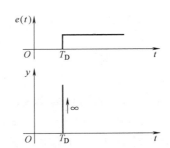

图 4-4　微分调节作用动态响应曲线

从图 4-4 可以看出，当 $t = t_0$ 时引入阶跃信号，因为 $dt \to 0$，所以 $y(t) \to \infty$。微分作用的输出只能反映偏差输入变化的速度，对于一个固定的偏差，不论其数值多大，都不会引起微分作用，因此，微分作用不能消除静差，而只是在偏差刚刚出现时产生一个大的调节作用。PD 调节器的响应曲线如图 4-5 所示。

由图 4-5 可以看出，当偏差刚一出现时，PD 调节器输出一个大的阶跃信号，然后微分输出按指数下降，最后微分作用完全消失，成为比例调节。

可通过改变 T_D 来改变微分作用的强弱。此种调节速度快（动态特性好），但仍然有静差存在。下面重点讲述模拟 PID 调节器。

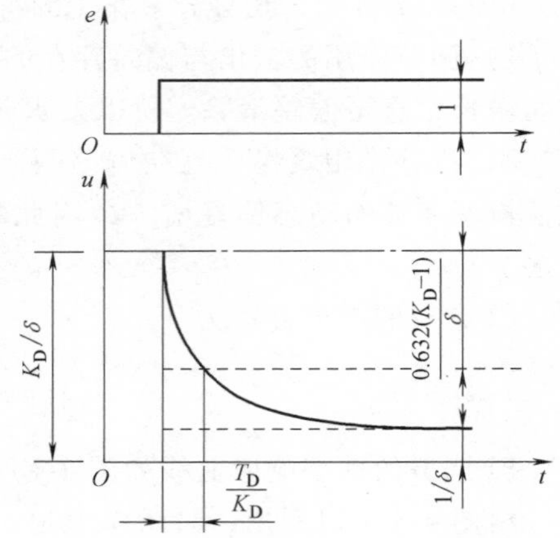

4. 比例积分微分（PID）调节器

按偏差的比例、积分、微分进行控制的控制器称为 PID 控制器，PID 控制是控制系统中应用最为广泛的一种控制规律。模拟 PID 控制系统原理图如图 4-6 所示，其中 $r(t)$ 为系统给定值，$y(t)$ 为实际输出值，$u(t)$ 为控制量。

模拟 PID 控制器的控制式为

$$u(t) = K_P \left[e(t) + \frac{1}{T_I} \int_0^t e(t)\,\mathrm{d}t + T_D \frac{\mathrm{d}e(t)}{\mathrm{d}t} \right]$$

$$(4-5)$$

图 4-5　PD 调节器的响应曲线

式中，$e(t)$ 为系统偏差，$e(t) = r(t) - c(t)$；K_P 为比例系数；T_I 为积分时间常数；T_D 为微分时间常数。

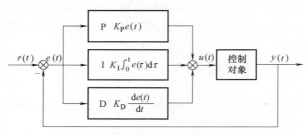

图 4-6　模拟 PID 控制系统原理图

说明如下：

1）PID 是一个闭环控制算法。因此要实现 PID 算法，必须在硬件上具有闭环控制，即有反馈。比如控制一台电动机的转速，就得有一个测量转速的传感器，并将结果反馈到控制路线上。

2）PID 是比例（P）、积分（I）、微分（D）算法，但并不是必须同时具备这三种算法，也可以是 PD、PI，甚至只有 P 算法控制。最简单的闭环控制就是只有 P 控制，即将当前结果反馈回来，再与目标相减，为正的话，就减速；为负的话，就加速。

3）比例（P）、积分（I）、微分（D）控制算法各有作用。

① 比例环节（P）的作用：按比例反映系统的偏差，系统一旦出现偏差，比例环节立即产生调节作用以减少偏差。比例作用增大，可以加快系统的调节，缩短调节时间，使系统反应迅速，但比例控制不能消除稳态误差。比例作用过大，会造成系统的不稳定。

② 积分环节（I）的作用：只要系统存在误差，积分控制作用就会不断地积累，输出控制量以消除误差，因而，只要有充足的时间，积分控制将能完全消除系统的误差。积分作用的强弱取决于积分时间常数 T_I。T_I 越小，积分作用越强；反之，T_I 越大，则积分作用越弱。积分作用太强会使系统超调加大，甚至使系统出现振荡，所以积分作用常与另外两种调节规律结合，组成 PI 调节器或 PID 调节器。

③微分环节（D）的作用：反映系统偏差的变化率，能预见偏差变化的趋势，减小系统的超调量，克服振荡，使系统稳定性提高，同时加快系统的动态响应速度，减少调节时间，从而改善系统的动态性能。微分环节不能单独使用，需要与另外两种调节规律结合，组成 PD 调节器或 PID 调节器。鉴于 D 规律的作用，人们还必须了解时间滞后的概念，时间滞后包括容量滞后与纯滞后，其中容量滞后通常又包括测量滞后和传送滞后。测量滞后是检测元件在检测时需要建立一种平衡，如热电偶、热电阻、压力等响应较慢产生的一种滞后。而传送滞后则是在传感器、变送器、执行机构等设备产生的一种控制滞后。在工业上，大多数纯滞后是由于物料传输所致，如测量大窑玻璃液位，从投料机动作到核子液位仪检测需要很长的一段时间。

总之，控制规律要根据过程特性和工艺要求来选取，绝不是说 PID 控制规律在任何情况下都具有较好的控制性能，不分场合地采用是不明智的。如果这样做，只会给其他工作增加复杂性，并给参数整定带来困难。当采用 PID 控制器还达不到工艺要求时，则需要考虑其他的控制方案，如串级控制、前馈控制、大滞后控制等。

K_P、T_I、T_D 三个参数的设定是 PID 控制算法的关键问题。一般来说，编程时只能设定它们的大概数值，并在系统运行时通过反复调试来确定最佳值。因此，在调试阶段，程序需要能随时修改和记忆这三个参数。在某些应用场合，比如通用仪表行业，系统的工作对象是不确定的，不同的对象就得采用不同的参数值，这样无法为用户设定参数，于是就引入参数自整定的概念。参数自整定的实质就是在首次使用时，通过 N 次测量为新的工作对象寻找一套参数，并记忆下来作为以后工作的依据。

4）PID 算法流程图。PID 算法流程图如图 4-7 所示。

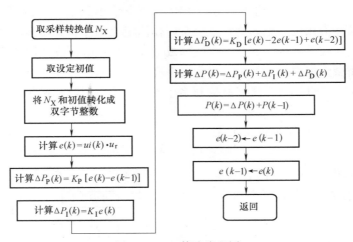

图 4-7　PID 算法流程图

【任务实践】

1. 任务要求

在化工和冶金工业生产中，经常需要将两种物料以一定的比例混合或参加化学反应，一旦比例失调，轻者影响产品的质量或造成浪费，重者造成生产事故或发生危险。例如，在加热炉燃烧系统中，要求空气和煤气（或者油）的比例一定，若空气量比较多，将带走大量的热量，使炉温下降；反之，如果煤气量过多，则会有一部分煤气不能完全燃烧而造成浪费。

在空气/煤气比例调节系统中，通过编写 PID 控制算法，使得控制阀能够按要求动作，保证空气和煤气（或者油）的比例一定，达到加热炉燃烧系统恒温控制的目的。

2. 任务实施

在模拟控制系统中，比例调节多采用单元组合仪表来完成，空气/煤气比例调节系统如图 4-8 所示。

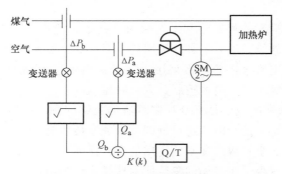

图 4-8　空气/煤气比例调节系统

该系统的原理是，煤气和空气的流量差压信号经变送器及开方器后分别得到空气和煤气的流量 Q_a 和 Q_b，Q_a 和 Q_b 经除法器得到一个比值 $K(k)$，$K(k)$ 与给定值 $R(k)$ 相减得到偏差信号 $E(k) = R(k) - K(k)$，此偏差信号经 PID 调节器输出到电/气转换器去控制空气的阀门，以使空气和煤气的比例一定，这种系统又叫作固定比例控制。要实现这样一个系统，采用单元组合仪表是比较复杂的，而且当煤气的成分发生变化时，改变调节系统的比值也比较麻烦。但是如果用微型机控制，就可以省去两个开方器、除法器和调节器，所有这些计算都用软件来实现，而且可以用一台微型机控制多个回路。空气/煤气比例调节系统的微型机控制如图 4-9 所示。

采用计算机控制的原理与模拟调节系统基本上是一样的。不同的是开方、比值及 PID 控制算法均由计算机来完成。由于系统硬件大为减少，所以控制系统的可靠性将有所增加。

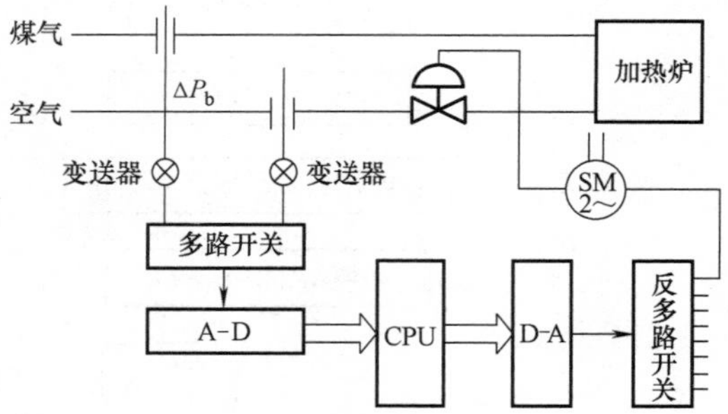

系统中，固定比例系数 $R(k) = \dfrac{G_\text{空}}{G_\text{煤}}$ 是根据燃烧的发热值及经验数据事先计算好的，因此，这种调节方案与恒值系统在原理上没有多大的差别。但是，在实际生产中，燃料的发热值是个变量，为了节省燃料，可以根据燃料的变化自动改变空气与煤气的比例，这种系统称为自动比例系统。自动比例系统与固定比例系统在硬件结构上基本一致，不同的只是要根据燃料的成分首先计算出燃料的发热值，然后求出比例系数 $R(k)$。为了节省计算机的计算时间，可以采用定时校正的办法，每隔一定的

图 4-9　空气/煤气比例调节系统的
微型机控制

时间对 $R(k)$ 进行一次校正。当新的比例系数确定后,即可按上述固定比例的方法进行调节。PID 程序控制流程图如图 4-10 所示。

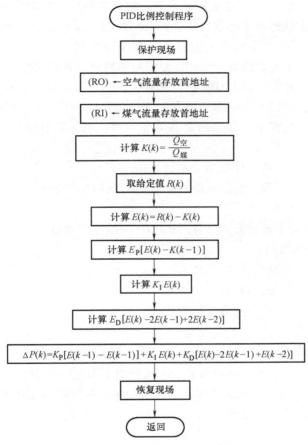

图 4-10　PID 程序控制流程图

任务评价表见表 4-1。

表 4-1　任务评价表

任　　务	目　　标	分值	评分	得分
对照理想情况,分析未能实现 PID 控制的主要原因	能正确分析出典型故障现象	30	不完整,每处扣 2 分	
对典型故障现象产生的主要原因进行分析	能正确分析出典型故障现象产生原因	40	不规范,每处扣 2 分	
对典型故障现象的排除	根据故障现象,能采用正确的方法进行排除	30	不规范,每处扣 5 分	
总分		100		

【知识拓展】

1. PID 控制器的参数整定

PID 控制器的参数整定是控制系统设计的核心内容。它是根据被控过程的特性确定 PID

控制器的比例系数、积分时间常数和微分时间常数的大小。PID 控制器参数整定的方法很多，概括起来有两大类：

（1）理论计算整定法　它主要是依据系统的数学模型，经过理论计算确定控制器参数。这种方法得到的计算数据通常不能直接用，还必须根据工程实际进行调整和修改。

（2）工程整定法　它主要依赖工程经验，直接在控制系统的试验中进行，方法简单、易于掌握，在工程实际中被广泛采用。PID 控制器参数的工程整定法主要有临界比例法、反应曲线法和衰减法。三种方法各有其特点，其共同点是通过试验，然后按照工程经验公式对控制器参数进行整定。但无论采用哪一种方法所得到的控制器参数，都需要在实际运行中进行最后的调整与完善。现在采用较多的是临界比例法。利用该方法进行 PID 控制器参数的整定步骤如下：

1）预选择一个足够短的采样周期让系统工作。

2）仅加入比例控制环节，直到系统对输入的阶跃响应出现临界振荡，记下这时的比例系数和临界振荡周期。

3）在一定的控制度下通过公式计算得到 PID 控制器的参数。

2. PID 调试的一般原则

1）在输出不振荡时，增大比例系数 K_P。

2）在输出不振荡时，减小积分时间常数 T_I。

3）在输出不振荡时，增大微分时间常数 T_D。

3. PID 调试的一般步骤

（1）确定比例系数 K_P　确定比例系数 K_P 时，首先去掉 PID 的积分项和微分项，一般是令 $T_I = 0$、$T_D = 0$，使 PID 为纯比例调节。输入设定为系统允许最大值的 60% ~ 70%，由 0 逐渐加大比例系数 K_P，直至系统出现振荡；再反过来，从此时的比例系数 K_P 逐渐减小，直至系统振荡消失，记录此时的比例系数 K_P，设定 PID 的比例系数 K_P 为当前值的 60% ~ 70%。比例系数 K_P 调试完成。

（2）确定积分时间常数 T_I　比例系数 K_P 确定后，设定一个较大的积分时间常数 T_I 的初值，然后逐渐减小 T_I，直至系统出现振荡；之后再反过来，逐渐加大 T_I，直至系统振荡消失，记录此时的 T_I，设定 PID 的积分时间常数 T_I 为当前值的 150% ~ 180%。积分时间常数 T_I 调试完成。

（3）确定微分时间常数 T_D　微分时间常数 T_D 一般不用设定，为 0 即可。若要设定，与确定 K_P 和 T_I 的方法相同，取不振荡时的 30%。

（4）微调　系统空载、带载联调，再对 PID 参数进行微调，直至满足要求。

【常见问题解析】

1. PID 控制不稳定怎么办？如何调试 PID？

闭环系统的调试，首先应当进行开环测试。所谓开环，就是在 PID 调节器不投入工作的时候，观察反馈通道的信号是否稳定、输出通道是否动作正常。

可以试着给出一些比较保守的 PID 参数，比如放大倍数（比例系数）不要太大，可以小于 1，积分时间不要太短，以免引起振荡。在这个基础上，可以直接投入运行，观察反馈的波形变化。给出一个阶跃给定，观察系统的响应是最好的方法。如果反馈达到给定值之后，历经多次振荡才能稳定或者根本不稳定，应该考虑是否比例系数过大、积分时间过短；如果反馈迟迟不能跟随给定，上升速度很慢，应该考虑是否增益过小、积分时间过长……总之，PID参数的调试是一个综合的、互相影响的过程，实际调试过程中的多次尝试是非常重要的步骤，也是必需的。

2. 没有采用积分控制时，为何反馈达不到给定？

这是必然的。因为积分控制的作用在于消除纯比例调节系统固有的"静差"。没有积分控制的比例控制系统中，没有偏差就没有输出量，没有输出就不能维持反馈值与给定值相等。所以永远不能做到没有偏差。

任务4-2 数字PID的直流电动机控制

【任务说明】

通常情况下，对微型直流电动机的转速控制采用闭环控制，即通过传感器检测到此时直流电动机的转速，通过与设定的转速比较后，给出不同的控制电压，使得直流电动机的转速恒定在给定值上。由于此种方式是通过反馈后进行控制的，而在反馈控制中，扰动是不可避免的，所以直流电动机的转速并不能十分精确地恒定在某一值上，而是在给定值的两侧进行波动。控制品质的好坏取决于控制算法的选择，工程上常用PID控制算法。在本任务中，学生要学习数字PID的控制原理，并实现直流电动机的恒转速控制。

【任务知识点】

在使用直流电动机时，通常希望能够控制直流电动机的转速，并且按照设计者的意愿进行转速调整。直流电动机在使用时需要在电动机的两个接线端上加载电压，电压的高低直接影响电动机的转速，这就取决于两者之间的关系

$$n = \frac{U - IR}{C_e \Phi} \tag{4-6}$$

式中，U 为加载在电动机两端的直流电压；I 为直流电动机的工作电流；R 为直流电动机线圈的等效内阻；C_e 为常数，与电动机本身的结构参数有关，$C_e = pN/(6a)$，其中 p 为极对数，N 为电枢总导体数，a 为支路对数；Φ 为每极总磁通。

市场上的直流电动机，机械结构已经固定，励磁部分为永久磁铁，所以式中的 R、C_e 和 Φ 已经固定，能够改变的只有加载在直流电动机两端的直流电压。所以，常见的直流电动机转速控制方法是调节直流电压法。

调节直流电压法可以采用D-A转换器输出法和PWM输出法。由于D-A转换器大多是电流输出型，需要外接运算放大器才能转换成电压，另外由于运算放大器输出电流有限，如果直接连接到直流电动机将会造成直流电动机转矩过小和运算放大器过热的现象，所以建议采用PWM输出法。

PWM 输出法可以利用单片机的一个 I/O 引脚作为 PWM 的输出端，输出信号控制大功率晶体管的开启和关闭，以控制电动机的运转和停止，当 PWM 的频率足够高时，由于电动机的绕组是感性负载，具有储能的作用，对 PWM 输出的高低电平起到了平波的作用，在电动机的两端可以近似得到直流的电压值。PWM 的占空比越高，电动机获得的直流电压越高；反之，PWM 的占空比越低，电动机获得的直流电压越低。

既然 PWM 的占空比能够起到控制电动机两端电压的作用，那么 PWM 的周期又有什么样的作用呢？PWM 的周期对于控制直流电动机的转速和转动特性有十分重要的作用。当 PWM 的周期较长（如 1s）而占空比较小（如 10%）时，在一个周期内加载在直流电动机两端电压的时间为 100ms，而电动机失去电压的时间为 900ms。在这段时间内，电动机线圈绕组内的电流已经释放完毕，电动机在内部绕组的转动惯量作用下将继续向前转动，如果负载的转矩较大，那么此时电动机的转速跌落很快，甚至出现停转的现象，只有到下一个 PWM 周期到来时，电动机才会重新转动起来，如此循环。当 PWM 的周期较短（如 1ms）而占空比仍然为 10% 时，在一个周期内直流电动机获得电压的时间为 0.1ms，而失去电压的时间为 0.9ms，在这段时间内，直流电动机线圈绕组内的电流并不会释放完毕，直流电动机继续转动，当下一个 PWM 周期到来时，直流电动机重新获得电压，如此循环，直流电动机不再有停转现象。当电动机的两端加上正向电压时，电动机正转；加上反向电压时，电动机反转。基于这种原理，用户可以通过转换加载在电动机两端的电压来解决电动机正反转的问题。

微型直流电动机的控制有两种方法：一种是开环控制，另一种是闭环控制。开环控制是直接向直流电动机输出电压值，如果事先能够测量出或计算出直流电动机的转速与电压的对应关系，则可以将直流电动机的转速恒定到某一值。但是如果在直流电动机轴上加载不同的负载，最终得到的转速将不是预期的，而是随着负载的增大而降低，此种控制方法只要负载不变，转速便可恒定，但此时的转速已无法通过计算而得出，只能通过传感器进行检测。闭环控制是通过传感器检测到此时直流电动机的转速，通过与设定的转速比较后，给出不同的控制电压，使得直流电动机的转速恒定在给定值上。由于此种方式是通过反馈后进行控制的，而在反馈控制中，扰动是不可避免的，所以直流电动机的转速并不能十分精确地恒定在某一值上，而是在给定值的两侧进行波动。控制品质的好坏取决于控制算法的选择，下面介绍一下 PID 控制算法的应用。

1. 数字 PID 控制算法

在模拟控制系统中，按给定值与测量值的偏差 e 进行控制的 PID 控制器是一种线性调节器，其 PID 表达式为

$$u(t) = K_P \left[e(t) + \frac{1}{T_I} \int_0^t e(t) + T_D \frac{de(t)}{dt} \right] + u_0 \tag{4-7}$$

式中，K_P、T_I、T_D 分别为模拟调节器的比例增益、积分时间和微分时间；u_0 为偏差 $e = 0$ 时的调节器输出，又称为稳态工作点。

由于计算机控制系统是时间离散系统，控制器每隔一个控制周期进行一次控制量的计算并输出到执行机构。因此要实现式（4-7）所示的 PID 控制规律，要将式（4-7）离散化。设控制周期为 T，则在控制器的采样时刻 $t = KT$ 时，通过下述差分方程

$$\int_0^t e(t) \, dt \approx \sum_{i=0}^k T e(i), \quad \frac{de(t)}{dt} \approx \frac{e(k) - e(k-1)}{T}$$

可以得到式（4-7）的离散式为

$$u(k) = K_P\left\{e(k) + \frac{T}{T_I}\sum_{j=0}^{k} e(j) + \frac{T_D}{T}\left[e(k) - e(k-1)\right]\right\} + u_0 \tag{4-8}$$

或写成

$$u(k) = K_P e(k) + K_I \sum_{j=0}^{k} e(j) + K_D\left[e(k) - e(k-1)\right] + u_0 \tag{4-9}$$

式中，$u(k)$ 为采样时刻 $t=kT$ 时的计算输出；$K_I = \dfrac{K_P T}{T_I}$ 称为积分系数；$K_D = \dfrac{K_P T_D}{T}$ 称为微分系数。式（4-8）和式（4-9）给出了执行机构在采样时刻 kT 的位置或控制阀门的开度，所以称为位置式 PID 控制算法。

从式（4-8）和式（4-9）可以看出，式中的积分项 $\sum_{j=1}^{k} e(j)$ 需要保留所有 kT 时刻之前的偏差值，计算烦琐，占用很大内存，实际使用也不方便，所以在工业过程控制中常采用另一种被称为增量式 PID 控制算法的算式。采用这种控制算法得到的计算机输出是执行机构的增量值，其表示式为

$$\Delta u(k) = u(k) - u(k-1)$$

$$= K_P\left\{\left[e(k) - e(k-1)\right] + \frac{T}{T_I}e(k) + \frac{T_D}{T}\left[e(k) - 2e(k-1) + e(k-2)\right]\right\} \tag{4-10}$$

或写成

$$\Delta u(k) = K_P\left[e(k) - e(k-1)\right] + K_I e(k) + K_D\left[e(k) - 2e(k-1) + e(k-2)\right] \tag{4-11}$$

可见，除当前的偏差 $e(k)$ 外，采用增量式 PID 控制算法只需保留前两个采样周期的偏差，即 $e(k-2)$ 和 $e(k-1)$，在程序中采用平移法即可保存，免去了保存所有偏差的麻烦。增量式 PID 控制算法的优点是编程简单，数据可以递推使用，占用内存少，运算快。更进一步，为了编程方便起见，式（4-11）还可以写成

$$\Delta u(k) = (K_P + K_I + K_D)e(k) - (K_P + 2K_D)e(k-1) + K_D e(k-2)$$

$$= Ae(k) - Be(k-1) + Ce(k-2) \tag{4-12}$$

但此时的系数 A、B、C 已不能直观地反映比例、积分和微分的作用和物理意义，只反映了各次采样偏差对控制作用的影响，故又称为偏差系数控制算法。由增量式 PID 控制算法得到 kT 采样时刻的计算机输出控制量的实际值 $u(k) = u(k-1) + \Delta u(k)$。增量式 PID 控制算法程序框图如图 4-11 所示。

数字 PID 控制算法两种实现方式比较如图 4-12 所示。

增量式 PID 控制算法的不足之处有两点：一是积分截断效应大，有静态误差；二是溢出的影响大。因此，应该根据被控对象的实际情况加以选择，一般认为，在以晶闸管或伺服电动机作为执行器件，或对控制精度要求高的系统中，应当采用位置式 PID

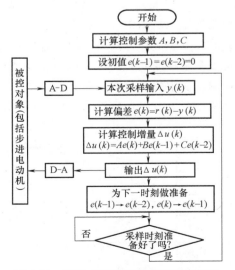

图 4-11 增量式 PID 控制算法程序框图

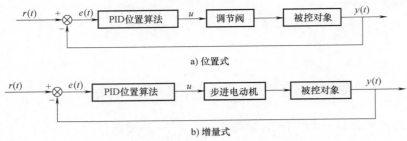

图 4-12　数字 PID 控制算法两种实现方式比较

控制算法，而在以步进电动机或多圈电位器作为执行器件的系统中，则应采用增量式 PID 控制算法。

2. 数字 PID 控制算法的改进

在计算机控制系统中，PID 控制规律是由软件来实现的，因此它的灵活性很大，一些原来在模拟 PID 控制器中无法实现的问题，在计算机控制系统中都可以得到解决，于是产生了一系列的改进算法，以满足不同被控对象的要求。下面介绍几种常用的数字 PID 改进算法。

（1）实际微分 PID 控制算法　PID 控制中，微分的作用是扩大稳定阈，改善动态性能，近似地补偿被控对象的一个极点，因此一般不宜去掉微分作用。从前面的推导可知，标准 PID 控制与数字 PID 控制的微分作用是理想的，故它们被称为理想微分的 PID 控制算法。而模拟调节器由于反馈电路硬件的限制，实际上实现的是带一阶滞后环节的微分作用。计算机控制虽然可方便地实现理想微分的差分形式，但实际表明，理想微分的 PID 控制效果并不理想。另外，在直接数字控制（DDC）系统中，计算机对每个控制回路输出的时间很短暂，驱动执行机构动作需要一定时间，如果输出较大，执行机构一下子达不到应有的开度，输出将失真。因此，在计算机控制中，常常是采用类似模拟调节器的微分作用，称为实际微分作用。

图 4-13 是理想微分 PID 控制算法与实际微分 PID 控制算法在单位阶跃输入时，输出的控制作用。从图中可以看出，理想微分作用只能维持一个采样周期，且作用很强，当偏差较大时，受工业执行机构限制，这种算法不能充分发挥微分作用。而实际微分作用能缓慢地保持多个采样周期，使工业执行机构能较好地跟踪微分作用。另一方面，由于实际微分 PID 控制算法中的一阶惯性环节，使得它具有一定的数字滤波作用，因此，抗干扰能力也较强。理想微分 PID 控制算法与实际微分 PID 控制算法的区别主要在于后者比前者多个一阶惯性

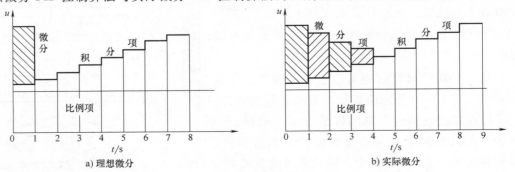

图 4-13　微分 PID 控制算法

环节，如图 4-14 所示。

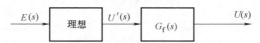

图 4-14　实际微分 PID 控制算法示意框图

图中，$G_f\ (s) = \dfrac{1}{T_f+1}$

$$u'(t) = K_P\left[e(t) + \frac{1}{T_I}\int_0^t e(t)\,\mathrm{d}t + T_D\,\frac{\mathrm{d}e(t)}{\mathrm{d}t}\right] \tag{4-13}$$

所以 $T_f\dfrac{\mathrm{d}u}{\mathrm{d}t}+u(t) = u'(t)$

$$T_f\frac{\mathrm{d}u}{\mathrm{d}t}+u(t) = K_P\left[e(t) + \frac{1}{T_I}\int_0^t e(t)\,\mathrm{d}t + T_D\,\frac{\mathrm{d}e(t)}{\mathrm{d}t}\right] \tag{4-14}$$

将式（4-14）离散化，可得实际微分位置式 PID 控制算法为

$$u(k) = au(k-1)+(1-a)u'(k) \tag{4-15}$$

式中，$a = \dfrac{T_f}{T+T_f}$，$u'(t) = K_P\left[e(k) + \dfrac{1}{T_I}\int_0^t e(t)\,\mathrm{d}t + T_D\,\dfrac{\mathrm{d}e(t)}{\mathrm{d}t}\right]$。

其增量式 PID 控制算式为

$$\Delta u(k) = a\Delta u(k-1)+(1-a)\Delta u'(k) \tag{4-16}$$

式中，$\Delta u'(k) = K_P\left\{\Delta e(k)+\dfrac{T}{T_I}e(k)+\dfrac{T_D}{T}\left[\Delta e(k)-\Delta e(k-1)\right]\right\}$。

实际微分的其他形式，包括将图 4-14 中的一阶环节改为一阶超前/滞后环节，或将理想微分作用改为微分/一阶滞后环节。

（2）微分先行 PID 控制算法　当控制系统的给定值发生阶跃变化时，微分动作将使控制量 u 大幅度变化，这样不利于生产的稳定操作。为了避免因给定值变化给控制系统带来超调量过大、调节阀动作剧烈的冲击，可采用微分先行 PID 控制算法，如图 4-15 所示。

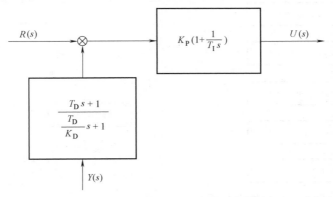

图 4-15　微分先行 PID 控制算法示意框图

这种方案的特点只对测量值（被控量）进行微分，而不对偏差微分，也即对给定值无微分作用。这种方案称为"微分先行"或"测量值微分"。考虑正反作用的不同，偏差的计算也不同，即

$$\begin{cases} e(k) = y(k) - r(k) \\ 或 \\ e(k) = r(k) - y(k) \end{cases} \tag{4-17}$$

标准 PID 增量算式的微分项 $\Delta u_D(k) = K_D[e(k) - 2e(k-1) + e(k-2)]$，改进后的微分作用算式则为

$$\begin{cases} \Delta u_D(k) = K_D[y(k) - y(k-1) + y(k-2)] \\ 或 \\ \Delta u_D(k) = -K_D[y(k) - y(k-1) + y(k-2)] \end{cases} \tag{4-18}$$

但要注意，对串级控制的副回路而言，由于给定值是由主回路提供的，仅对测量值进行微分的这种方法不适用，仍应按原微分算式对偏差进行微分。

（3）积分分离 PID 控制算法　采用标准的 PID 控制算法时，扰动较大或给定值大幅度变化会造成较大的偏差，加上系统本身的惯性及滞后，在积分作用下，系统往往产生较大的超调和长时间的振荡。为克服这种不良影响，积分分离 PID 控制算法的基本思想是：在偏差 $e(k)$ 较大时，暂时取消积分作用；当偏差 $e(k)$ 小于某一设定值 A 时，才将积分作用投入。当 $|e(k)| > A$ 时，用 P 或 PD 控制；当 $|e(k)| \leqslant A$ 时，用 PI 或 PID 控制。积分分离式 PID 控制算法的原理和程序框图分别如图 4-16、图 4-17 所示。不同设定值情况下的 PID 控制仿真图如图 4-18 所示。

注：① A 值需要适当选取；若 A 值过大，起不到积分分离作用；若 A 值过小，即偏差 $e(k)$ 一直在积分区域之外，长期只有 P 或 PD 控制，系统将存在余差。

② K_c 应根据积分作用是否起作用而变化。

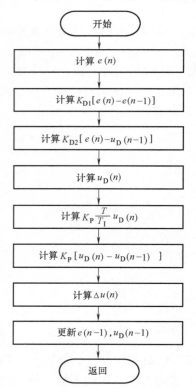

图 4-16　积分分离式 PID 控制算法原理

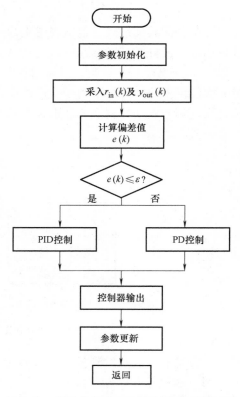

图 4-17　积分分离式 PID 控制算法程序框图

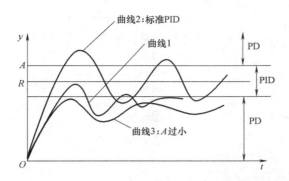

图 4-18　不同设定值情况下的 PID 控制仿真图

【任务实践】

1. 任务要求

选用额定电压为 12V、额定转速为 3000r/min 的直流电动机，为检测直流电动机的转速，制作一个光电码盘，在码盘上均匀钻上 12 个孔，用对射式光电传感器检测转速。系统选用 AT89S51 作为控制核心，用定时计数器 T0 检测通过光电传感器的孔的数量；用 T1 进行定时；用 P1.0 输出控制直流电动机的正反转；用 P1.1 控制直流电动机的转速。

2. 任务实施

直流电动机转速的检测方法有两种：定时法和间隔法。定时法是在一定时间间隔内检测脉冲的数量，通过计算得出在单位时间内直流电动机转过的圈数，即可得到转速；间隔法是检测光电码盘上孔与孔之间的间隔时间，通过这个时间可以计算出直流电动机旋转一周需要的时间，进而得出转速。这两种方法中通常用到的是前一种，所以这里只针对定时法介绍编程方法。

在应用定时法进行程序设计时需要考虑采样的时间间隔，这要根据采样定理进行选择，有时也可根据实际情况自行设定采样的时间间隔。虽然可以根据实际情况选择采样时间间隔，但也要考虑控制量调整的间隔，如果两次调整的间隔过大，将造成直流电动机无法正常运转。

本例中直流电动机的额定转速为 3000r/min，即每秒转 50 圈，每一圈上可以得到 12 个脉冲，所以每秒可得到 600 个脉冲，如果直流电动机的负载惯性较大，可以选择每隔 1s 检测一次转速并调整输出量；如果直流电动机为空载状态，可以选择每隔 0.2s 检测一次转速并调整一次输出量。当选用 0.2s 为时间间隔时，最大脉冲数为 120 个，既不影响检测的精度，又不会造成直流电动机的失控，电路原理图如图 4-19 所示。

对于直流电动机转速的控制采用 PWM 输出，系统中两个定时计数器已全部启动，所以应用软件延时的方式输出 PWM，转速设定为 2000r/min。

单片机 C 程序设计略。

3. 任务评价

任务评价见表 4-2。

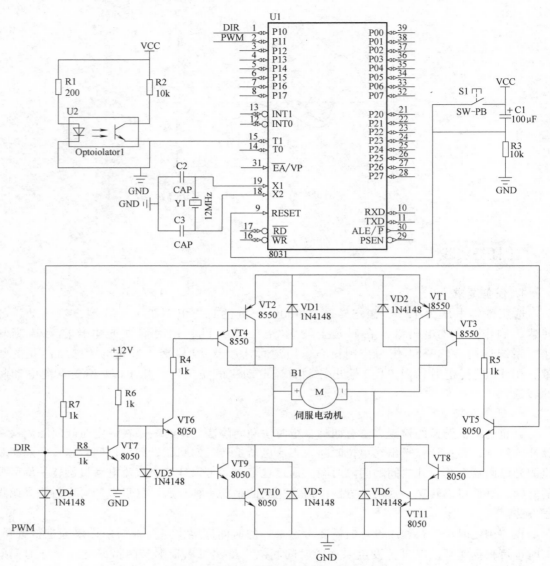

图 4-19 直流电动机 PID 控制电路原理图

表 4-2 任务评价表

任务	目标	分值	评分	得分
编写相序控制表	能正确分析控制要求,控制脉冲时序	20	不完整,每处扣2分	
绘制原理图	控照控制要求,绘制系统原理图,要求完整、美观	10	不规范,每处扣2分	
在 Proteus 中搭建仿真系统	按照原理图,搭建仿真系统。要求线路安全简洁,符合工艺要求	30	不规范,每处扣5分	
程序设计与调试	(1)程序设计简洁易读,符合任务要求 (2)在保证人身和设备安全的前提下,通电调试一次成功	40	第一次调试不成功扣20分;第二次调试不成功扣20分	
总分		100		

【知识拓展】

PID 控制算法的改进——遇限切除积分 PID 控制算法和提高积分项积分的精度

1. 遇限切除积分 PID 控制算法

在实际工业控制中，控制变量因受到执行机构机械性能与物理性能的约束，其输出大小和输出的速率总是限制在一个有限的范围内。当长期存在偏差或偏差较大时，计算出的控制量有可能溢出或小于零，即计算机运算出的控制量 $u(k)$ 超出了 D-A 转换器所能表示的数值范围。如果 D-A 转换器的极限数值对应于执行机构的动作范围（如 8 位 D-A 转换器的 FFH 对应于调节阀全开，00H 对应于调节阀全关），当执行机构已到了极限位置，仍然不能消除偏差时，由于积分作用存在，虽然 PID 控制的运算结果继续增大或减少，但执行机构已没有相应的作用，这种现象称为积分饱和。

遇限切除积分 PID 控制算法的基本思想如下：一旦计算出的控制量 $u(k)$ 进入饱和区，一方面对控制量输出值限幅，令 $u(k)$ 为极限值；另一方面增加判别程序，算法中只执行削弱积分饱和项的积分运算，而停止增大积分饱和项的运算。

2. 提高积分项积分的精度

在 PID 控制算法中，积分项的作用是消除余差，为提高其积分项的运算精度，可将 PID 控制算式中积分的差分方程取为 $\int_0^t e(t)\,\mathrm{d}t = \sum_{j=0}^{k} \dfrac{e(j) + e(j+1)}{2} \cdot T$，即用梯形代替原来的矩形计算。

【常见问题解析】

1. PID 控制中的其他问题有哪些？

数字 PID 调节器在实际应用中，根据系统对被控参数的要求，D-A 转换器的输出位数，以及对于干扰的抑制能力的要求等，还有一些问题需要解决，如正反作用问题、积分饱和问题、限位问题、电流/电压输出问题、干扰抑制问题和手动/自动无扰动切换问题等。在模拟仪表中，常需采取改变线路或更换不同类型调节器的办法加以解决；在计算机控制系统中，通过软件的方法可以方便地解决上述问题。

2. 系统控制规律的选择优化方案

PID 控制器参数整定的目的就是按照已定的控制系统，求得控制系统质量最佳的调节性能。PID 参数的整定直接影响控制效果，合适的 PID 参数整定可以提高自控投用率，增加装置操作的平稳性。对于不同的对象、闭环系统控制性能的不同要求，通常需要选择不同的控制方法和控制器结构。大致上，系统控制规律的选择主要有下面几种情况：

1）对于一阶惯性的对象，如果负荷变化不大，工艺要求不高，可采用 P 控制。

2）对于一阶惯性加纯滞后对象，如果负荷变化不大，控制要求精度较高，可采用 PI

控制。

3）对于纯滞后时间较大，负荷变化也较大，控制性能要求较高的场合，可采用 PID 控制。

4）对于高阶惯性环节加纯滞后对象，负荷变化较大，控制性能要求较高时，应采用串级控制、前馈-反馈、前馈-串级或纯滞后补偿控制。

任务 4-3　模糊控制

【任务说明】

模糊逻辑控制（Fuzzy Logic Control）简称模糊控制（Fuzzy Control），是以模糊集合论、模糊语言变量和模糊逻辑推理为基础的一种计算机数字控制技术。1965 年，美国的扎德（L. A. Zadeh）提出了模糊集合论；1973 年，他给出了模糊逻辑控制的定义和相关的定理。1974 年，英国的 E. H. Mamdani 首次根据模糊控制语句组成模糊控制器，并将它应用于锅炉和蒸汽机的控制，获得了实验室的成功。这一开拓性的工作标志着模糊控制论的诞生。

模糊控制实质上是一种非线性控制，从属于智能控制的范畴。模糊控制的一大特点是既有系统化的理论，又有大量的实际应用背景。模糊控制的发展最初在西方遇到了较大的阻力；然而在东方，尤其是日本，得到了迅速而广泛的推广应用。40 多年来，模糊控制不论在理论上还是技术上都有了长足的进步，成为自动控制领域一个非常活跃而又硕果累累的分支。其典型应用涉及生产和生活的许多方面，例如在家用电器设备中有模糊洗衣机、空调器、微波炉、吸尘器、照相机和摄录机等；在工业控制领域中有水净化处理、发酵过程、化学反应釜、水泥窑炉等；在专用系统和其他方面有地铁靠站停车、汽车驾驶、电梯、自动扶梯、蒸汽引擎以及机器人的模糊控制。

【任务知识点】

模糊控制原理

1965 年，美国学者扎德提出了模糊集合论，这种理论不同于传统的数学理论。人类通过自己的实践经验对设备加以控制，如果能用数学语言来描述这一过程，就能实现智能控制。模糊集合论的核心正是这样一个过程。

要将人类的思维转化为计算机可以识别的数字语言，首先要建立数学模型。模糊数学中，对于数学模型的建立主要包括了三个步骤，即模糊化、模糊规则的建立和清晰化。

（1）**模糊化**　模糊化就是将精确的数字量变为模糊的概念。例如：今天的温度是 20℃，人们首先理解为：今天天气凉爽。如果说气温为 35℃，那么人们会说：天气好热啊。上文中的具体温度是精确数值，是清晰的，而凉爽和热就是不清晰的，这就是模糊化。但如果说温度为 28℃，那么人们是感觉凉爽还是热呢，有的人认为凉爽，有的人认为热，界限就是不是那么分明了。为了解决这个过渡的过程，提出了隶属函数。

1）隶属函数的确定。隶属函数就是连续的清晰值隶属于一个模糊值的概率。还以上文的例子为例，人们可以这样理解：20℃属于凉爽的概率为1，那么25℃属于凉爽的概率就为0.6，而30℃属于凉爽的概率就为0。而同时，30℃属于热的范畴。可见，一个清晰值是可以同时隶属于多个模糊数值的。

这个隶属函数的概率可以用某些数学关系来表示，即隶属函数。隶属函数描述的是人类大脑对事物的主观认识，不同的人对事物的理解会有偏差，所以隶属函数的选择是有主观性的。这个主观性会直接影响隶属函数的选择，而隶属函数又是模糊理论的核心。隶属函数选择正确与否，直接关系到模型的精确性，这需要大量的经验总结。

隶属函数至今没有成熟的统一的方法，以后也不一定有，这是由其主观性质决定的。但为了反映事物的稳定性、渐变性与连续性，一般要求隶属函数可连续且对称。通常的隶属函数大体成单峰馒头形，且取成凸集。

经过前人总结，现在用得最多的方法有如下几种：

① 模糊统计法。通过人们对某种事物认识的大量调查，确定出模糊集合与某些元素属于某个模糊集合的隶属度。例如：经过对人数为 N 的调查，认为气温为30℃隶属于热的次数为 n，则将 n/N 理解为30℃气温对热的隶属度。

② 二元对比排序法。在一个论域的不同元素中，分别取两个元素进行对比，确定它们在一种状况下的顺序，继而获得在该状态下的隶属函数的大致形状，再用常用的隶属函数对该形状进行逼近。

③ 专家经验法。通过熟练操作人员或专家在实际应用中所获得的经验，对数据给予分析和推理，继而得出各个元素属于某个集合的隶属度。

④ 神经网络法。神经网络具有学习功能，把数据输入神经网络器后，经过训练，自动生成隶属函数。再将测试所得的数据进行检验，修改调整隶属函数的参数。

2）常用的隶属函数。

① 三角形，其解析函数为

$$f(x,a,b,c)=\begin{cases} 0; x\leq a \\ \dfrac{x-a}{b-a}; a\leq x\leq b \\ \dfrac{c-x}{c-b}; b\leq x\leq c \\ 0; x\geq c \end{cases} \tag{4-19}$$

式中，$a<b<c$，其函数坐标图如图4-20a所示。

② 梯形，其解析函数为

$$f(x,a,b,c,d)=\begin{cases} 0; x\leq a \\ \dfrac{x-a}{b-a}; a\leq x\leq b \\ 1; b\leq x\leq c \\ \dfrac{d-x}{d-c}; c\leq x\leq d \\ 0; x\geq d \end{cases} \tag{4-20}$$

式中，$a\leq b$ 且 $c\leq d$，其函数坐标图如图4-20b所示。

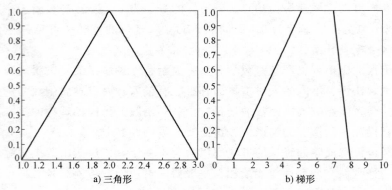

a) 三角形   b) 梯形

图 4-20   三角形与梯形函数坐标图

③ 高斯型，其解析函数为

$$f(x,\sigma,c) = e^{-\frac{(x-c)^2}{2\sigma^2}} \tag{4-21}$$

图 4-21a 显示了函数坐标图，其中，c 为函数坐标图横坐标中心，σ 的数值决定了坐标宽度。

④ 钟形，其解析函数为

$$f(x,a,b,c) = \frac{1}{1+\left|\dfrac{x-c}{a}\right|^{2b}} \tag{4-22}$$

图 4-21b 显示了函数坐标图，其中，c 为函数坐标图横坐标中心，a，b 的数值决定了函数形状。

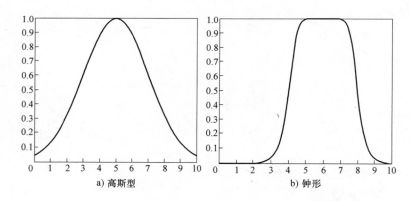

a) 高斯型   b) 钟形

图 4-21   高斯型与钟形函数坐标图

⑤ Sigmoid 型，其解析函数为

$$f(x,a,c) = \frac{1}{1+e^{-a(x-c)}} \tag{4-23}$$

其函数图像如图 4-22 所示，其中函数图像中心对称点为 $(a, 0.5)$，a 与 c 的数值决定函数图像的形状。

以上只是常用的几种隶属函数，通过这几种函数还可以构造出更多的隶属函数，例如 Z

形、Π 形、双高斯型等，这里不再一一列举。实际应
用中，常根据论域中元素的取值，凭借经验来获取隶
属函数的形状，继而采用合适的隶属函数。假如论域
中元素的取值很小，就采用 Z 形隶属函数；元素值偏
大，就采用 Sigmf 型、S 形；如果是元素的绝对值很
小，就采用形状结构对称的隶属函数，如钟形、Π
形、梯形等；反之采用倒置的梯形函数。

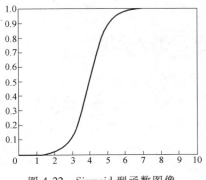

图 4-22　Sigmoid 型函数图像

实际上，由于受到多种因素影响，模糊控制中的
隶属函数选取模式与规则并不固定。与论域上的模糊
子集分布和隶属函数在相邻子集的重叠状况相比，隶
属函数的选择对控制的整体效果影响并不大。为了运
算方便，常选用前文所举例的几种常用的隶属函数，而且这几种函数在性能上比较容易被掌
握，也为隶属函数的选取提供了方便。系统的输入量和输出量都需要进行模糊化。

实际应用中，输入量与输出量都需进行模糊化。根据实际情况，选择变量论域与模糊子
集的个数。

（2）模糊规则的建立　模糊规则的作用是建立输入量与输出量的关系。模糊规则主要
有 T-s 型和曼达尼型。T-s 型的模糊规则一般形式是：如果输入是 X，则输出是 y。这里 X
是模糊量，而输出 y 是实际输出量，不必经过反模糊化。它的特点决定了 T-S 型是基于多
次实际测量所得的结果的总结，工作量十分巨大。而曼达尼型的模糊规则一般是：如果输入
是 X，则输出是 Y。输入输出都是模糊量，当然输入与输出可以是多个变量。这里使用的模
糊规则是：若 A 且 B，则 C。其蕴含关系为

$$R(a,b,c) = A(a) \Lambda B(b) \Lambda C(c) \tag{4-24}$$

若有 n 条模糊规则，则总的模糊关系为

$$R = R_1 \cup R_2 \cup R_3 \cup R_4 \cup \cdots \cup R_n = \bigcup_{j=1}^{n} R_j \tag{4-25}$$

最后，依据近似推理合成法则，可得输出的模糊输出为

$$C^* = (A^* \Lambda B^*) \circ R = (A^* \Lambda B^*) \circ \bigcup_{j=1}^{n} R_j = \bigcup_{j=1}^{n} (A^* \Lambda B^* \circ R_j) = \bigcup_{j=1}^{n} U_j \tag{4-26}$$

（3）清晰化　模糊控制所得的数据最终要成为计算机能够进行运算的数值，所以必须
把模糊量变为数字量，这就是清晰化，或者称为反模糊化。清晰化主要应用于输出量。清晰
化的方法很多，最常用的有面积重心法。

面积重心法就是将隶属函数曲线与横坐标所包围的面积的重心作为该横坐标的值，假设
一个论域上模糊集合 B 的隶属函数为 $B(u)$，其中 u 属于 U。再假设该区域的面积重心横坐
标为 m，则可由以下公式计算：

$$m = \frac{\int B(u) u \mathrm{d}u}{B(u) \mathrm{d}u} \tag{4-27}$$

如果论域离散，即 $U = \{u_1, u_2, u, \cdots, u_n\}$，则式（4-27）可变为

$$m = \frac{\sum_{j=1}^{n} u_j A(u_j)}{\sum_{j=1}^{n} A(u_j)} \tag{4-28}$$

这样就完成了清晰化，另外还有最大隶属度法、面积平分法等。

【任务实践】

1. 任务要求

本次任务研究倒立摆系统的数学模型推导。在忽略了空气阻力、各种摩擦力之后，可以将直线一级倒立摆系统抽象成小车和匀质杆组成的系统，如图 4-23 所示。

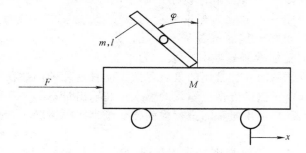

图 4-23　倒立摆系统

各参数符号的含义见表 4-3。

表 4-3　倒立摆系统各参数符号含义

参数	含　义	单位
M	小车质量	kg
m	摆杆质量	kg
l	摆杆转动轴线到杆质心的长度	m
I	摆杆惯量	kg·m²
F	加在小车上的力	N
x	小车位置	kg
φ	摆杆与垂直向上方向的夹角（$\varphi = \theta - \pi$）	rad
θ	摆杆与垂直向下方向的夹角（考虑到摆杆初始位置为竖直向下）	rad

2. 任务实施

图 4-24 所示为系统中小车和摆杆的受力分析图。其中，N 和 P 为小车与摆杆相互作用力的水平和垂直方向的分量。

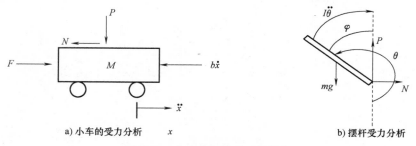

a) 小车的受力分析　　　　　　　　　b) 摆杆受力分析

图 4-24　小车和摆杆的受力分析

倒立摆的数学模型分析：根据图 4-23 所示的倒立摆系统简图，设计和分析其模糊控制器。下面给出该系统的微分方程为

$$-ml^2 \mathrm{d}\theta / \mathrm{d}t^2 + (mlg)\sin\theta = \tau = u(t) \tag{4-29}$$

式中，m 为摆杆的质量；l 为摆长；θ 为从垂直方向上的顺时针方向偏转角；$\tau = u(t)$ 为作用于杆的逆时针方向转矩，$u(t)$ 为控制作用，t 为时间；g 为重力加速度常数。

假设 $x_1 = \theta$，$x_2 = \mathrm{d}\theta / \mathrm{d}t$ 为状态变量，式（4-29）给出的非线性系统的状态空间表达式为

$$\mathrm{d}x_1 / \mathrm{d}t = x_2$$
$$\mathrm{d}x_2 / \mathrm{d}t = (g/l)\sin x_1 - (1/ml^2)u(t)$$

众所周知，当偏转角 θ 很小时，有 $\sin\theta = \theta$，这里所测得 θ 用弧度（rad）表示。可将状态空间表达式线性化，并得

$$\mathrm{d}x_1 / \mathrm{d}t = x_2$$
$$\mathrm{d}x_2 / \mathrm{d}t = (g/l)x_1 - (1/ml^2)u(t^2)$$

若所测 x_1 用度（°）表示，x_2 用弧度每秒（rad/s）表示，当取 $l = g$ 和 $m = 180/(\pi g^2)$ 时，线性离散时间状态空间表达式可用矩阵差分方程表达式

$$x_1(k+1) = x_1(k) + x_2(k)$$
$$x_2(k+1) = x_1(k) + x_2(k) - u(k)$$

在此问题中，设上述两变量的论域为 $-2° \leqslant x_1 \leqslant 2°$ 和 $-5\mathrm{rad/s} \leqslant x_2 \leqslant 5\mathrm{rad/s}$，则设计步骤如下：

1）对 x_1 在其论域上建立 3 个隶属度函数，即图 4-25 所示的正值（P）、零（Z）和负值（N）。然后，对 x_2 在其论域上也建立 3 个隶属度函数，即图 4-26 所示的正值（P）、零

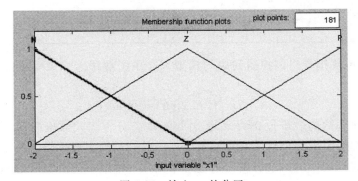

图 4-25 输入 x_1 的分区

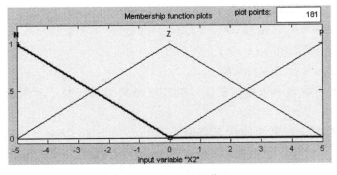

图 4-26 输入 x_2 的分区

（Z）和负值（N）。

2）为划分控制空间（输出），对 $u(k)$ 在其论域上建立 5 个隶属度函数，$-24 \leqslant u(k) \leqslant 24$，如图 4-27 所示，图上划分为 7 段，但在此问题中只用了 5 段。

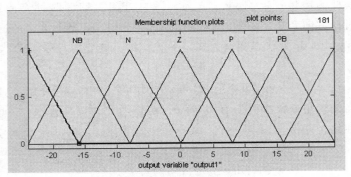

图 4-27　输出 u 的分区

3）用表 4-4 所示的 3×3 规则表的格式建立 9 条规则（即使可能不需要这么多）。本系统中为使倒立摆系统稳定，将用到 θ 和 $\mathrm{d}\theta/\mathrm{d}t$。表中的输出即为控制作用 $u(t)$。

表 4-4　模糊控制规则表

x_1 ＼ x_2	P	Z	N
P	PB	P	Z
Z	P	Z	N
N	Z	N	NB

4）用表 4-4 中规则导出该控制问题的模型，并用图解法来推导模糊运算。假设初始条件为

$$x_1(0) = 1° 和 x_2(0) = -4\mathrm{rad/s}$$

然后，在上例中取离散步长 $0 \leqslant k \leqslant 3$，并用矩阵差分方程式导出模型的 4 步循环式。模型的每步循环式都会引出两个输入变量的隶属度函数，规则表产生控制作用 $u(k)$ 的隶属度函数。用重心法对控制作用的隶属度函数进行精确化，用递归差分方程解得新的 x_1 和 x_2 值为开始，并作为下一步递归差分方程式的输入条件。

从表 4-4 有

$\text{If}(x_1 = \text{P})\,\text{and}(x_2 = \text{Z})\,,\,\text{then}(u = \text{P})$

$\text{If}(x_1 = \text{P})\,\text{and}(x_2 = \text{N})\,,\,\text{then}(u = \text{Z})$

$\text{If}(x_1 = \text{Z})\,\text{and}(x_2 = \text{Z})\,,\,\text{then}(u = \text{Z})$

$\text{If}(x_1 = \text{Z})\,\text{and}(x_2 = \text{N})\,,\,\text{then}(u = \text{N})$

$u(k)$ 的隶属度函数表示了控制变量 u 的截尾模糊结果的并。利用重心法精确化计算后的控制值为 $u = -2$。

在已知 $u = -2$ 控制下，系统的状态变为

$$x_1(1) = x_1(0) + x_2(0) = -3$$
$$x_2(1) = x_1(0) + x_2(0) - u(0) = -1$$

依次类推，可以计算出下一步的控制输出 $u(1)$。模糊控制器能够满足倒立摆的运动控制。

3. 任务评价

任务评价表见表 4-5。

表 4-5 任务评价表

项 目	目 标	分值	评分	得分
小车和摆杆的受力分析	能正确分析小车和摆杆的受力分析	20	不完整，每处扣 2 分	
建立三个隶属度函数	能正确建立三个隶属度函数	10	不规范，每处扣 2 分	
划分控制空间（输出）	能正确划分控制空间（输出）	30	不规范，每处扣 5 分	
模糊控制规则表	能正确画出模糊控制规则表	40	不规范，每处扣 5 分	
总分		100		

【任务拓展】

现有的交流伺服系统大都采用模拟控制，控制算法仅限于 PID 控制，有些也采用数字 PID 控制；但它们对于多变量、非线性、强耦合的交流伺服系统来说都有很大的局限性。近些年发展起来的 Fuzzy 控制不依赖被控对象的精确数学模型，具有超调小、鲁棒性强、能够克服非线性因素的影响等特点，但是它对信息的简单模糊化处理，将导致系统精度不能很高，同时对于一个二维的模糊控制器，控制器的输入端仅有被控量的偏差和偏差变化率，它实际上相当于一个变参数的 PD 控制，由于没有考虑积分作用，因而很难消除稳态误差。而 PID 控制由于得不到精确的数学模型，所以其动态性能较差，但其积分功能可以消除静差，可以使系统稳态性能变好。

鉴于交流伺服系统是一个非线性、强耦合的控制系统，若将两者结合起来，在控制过程中根据不同的情况区分对待，分别采用模糊和 PID 控制。这样，不仅保持了常规 PID 控制系统原理简单、鲁棒性强的优点，而且也发挥了模糊控制的适应性和灵活性。当在平衡位置附近（$|x| < R_f$）时，采用 PID 控制可以有效地提高系统的控制精度；当远离平衡位置（$|x| < R_f$）时，采用模糊控制算法可以有效地提高系统的动态特性。R_f 的值需要在实验中根据经验确定。模糊 PID 控制的伺服系统结构如图 4-28 所示。

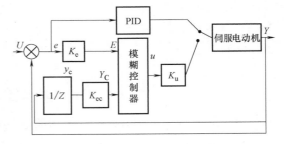

图 4-28 模糊 PID 控制的伺服系统结构

1. 交流伺服系统控制系统的基本原理

交流电动机伺服控制系统的基本原理如图 4-29 所示。系统通过给定的角位置命令信号与检测反馈电路测定的当前位置信号进行比较，求得位置偏差信号，经位置校正环节处理后，作为速度回路的给定信号，再与实际速度相比获得速度偏差，用交流伺服调速系统控制

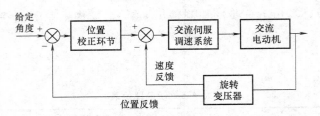

图 4-29　交流电动机伺服控制系统的基本原理

交流电动机的转速。

　　高性能交流伺服系统通常具有位置反馈、速度反馈和电流反馈的三闭环结构形式。其中，电流环和速度环均为内环。

　　电流环的作用是：①改造内环控制对象的传递函数，提高系统的快速性；②及时抑制电流环内部的干扰；③限制最大电流，使系统有足够大的加速转矩，并保障系统安全运行。

　　速度环的作用是：增强系统抗干扰的能力，抑制速度波动。

　　位置环的作用是：保证系统静态精度和动态跟踪的性能，这直接关系到交流伺服系统的稳定与高性能运行，而且它是反馈主通道，是整个交流伺服系统设计的关键。

　　交流电动机采用矢量控制原理进行变频调速，其基本原理是：以旋转空间矢量转子磁链为参考坐标，将定子电流分解为相互正交的两个分量，一个与磁链同向，表示定子电流励磁分量；另一个与磁链正交，表示电流转矩分量，然后分别进行独立控制。采用矢量控制的交流调速系统，其简化数学模型与直流电动机等效，因此系统的三闭环结构与直流三闭环调速系统相似。交流伺服系统的传递函数框图如图 4-30 所示。

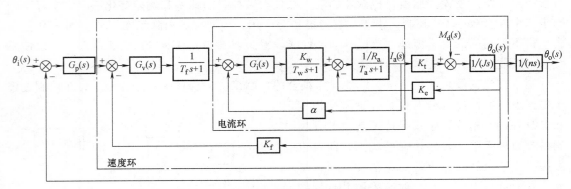

图 4-30　交流伺服系统的传递函数框图

　　图中，θ_o 为电动机输出转角；M_d 为负载阻转矩与电动机摩擦阻转矩之和；T_a 为电动机电磁时间参数；R_a、I_a 分别为电动机电枢回路的电阻和电流；J 为折合到电动机轴上的转动惯量；K_e 为电动机的反电动势系数；K_t 为电动机电磁转矩系数；K_f 为速度负反馈系数；n 为减速比；θ_i 为系统输入转角；α 为电流反馈系数；G_p、G_v、G_i 分别为位置、速度和电流的传递系数；T_f 为速度反馈时间常数；K_w 为电流反馈增益；T_w 为电流时间常数；s 为拉普拉斯算子。

　　由于矢量控制实现了异步电动机模型的解耦，电流环、速度环可采用常规的 PI 调节器。而伺服系统的位置调节器是反馈主通道，是整个交流伺服系统设计的关键，通常要求具有快速、无超调的响应特性。用常规的 PID 调节器很难满足这些要求，特别是位置环内存在许多不确定性，如模型参数的时变和对象特性的非线性以及众多的扰动因素，故将位置环设计成模糊 PID 控制器。

2. 电流环

由于系统具有脉宽调制（PWM）电压逆变器的环节和电动机定子、转子电感的作用，电流存在一定的惯性。电流环的主要作用是保持电枢电流在动态中不超出最大限值，因而在突加负载时不希望有超调或超调尽可能小。为此，可将电流环校正为典型 I 型系统。电流控制器为 PI 控制器，其传递函数 $G(s) = \dfrac{K_i(\tau_i s + 1)}{\tau_i s}$（此处，$K_i$、$\tau_i$ 分别为调节器比例系数和时间常数）。

如果 $\tau_i = T_a = L_a/R_a$（此处，L_a 为电动机电枢电感），那么电流环的开环传递函数为

$$G_o(s) = \frac{\alpha K_i K_w / R_a}{\tau_i s(T_w s + 1)}$$

闭环传递函数为

$$G_c(s) = \frac{K_i K_w / R_a}{T_w \tau_i s^2 + \tau_i s + \alpha K_i K_w / R_a} = \frac{\omega_{in}^2 / \alpha}{s^2 + 2\xi \omega_{in} s + \omega_{in}^2}$$

式中，ω_{in} 为电流环自然频率，且 $\omega_{in} = \sqrt{\dfrac{\alpha K_i K_w}{\tau_i R_a T_w}}$；$\zeta$ 为电流环阻尼比，且 $\zeta = \dfrac{1}{2}\sqrt{\dfrac{\tau_i R_a}{\alpha K_i K_w T_w}}$。

若选阻尼比 $\zeta = \dfrac{\sqrt{2}}{2}$，则 $\dfrac{1}{T_w} = \dfrac{2\alpha K_i K_w}{\tau_i R_a}$，由此可得 $\omega_{in} = \dfrac{1}{\sqrt{2} T_w}$。这样，电流环的有关参数应设计为 $\tau_i = T_a = L_a/R_a$；$\alpha \approx R_a$，调整电流控制器增益 $K_i K_w$，使电流环具有最佳阻尼比。

3. 速度环

因存在电枢电流负反馈，故电动机的反电动势可忽略不计，这主要是由测速发电机的谐波引起的。由于电流环的通频带很宽，等效时间常数比 T_f 至少小一个量级，因此可以将电流环传递函数简化为 $\dfrac{1/R_a}{2T_w s + 1}$。取速度环时间常数 $T_v = 2T_w + T_f$。

根据调速系统在稳态时无静差，在动态时应有较好抗扰动性能的要求，速度环可按典型 I 型系统校正，速度调节器采用 PI 调节，其传递函数 $G_v(s) = \dfrac{K_v(\tau_v s + 1)}{\tau_v s}$（此处，$K_v$、$\tau_v$ 分别为速度调节器比例系数和时间常数），由此可得速度环的开环传递函数为

$$G(s) = \frac{K_f K_v K_t(\tau_v s + 1)}{\tau_v R_a J s^2 (T_v s + 1)}$$

选择参数 $\tau_v = hT_v$（此处，h 为系统的中频段宽度，其值将直接影响系统的动态性能）。取 $h = 6$，且 $K_v = \dfrac{h+1}{2h^2 T_v^2} \cdot \dfrac{\tau_v R_a J}{K_f K_v K_\tau}$。

4. 位置环

将所设计的速度环作为位置环内的一个等效环节，与系统前向通道中的积分环节串联，构成了位置环的被控对象。

位置环的截止频率总是低于速度环截止频率，因此速度环传递函数可近似等效为 $\dfrac{K_n}{T_n s+1}$（此处，K_n、T_n 分别为速度环开环增益和开环时间常数），则位置环的开环传递函数为 $\dfrac{G_p(s)\,K_n}{T_n s+1}$（此处，$G_p$ 为位置环的开环增益）。

由于位置伺服系统对精度要求较高，位置环必须按 II 型系统校正。因此，位置调节器采用 PI 控制器，其传递函数 $G_p(s)=\dfrac{K_p(\tau_p s+1)}{\tau_p s}$（此处，$K_p$、$\tau_p$ 分别为位置调节器的比例系数和时间常数）。

位置环的开环传递函数为 $\dfrac{K_p(\tau_p s+1)}{s^2(T_n s+1)}$。设 $h=10$，按速度环的分析方法可确定参数。

【常见问题解析】

模糊控制规则的注意事项

（1）规则数量合理　控制规则的增加可以增加控制的精度，但是会影响系统的实时性；控制规则数量的减少会提高系统的运行速度，但是控制的精度又会下降。所以，需要在控制精度和实时性之间进行权衡。

（2）规则要具有一致性　控制规则的目标准则要相同。不同的规则之间不能出现相矛盾的控制结果。如果各规则的控制目标不同，会引起系统的混乱。

（3）完备性要好　控制规则应能对系统可能出现的任何一种状态进行控制。否则，系统就会有失控的危险。

仿真实验：机电气一体化系统控制实验

1. 实验目的

1）熟悉和了解气动控制的基本控制设备：气压表、电磁阀、阀岛和各种气缸。

2）熟悉和了解 PLC 控制的基本原理与操作：PLC 的基本控制原理、控制端子基本接线、功能配置与基本参数的设定。

3）掌握 PLC 程序的编制方法和基本命令的使用。

4）编写 PLC 实例控制程序，实现对龙门式机械手的控制，在实验过程中理解气电结合的控制系统的基本原理和构建方法。

2. 实验设备

1）控制柜（包括 PLC、变频器、控制按钮、状态显示灯、各种外接端子、专业连接导线）。

2）气动元件，包括气管、气压表、电磁阀、阀岛、气缸、气罐、气源处理装置等。

3）PLC 与 PC 专用通信电缆。

4）计算机。

5）PLC 编程软件。

6）由气缸和型材搭建的机械手。

7）气缸配置磁感应传感器。

3．实验原理

实验原理图如图 4-31 所示。

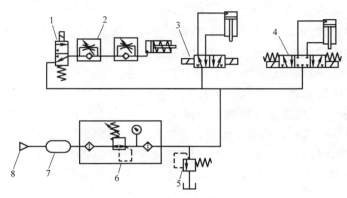

图 4-31　实验原理图

1—二位三通阀　2—单向节流阀　3—二位五通阀　4—三位五通阀

5—溢流阀　6—气源处理装置　7—气罐　8—气源

4．气动系统接线图

气动系统接线图如图 4-32 所示。

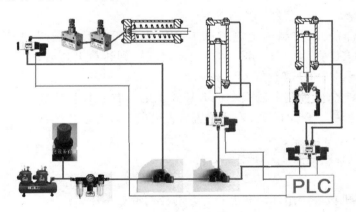

图 4-32　气动系统接线图

5．运动过程分析

系统动作状态与指示灯对照见表 4-6。

表 4-6　系统动作状态与指示灯对照表

状态	气缸控制电磁阀	气缸传感器指示灯	状态指示灯
右移	RHEM	HSE2	LP1
左移	LHEM	HSE1	LP2
上移	UVEM	VSE2	LP3
下移	DVEM	VSE1	LP4
松开	SVEM	SSE1	LP5
夹紧	JVEM	SSE2	LP6

（1）初始状态　初始时（系统加电或按复位按钮），横向气缸处于最左边，横向气缸左边传感器指示灯 HSE1 亮，且灯 LP2 亮，纵向气缸停在最上边，纵向气缸上边传感器指示灯 VSE2 亮且灯 LP3 亮，机械手松开，机械手松开气缸传感器 SSE1 亮，且灯 LP5 亮。

（2）动作顺序　按起动按钮，系统启动并自动运行；按停止按钮时，系统停止运行；按复位按钮时，系统恢复初始位置。

1）下移。纵向气缸控制向下电磁阀 DVEM 上电，气缸向下运动，灯 LP3 灭，到达位置后，纵向气缸下边传感器 VSE1 亮，且灯 LP4 亮。

2）夹紧。机械手夹紧气缸控制电磁阀 JVEM 上电，气缸向下运动，灯 LP5 灭，到达位置后，夹紧气缸下边传感器 SSE2 亮，且灯 LP6 亮。

3）上移。纵向气缸控制向上电磁阀 UVEM 上电，向下电磁阀 DVEM 失电，灯 LP4 灭，气缸向上运动，当纵向气缸到达最上边时，纵向气缸上边传感器 VSE2 亮且灯 LP3 亮。

4）右移。横向气缸控制电磁阀右位 RHEM 上电，左位 LHEM 断电，气缸向右边运动，灯 LP2 灭，到达位置后，横向气缸右传感器 HSE2 亮，且灯 LP1 亮。

5）下移。纵向气缸控制向下电磁阀 DVEM 上电，气缸向下运动，灯 LP3 灭，到达位置后，纵向气缸下边传感器 VSE1 亮，且灯 LP4 亮。

6）松开。机械手松开气缸控制电磁阀 SVEM 上电，夹紧气缸控制电磁阀 JVEM 失电，气缸向上运动，灯 LP6 灭，到达位置后，松开气缸上边传感器 SSE1 亮，且灯 LP5 亮。

7）上移。纵向气缸控制向上电磁阀 UVEM 上电，向下电磁阀 DVEM 失电，灯 LP4 灭，气缸向上运动，当纵向气缸到达最上边时，纵向气缸上边传感器 VSE2 亮且灯 LP3 亮。

8）左移。横向气缸控制电磁阀左位 LHEM 上电，右位 RHEM 断电，气缸向左边运动，灯 LP1 灭，到达位置后，横向气缸左边传感器 HSE1 亮，且灯 LP2 亮。

机械手动作流程图如图 4-33 所示。

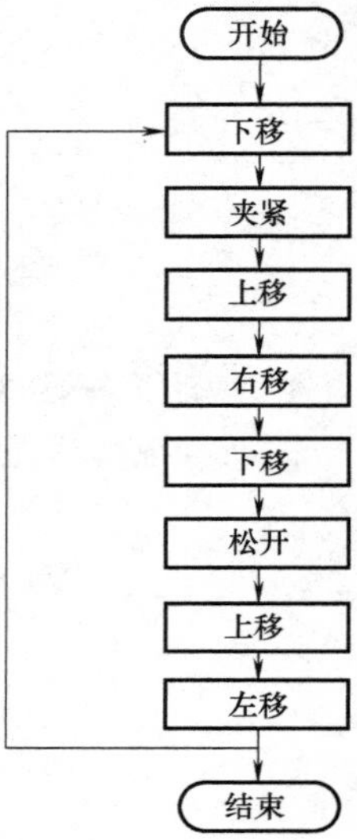

图 4-33　机械手动作流程图

6. 思考题

1）指出龙门机械手应用气动和电相结合的控制特点是什么？

2）为什么本龙门机械手的机械结构选择直角坐标型？

创新案例：遥控式汽车车位自动占位系统

1. 创新案例背景

不少车主都有一个相似的经历，自己的固定车位常常有不速之客占据，而只好另找车位。汽车车位占位系统用于占据车主合法拥有的露天开放式车位，解决车主的后顾之忧，而且有利于物业管理。

2. 创新设计要求

1）具有汽车占位功能，要求结构简单，采用柱形设计。

2）占位柱伸缩自如，到位后满足自锁条件。

3）能实现通过遥控器进行遥控控制。

3．设计方案分析

要实现占位功能，必须要有一个上下可以伸缩的装置，这部分可以通过机械装置来实现。机械装置的设计可以由以下几种方案来实现：①齿轮齿条式机构装置；②曲柄连杆式机构装置；③链轮链条式机构装置；④螺杆螺母式传动装置。前面三个方案均可以实现伸缩移动功能，但需附加一个锁位装置，即避免占位柱由于自重下落。经分析，螺杆螺母式传动装置，选择适当的螺纹升角，可以达到自锁作用，另外，螺杆转动可以通过电动机来带动，缺点是螺母需增加止转装置。综合比较，止转装置比锁位装置容易实现，结构更简单，螺杆螺母式传动装置运动平稳，电动机可直接与螺杆相连，直接驱动，总体方案垂直轴向布置，结构尺寸小，方案合理，故选第四方案。

4．技术解决方案

（1）机械设计

1）螺杆螺母传动机构设计（见表 4-7）。

表 4-7　螺杆螺母传动机构设计

参数名称	参数设计值	设计理由
螺杆头数	$Z = 1$	采用单头简单形式
螺杆直径选取	$d = 30\text{mm}$	占位柱直径限制及升程考虑因素
螺纹升程角	$\alpha = 10°$	$\tan\alpha = \dfrac{p}{\pi d}$ 及自锁要求（式中 p 为螺距）
螺纹类型	梯形螺纹	传递运动和动力
螺母厚度	80mm	按接触稳定需要

2）螺母止转结构设计（止转器）。螺母止转器俯视形状图如图 4-34 所示。

材料选择：为减轻重量采用非金属材料。

结构设计分析：利用垂直支承杆来实现螺母止转功能，配以"8"字形止转器，不需增加其他零件。

厚度尺寸：10mm。

3）总体设计。总体结构示意图如图 4-35 所示。

螺母 11 的止转是与之相固定的"8"字形止转器 12 和直线滑动轴承 13 相配合的，直线滑动轴承 13 沿支承杆 20 上、下直线移动，实现螺母 11 止转，使螺母 11 只带动占位柱 14 上下移动。占位柱 14 顶端装有顶灯 15，防止夜间行人、车辆误撞。

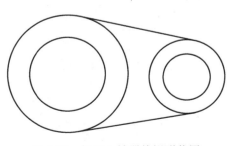

图 4-34　螺母止转器俯视形状图

（2）电子控制设计　通过手持式遥控器 4 给控制板 3 发送信号，控制与控制板 3 相连的直流电动机 1 的正反转，再由与电动机 1 相连的丝杠 10 驱动螺母 11 及与之相连的占位柱 14 上、下移动来实现功能。通过行程开关 18、19，实现上、下位到位后的停止动作。

5. 案例小结

本案例是人们典型的生活中密切相关的一个例子。学生要完成此案例，需进行必要的机械设计，要选择传动方案、传动参数，解决关键技术，突破设计瓶颈，如止转器的设计，力求结构简单、巧妙实用。该装置采用遥控电路的设计，更是本案例的一大亮点。

创新设计案例应用了机械设计理论、电子控制理论，实现了车位占位系统自动遥控功能，方案设计合理、实用。车主无需下车解锁或上锁，大大方便了车主；采用直流电源，提高了安全性、可靠性。经测试，本案例采用的 12V 电源，充电一次可满足正常使用两个月，充电只需打开电源箱盖，十分方便。

6. 实物作品

遥控式汽车车位自动占位系统实物如图 4-36 所示。

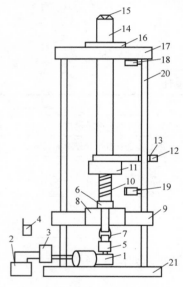

图 4-35　总体结构示意图

1—直流电动机　2—蓄电池　3—控制板　4—遥控器

5—电动机联轴节　6—丝杠联轴节　7—钢丝绳

8—滚动轴承　9—滚动轴承座　10—丝杠

11—螺母　12—止转器　13—直线滑动轴承

14—占位柱　15—顶灯　16—四孔圆盘

17—上固定盘　18—上行程开关　19—下

行程开关　20—支承杆　21—底座

图 4-36　遥控式汽车车位自动
占位系统实物

思考与练习

1. 什么是 PID 控制？

2. PID 调节应用非常广泛的主要原因有哪些？

3. PID 调试的一般原则是什么？

4. 什么是模糊控制？

项目5

简单机电一体化设备的技术与实践

【项目导学】

简单机电一体化设备作为一个完整的系统，具备了机电一体化的特征。本项目通过3个单独的机电一体化设备的例子，从机电设备的技术方面与实践应用角度进行了阐述。学生主要从机电如何结合方面来分析3个典型系统，从而找出机电结合的方法，并把握机电一体化技术发展和产品的未来趋势。

任务 5-1　认识 3D 打印机

【任务说明】

3D 打印机（见图 5-1）近年来得到应用领域的青睐。本任务通过对 3D 打印机的介绍，使读者进一步了解 3D 打印机的产品设计思维的变化、如何打印工作、可能的应用领域、新材料的革新与应用、未来发展趋势等。

【任务知识点】

1. 3D 打印定义

图 5-1　3D 打印机

3D 打印（3D printing）即快速成型技术的一种，它是一种以数字模型文件为基础，运用粉末状金属或塑料等可黏合材料，通过逐层打印的方式来构造物体的技术。3D 打印通常是采用数字技术材料打印机来实现的。过去，3D 打印常在模具制造、工业设计等领域被用于制造模型，现正逐渐用于一些产品的直接制造，已经有使用这种技术打印而成的零部件。该技术在汽车、航空航天、工业设计、建筑施工、珠宝、鞋类、医疗产业（包括牙科）、教育、地理信息系统以及其他领域都得到了应用。

2. 3D 打印机原理

3D 打印机是采用快速成型技术的机器，其内部结构如图 5-2 所示。

3D 打印机的结构和传统打印机基本一样，都是由控制组件、机械组件、打印头、耗材和介质等构成的，打印原理也是一样的。3D 打印机主要是在打印前在计算机上设计了一个完整的三维立体模型，然后再进行打印输出。它的原理是：把数据和原料放进 3D 打印机中，机器会按照程序把产品一层层打印出来。打印出的产品，可以即时使用。说得简单一点，打印时实质上是断层扫描的逆过程，断层扫描是把某个东西"切"成无数叠加的片，3D 打印机工作时就是一片一片地打印，然后叠加到一起，成为一个立体物体。3D 打印机原理如图 5-3 所示。

图 5-2　3D 打印机的内部结构

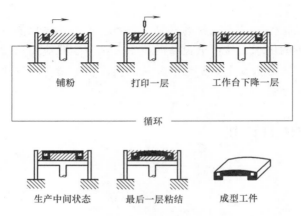

图 5-3　3D 打印机原理

3. 3D 打印机起源

3D 打印源自 100 多年前美国研究的照相雕塑和地貌成形技术，20 世纪 80 年代已有雏形，其学名为"快速成型"。最早的 3D 打印机如图 5-4 所示。在 20 世纪 80 年代中期，选择性激光烧结（SLS）被美国德克萨斯州大学奥斯汀分校的 C. R Deckard 博士开发出来并获得专利，项目由 DARPA 赞助。1979 年，类似过程由 RF Housholder 得到专利，但没有被商业化。1995 年，麻省理工学院创造了"三维打印"一词，当时的毕业生 Jim Bredt 和 Tim Anderson 修改了喷墨打印机方案，将把墨水挤压在纸张上的方案变为把约束溶剂挤压到粉末床的解决方案。

3D 打印机采用累积制造技术，通过打印一层层的黏合材料来制造三维的物体。现阶段 3D 打印机被用来制造产品。2003 年以来，3D 打印机的销量逐渐增大，价格也开始下降。科学家们表示，目前 3D 打印机的使用范围还很有限，不过在未来的某一天，人们一定可通过 3D 打印机打印出更实用的物品。

图 5-4　最早的 3D 打印机

本任务以 3D 打印机为例，详细分析其工作步骤、工作过程、原理、技术特性等。教师引导学生从以下三个方面去思考：

1) 3D 打印机逐层打印的方式改变了传统制造方法，既不同于传统的切削加工，又不同于传统的粉末冶金加工，是一种全新的制造理念，这种制造方法对人们的传统设计理念和方法会有什么影响？

2) 3D 打印机可能的应用领域有哪些？

3) 3D 打印机对材料有特殊要求，它对产品综合要求有哪些局限性？

1. 任务要求

1) 认识 3D 打印机，掌握其工作步骤。

2) 熟悉 3D 打印机的技术特性和工作过程。

3) 熟悉 3D 打印机材料的使用类型和特点。

4) 完成前文所述三个方面的思考题。

2. 任务实施

（1）3D 打印机的工作步骤　3D 打印机的工作步骤如下：先通过计算机建模软件建模，如果有现成的模型也可以，比如动物模型、人物或者微缩建筑等，然后通过 SD 卡或者 U 盘把它复制到 3D 打印机中，进行打印设置后，打印机就可以把它们打印出来。

3D 打印与激光成型技术一样，采用了分层加工、叠加成型来完成 3D 实体打印。每一层的打印过程分为两步：首先在需要成型的区域喷洒一层特殊胶水，胶水液滴本身很小，且不易扩散；然后是喷洒一层均匀的粉末，粉末遇到胶水会迅速固化黏结，而没有胶水的区域仍保持松散状态。这样在一层胶水一层粉末的交替下，实体模型就会被"打印"成型，打印完毕后，只要扫除松散的粉末即可"刨"出模型，而剩余粉末还可循环利用。

（2）3D 打印机三维设计　三维打印的设计过程是：先通过计算机建模软件建模，再将建成的三维模型"分区"成逐层的截面，即切片，从而指导打印机逐层打印。

设计软件和打印机之间协作的标准文件格式是 STL 文件格式。STL 文件使用三角面来近似模拟物体的表面。三角面越小，其生成的表面分辨率越高。斯坦福三角形数据格式（PLY）是一种通过扫描产生三维文件的扫描器，其生成的 VRML 或者 WRL 文件经常被用作全彩打印的输入文件。

（3）3D 打印机打印过程　3D 打印机通过读取文件中的横截面信息，用液体状、粉状或片状的材料将这些截面逐层地打印出来，再将各层截面以各种方式粘合起来从而制造出一个实体，这种技术的特点在于其几乎可以制造出任何形状的物品。

（4）3D 打印机的分辨率　3D 打印机打出的截面的厚度（即 Z 方向）以及平面方向即 X-Y 方向的分辨率是以 dpi（像素每英寸）或者 μm 来计算的。一般的厚度为 $100\mu m$，即 $0.1mm$，也有部分打印机如 Objet Connex 系列和三维 Systems' ProJet 系列可以打印出 $16\mu m$ 薄的一层。而平面方向则可以打印出跟激光打印机相近的分辨率。打印出来的"墨水滴"的直径通常为 $50\sim100\mu m$。用传统方法制造出一个模型，根据模型的尺寸以及复杂程度，通常需要数小时到数天，而用 3D 打印的技术则可以将模型的制造时间大幅缩短。

（5）3D 打印机与 2D 打印机的区别　3D 打印机和 2D 打印机的区别在于多了一个维度。日常见到的普通打印机通过 X、Y（X 轴是喷头移动方向，Y 轴是介质前后移动方向）两个坐标轴点确保打印图像的成像位置和计算机中设计的图样位置保持一致。Z 轴实际上是喷头与介质之间的间距上下移动方向。3D 打印机通过围绕 X、Y、Z 三点完成机械、电路、驱动程序的相关设计。

3D 打印是添加剂制造技术的一种形式，在添加剂制造技术中，三维对象是通过连续的物理层创建出来的。3D 打印机相对于其他的添加剂制造技术而言，具有速度快、价格便宜、高易用性等优点。3D 打印机就是可以"打印"出真实 3D 物体的一种设备，功能上与激光成型技术一样，采用分层加工、叠加成形，即通过逐层增加材料来生成 3D 实体，与传统的去除材料加工技术完全不同。由于 3D 打印分层加工的过程与喷墨打印机十分相似，因此称之为"打印机"。随着这项技术的不断进步，人们已经能够生产出与原型的外观、质感和功能极为接近的 3D 模型。

传统的制造技术如注塑法可以用较低的成本大量制造聚合物产品，而 3D 打印技术则可以用更快、更有弹性以及更低成本的办法生产数量相对较少的产品。一个桌面尺寸的 3D 打印机就可以满足设计者或概念开发小组制造模型的需要。

（6）3D 打印机的制作方法　3D 打印机的分辨率对大多数应用来说已经足够（在弯曲的表面可能会比较粗糙，像图像上的锯齿一样），要获得更高分辨率的物品可以通过如下方法：先用当前的三维打印机打出稍大一点的物体，再稍微经过表面打磨即可得到表面光滑的"高分辨率"物品。

有些技术可以同时使用多种材料进行打印，有些技术在打印的过程中还会用到支承物，比如在打印一些有倒挂状的物体时，就需要用到一些用易于除去的材料（如可溶的材料）制成的支承物。

（7）3D 打印机产品　2014 年 10 月 16 日，iBox Printers 公司宣布推出一款非常独特的 iBox Nano 3D 树脂指印机，它差不多只有婴儿脑袋那么大。iBox Nano 号称是世界上最小、最安静、携带方便、最实惠，只用电池供电的 3D 树脂打印机。该 3D 打印机使用基于数字光处理（DLP）的 3D 打印技术。

2013 年 12 月，华中科技大学史玉升科研团队经过十多年努力，实现重大突破，研发出当时全球最大的 3D 打印机。这一 3D 打印机可加工零件的长、宽最大尺寸均达到 1.2m。从理论上说，只要长、宽尺寸小于 1.2m 的零件（高度无需限制），都可通过这部机器"打印"出来。据介绍，由于这项技术将复杂的零件制造变为简单的由下至上的二维叠加，大大降低了设计与制造的复杂度，让一些传统方式无法加工的奇异结构制造变得快捷，一些复杂铸件的生产时间由传统的 3 个月缩短到 10 天左右；此外，在研发新产品过程中，该设备可根据图样快速做出样品，大大缩短研发周期。如今，该设备被国内外 200 多家用户购买使用，每台价格从几十万元到 200 多万元不等。

由大连理工大学参与研发的最大加工尺寸达 1.8m 的世界最大激光 3D 打印机进入调试阶段，其采用"轮廓线扫描"的独特技术路线，可以制作大型工业样件及结构复杂的铸造模具。这种基于"轮廓失效"的激光 3D 打印方法已获得两项国家发明专利。据介绍，该激光 3D 打印机只需打印零件每一层的轮廓线，使轮廓线上砂子的覆膜树脂炭化失效，再按照常规方法在 180℃ 加热炉内将打印过的砂子加热固化和后处理剥离，就可以得到原型件或铸模。这种打印方法的加工时间与零件的表面积成正比，大大提升打印效率，打印速度可达到一般 3D 打印的 5~15 倍。

（8）3D 打印机的技术特性　各 3D 打印技术的不同之处在于以不同层构建创建部件，并且以可用的材料的方式。一些方法利用熔化或软化可塑性材料的方法来制造打印的"墨水"，例如选择性激光烧结（Selective Laser Sintering，SLS）和混合沉积建模（Fused Deposition Modeling，FDM），还有一些技术是用液体材料作为打印的"墨水"的，例如立体平板印刷（又称为光敏液相固化法或光固化印刷，Stereolithography，SLA）和分层实体制造（Laminated Object Manufacturing，LOM）。每种技术都有各自的优缺点，因而一些公司会提供多种打印机以供选择。一般来说，主要的考虑因素是打印的速度和成本、3D 打印机的价格、物体原型的成本，还有材料以及色彩的选择和成本。可以直接打印金属的打印机价格昂贵。有时候人们会先使用普通的 3D 打印机来制作模具，然后用这些模具制作金属部件。

（9）主流 3D 打印技术简介

1）熔融沉积快速成型（Fused Deposition Modeling，FDM）。熔融沉积又叫熔丝沉积，它是将丝状热熔性材料加热融化，通过带有一个微细喷嘴的喷头挤喷出来。热熔材料融化后从喷嘴喷出，沉积在制作面板或者前一层已固化的材料上，温度低于固化温度后开始固化，通过材料的层层堆积形成最终成品。

在 3D 打印技术中，FDM 机器的机械结构最简单，设计也最容易，制造成本、维护成本和材料成本也最低，因此也是在家用的桌面级 3D 打印机中使用得最多的技术，而工业级 FDM 机器主要以 Stratasys 公司产品为代表。

FDM 技术的桌面级 3D 打印机主要以丙烯腈-丁二烯-苯乙烯共聚物（ABS）和聚乳酸（PLA）为材料，ABS 强度较高，但是有毒性，制作时臭味严重，必须拥有良好通风环境，此外热收缩性较大，影响成品精度；PLA 是一种生物可分解塑料，无毒性，环保，制作时几乎无味，成品形变也较小，所以国外主流桌面级 3D 打印机均以转为使用 PLA 作为材料。

FDM 技术的优势在于制造简单、成本低廉，基于 FDM 的桌面级 3D 打印机的成品精度通常为 0.3~0.2mm，少数高端机型能够支持 0.1mm 层厚。但是桌面级的 FDM 打印机出料结构简单，难以精确控制出料形态与成型效果，同时温度对于 FDM 效果的影响非常大，而桌面级 FDM 3D 打印机通常都缺乏恒温设备，因此成品效果依然不够稳定。此外，大部分 FDM 机型制作的产品边缘都有分层沉积产生的"台阶效应"，较难达到所见即所得的 3D 打印效果，所以在对精度要求较高的快速成型领域较少采用 FDM。

2）光固化成型（Stereo Lithigraphy Apparatus，SLA）。SLA 技术是最早发展起来的快速成型技术，也是研究最深入、技术最成熟、应用最广泛的快速成型技术之一。SLA 技术主要使用光敏树脂为材料，通过紫外光或者其他光源照射凝固成型，逐层固化，最终得到完整的产品。

SLA 技术的优势在于成型速度快、原型精度高，非常适合制作精度要求高、结构复杂的原型。使用 SLA 技术的工业级 3D 打印机，最著名的是 Objet 公司的 3D 打印机，能够支持超过 123 种感光材料，是目前支持材料种类最多的 3D 打印设备。

光固化快速成型是 3D 打印技术中精度最高，表面也最光滑的，Objet 系列最低材料层厚可以达到 16μm（0.016mm）。但是光固化快速成型技术也有两个不足，首先是光敏树脂原料有一定毒性，操作人员使用时需要注意防护，其次是光固化成型的原型在外观方面非常好，但是强度方面尚不能与真正的制成品相比，一般主要用于原型设计验证方面，然后通过一系列后续处理工序将快速原型转化为工业级产品。此外，SLA 技术的设备成本、维护成本和材料成本都远远高于 FDM 技术，因此，基于 SLA 技术的 3D 打印机主要应用在专业领域，桌面领域已有两个桌面级别 SLA 技术 3D 打印机项目启动，一个是 Form1，一个是 B9，相信不久的将来，会有更多低成本的 SLA 桌面 3D 打印机面世。

3）三维粉末黏结（Three Dimensional Printing and Gluing，3DP）。3DP 技术由美国麻省理工学院开发成功，原料使用粉末材料，如陶瓷粉末、金属粉末、塑料粉末等，3DP 技术的工作原理是，先铺一层粉末，然后使用喷嘴将黏合剂喷在需要成型的区域，让材料粉末黏结，形成零件截面，然后不断重复铺粉、喷涂、黏结的过程，层层叠加，获得最终打印出来的零件。

3DP 技术的优势在于成型速度快、无需支承结构，而且能够输出彩色打印产品，这是其他技术难以实现的。3DP 技术的典型设备是 3DSystems 旗下 Zcorp 的 Zprinter 系列，也是 3D 照相馆使用的设备，Zprinter 的 Z650 打印出来的产品最大可以输出 39 万色，色彩方面非常丰富，也是在色彩外观方面，打印产品最接近于成品的 3D 打印技术。

但是 3DP 技术也有不足，首先粉末黏结的直接成品强度并不高，只能作为测试原型，其次由于粉末黏结的工作原理，成品表面不如 SLA 光洁，精细度也处于劣势，所以一般为了产生拥有足够强度的产品，还需要一系列的后续处理工序。此外，由于制造相关材料粉末的技术比较复杂，成本较高，所以 3DP 技术主要应用在专业领域。

4）选择性激光烧结（Selecting Laser Sintering，SLS）。该工艺由美国德克萨斯大学提出，并于 1992 年开发了商业成型机。SLS 技术利用粉末材料在激光照射下烧结的原理，由计算机控制层层堆结成型。SLS 技术同样是使用层叠堆积成型，所不同的是，它首先铺一层粉末材料，将材料预热到接近熔点，再使用激光在该层截面上扫描，使粉末温度升至熔点，然后烧结形成黏结，接着不断重复铺粉、烧结的过程，直至完成整个模型成型。

激光烧结技术可以使用非常多的粉末材料，并制成相应材质的成品，激光烧结的成品精度好、强度高，但是最主要的优势还是在于金属成品的制作。激光烧结可以直接烧结金属零件，也可以间接烧结金属零件，最终成品的强度远远优于其他 3D 打印技术。SLS 产品中最知名的是德国 EOS 的 M 系列。

激光烧结技术虽然优势非常明显，但是也同样存在缺陷，首先粉末烧结的表面粗糙，需要后期处理，其次使用大功率激光器，除了本身的设备成本，还需要很多辅助保护工艺，整体技术难度较大，制造和维护成本非常高，普通用户无法承受，所以应用范围主要集中在高端制造领域，而尚未有桌面级 SLS 3D 打印机开发的消息，要进入普通民用领域，可能还需要一段时间。

3. 任务评价

任务评价表见表 5-1。

表 5-1   任务评价表

项 目	目 标	分 值	评 分	得 分
叙述 3D 打印机的工作步骤	能正确、全面说明	20	不完整,每处扣 2 分	
说明 3D 打印机的技术特性、工作过程	能正确、全面说明	20	不完整,每处扣 2 分	
分析 3D 打印机对材料的特殊要求及对产品综合要求的局限性	分析全面、正确、详尽	40	不完整,每处扣 4 分	
描绘 3D 打印机的未来发展	能发挥想象能力,不设标准	20	不合理,每处扣 2 分	
总分		100		

【任务拓展】

3D 打印领域发展迅猛,从巨型的房屋打印机到微型的纳米级细胞打印机,各种新技术层出不穷,但是主要集中在专业领域,民用市场还是以简单架构的 FDM 为主,无论效果还是精度都差强人意,人们期待随着技术发展和成本降低,桌面级 3D 打印机也能够真正实现所见即所得的打印效果,那时候,3D 打印改变世界将不再是一个梦想。

科学家们正在利用 3D 打印机制造诸如皮肤、肌肉和血管片段等简单的活体组织,期待将来有一天人们能够制造出像肾脏、肝脏甚至心脏这样的大型人体器官。如果生物打印机能够使用病人自身的干细胞,那么器官移植后的排异反应将会减少。人们也可以打印食品,康奈尔大学的科学家们已经成功打印出了杯形蛋糕。

3D 打印的价值体现在想象力驰骋的各个领域,3D 打印正让"天马行空"转变为"脚踏实地"的可能,人们利用 3D 打印为自己所在的领域贴上了个性化的标签。3D 打印行业的发展犹如其定义本身,始终凸显着"创新突破"这一关键特质。

1. 创新突破的体现

(1) 3D 打印应用领域扩展延伸   3D 打印的优势在 2011 年被应用于生物医药领域,利用 3D 打印进行生物组织直接打印的概念日益受到推崇。比较典型的包括 Open3DP 创新小组宣布 3D 打印在打印骨骼组织上的应用获得成功,利用 3D 打印技术制造人类骨骼组织的技术已经成熟;哈佛大学医学院的一个研究小组则成功研制了一款可以实现生物细胞打印的设备;另外,利用 3D 打印制造人体器官的尝试也正在研究中。

随着 3D 打印材料的多样化发展以及打印技术的革新,3D 打印不仅在传统的制造行业体现出非凡的发展潜力,同时其魅力更延伸至食品制造、服装奢侈品、影视传媒以及教育等多个与人们生活息息相关的领域。

利用 3D 打印技术改善艺术及生活的例子屡见不鲜。例如荷兰时尚设计师 Iris van Herpen 利用 3D 打印技术展示了自己的服装设计作品,这些服装作品全部使用 3D 打印机一次成型。通过 3D 打印技术制造的服装,突破了传统服装剪裁的限制,帮助设计师完整地展现其灵感。而在 Cornell 大学的一个项目中,研究团队制造了一台 3D 打印机用于打印食物,展现了烹调的独特方式。其优势在于能够精确控制食物内部材料的分布和结构,将原本需要经验和技术的精细烹调转换为电子屏幕前的简单设计。

（2）3D打印速度、尺寸及技术日新月异　在速度突破上，2011年，个人使用3D打印机的速度已突破了送丝速度300mm/s的极限，达到350mm/s。在体积突破上，3D打印机的体积为适合不同行业的需求，也呈现"轻盈"和"大尺寸"的多样化选择。目前已有多款适合办公室打印用的小巧3D打印机，并在不断挑战"轻盈"极限，为未来进入家庭奠定基础。

在维也纳技术大学的一个研究项目中，项目团队设计了迄今为止世界上最小的3D打印设备，并且降低了打印设备的制造成本，也有望未来进驻家庭。在"大尺寸"领域，德国一家3D打印公司发布了4000mm×2000mm×1000mm尺寸的3D打印机，该款大尺寸3D打印机使打印大尺寸部件一次成型成为可能。

3D打印技术日新月异，在2011年雷克萨斯（LEXUS）对外发布了新3D打印技术，该技术基于高科技循环编织技术，使用激光进行3D打印，能够以编织的方式制作复杂的3D模型。据国外媒体报道，对于大多数消费者来说，3D打印机可以算是一种奢侈品。

（3）设计平台革新　基于3D打印民用化普及的趋势，3D打印的设计平台正从专业设计软件向简单设计应用发展，其中比较成熟的平台有基于Web的3D设计平台3D Tin，另外，微软、谷歌以及其他软件厂商也相继推出了基于各种开放平台的3D打印应用，大大降低了3D设计的门槛，甚至有的应用已经可以让普通用户通过类似玩乐高积木的方式设计3D模型。

（4）色彩绚烂形态逼真　3D打印机的创造物除了色彩丰富之外，也相当精美。Warner说道："目前为止，大多数创造物的最高分辨率为100μm。但是我们能够以25μm的分辨率进行打印，创造出非常光洁的表面。"打印出色彩逼真而且没有任何毛刺的物体，不仅会受到3D打印发烧友的喜爱，也会受到普通消费者的欢迎。Mike Duma说道："其中一个有趣的推广就是家庭使用，我们把它称为家庭实用替代物。当你想要灯泡或者任何有着塑料支架的东西时，它们都可以打印出来。家庭用户也可以使用打印机打印玩具和临时需要的东西，25μm的分辨率甚至可以让你使用足够牢固的材料来打印义齿。"

2. 未来趋势

电影《十二生肖》中，成龙饰演的主角佩戴了专业扫描手套来扫描影片中十二生肖铜像，另外一边通过专业设备将所扫描的铜像完美打印，看似很科幻不切实际，其实，影片中出现的专业设备就是目前流行的3D打印技术，对于曾经来说这类技术可能属于试验阶段的产品，对于技术高速发展的时代来说，已经有国产品牌推出万元内3D打印机产品，并且还在北京首家3D打印机体验馆——北京DRC工业设计创意产业基地中进行了展示。

打印机是一款一直被定义于办公用户的产品，但人们却觉得3D打印机并不属于办公用品，而是一款生活中常会使用到的家电产品，为什么说3D打印机是款家电产品呢？可以大胆假设下，如果生活中安装某设备，突然发现少了一颗螺钉，正常情况下可能会去五金店里配，但有了3D打印机之后，就完全可以在家中打印一个相符的螺钉，用户无须出门就能解决困扰。另外，用户也可通过3D打印机制作DIY产品，比如在网络上看见非常别致的装饰品，在得到授权的情况下就可通过3D打印机将其打印出来，而生活中会使用到3D打印机的机会当然不止这些。

【常见问题解析】

1. 价格制约因素

对于桌面级3D打印机来说，由于仅能打印塑料产品，因此使用范围非常有限，而且对于家庭用户来说，3D打印机的使用成本仍然很高。因为在打印一个物品之前，人们必须会懂得3D建模，然后将数据转换成3D打印机能够读取的格式，最后再进行打印。

2. 原材料限制

3D打印不是一项高深艰难的技术。它与普通打印的区别就在于打印材料，以色列的Objet公司是掌握最多种打印材料的公司。它已经可以使用14种基本材料并在此基础上混搭出107种材料，各种材料的混搭使用、上色也已经是现实。但是，这些材料种类与人们生活的大千世界里的材料相比，还相差甚远。不仅如此，这些材料的价格便宜的几百元一千克，最贵的要每千克四万元左右。

3. 成像精细度（分辨率）不够

3D打印是一层层来制作物品，如果想把物品制作得更精细，则需要每层厚度减小；如果想提高打印速度，则需要增加层厚，而这势必影响产品的精度质量。若生产同样精度的产品，同传统的大规模工业生产相比，没有成本上的优势，尤其是考虑时间成本、规模成本之后。

4. 社会成本风险

如同核反应既能发电，又能破坏一样，3D打印技术在初期就让人们看到了一系列隐忧，而未来的发展也会令不少人担心。如果什么都能彻底复制，想到什么就能制造出什么，听上去很美的同时，也着实让人恐惧。

5. 整个行业暂无标准，短期难以形成产业链。

21世纪3D打印机生产商百花齐放。3D打印机缺乏标准，同一个3D模型给不同的打印机打印，所得到的结果是大不相同的。此外，打印原材料也缺乏标准，3D打印机厂商都想让消费者买自己提供的打印原料，这样他们能获取稳定的收入。这样做虽然可以理解，毕竟普通打印机也走这一模式，但3D打印机生产商所用的原料一致性太差，从形式到内容千差万别，这让材料生产商很难进入，研发成本和供货风险都很大，难以形成产业链。表面上是3D打印机捆绑了3D打印材料，事实上却是材料捆绑了打印机，非常不利于降低成本和抵抗风险。

6. 意料之外的工序：准备工序及后处理工序

很多人以为3D打印就是计算机上设计一个模型，不管多复杂的内面、结构，摁一下按钮，3D打印机就能打印一个成品。这个印象其实不正确。真正设计一个模型，特别是一个复杂的模型，需要大量的工程、结构方面的知识，需要精细的技巧，并根据具体情况进行调整。用塑料熔融打印来举例，如果在一个复杂部件内部没有设计合理的支承结构，打印的结果很可能是会变形的。后期的工序也通常避免不了。媒体将3D打印描述成打印完毕就能直接使用的神器，可事实上制作完成后还需要一些后续工艺，如打磨、烧结、组装、切割等，这些过程通常需要大量的手工工作。

7. 缺乏革命性产品及设计

都说 3D 打印能给人们巨大的生产自由度，能生产前所未有的东西。可直到近年来，工业级别的产品还很少。目前多应用于制作小规模的饰品、艺术品以及逆向工程，但要谈到大规模工业生产，3D 打印还不能取代传统的生产方式。如果 3D 打印能生产别的工艺所不能生产的产品，而这种产品又能极大提高某些性能，或能极大改善生活的品质，这样或许能更快地促进 3D 打印机的普及。

任务 5-2　小型智能绘图仪

【任务说明】

小型智能绘图仪是典型的机电一体化系统产品，它包括机械设计、电子控制设计两部分。以小型笔式绘图仪为例，模块化的小幅面平板式画笔驱动系统，通常由导轨座、移动滑块、工作平台、滚珠丝杠副以及伺服电动机等部件组成。其外观示意图如图 5-5 所示。其中，伺服电动机作为执行元件用来驱动滚珠丝杠，滚珠丝杠的螺母带动滑块和工作平台在导轨上运动，完成工作台在 X 方向的直线移动，调动画笔的高度从而实现直线的生成。

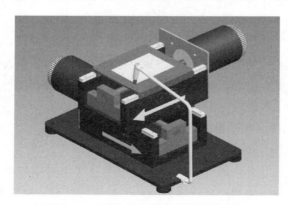

图 5-5　小型笔式绘图仪的外观示意图

【任务知识点】

1. 绘图仪

绘图仪是一种自动化绘图的设备，可使计算机的数据以图形的形式输出。笔式绘图仪的笔可在 X、Y 两个方向自由移动，并可放下或抬起，从而在平面上绘出图形。绘图仪一般由驱动电动机、插补器、控制电路、绘图台、笔架、机械传动等部分组成。绘图仪除了必要的硬件设备之外，还必须配备丰富的绘图软件。只有软件与硬件结合起来，才能实现自动绘图。软件包括基本软件和应用软件两种。

2. 绘图仪种类

绘图仪的种类很多，按结构和工作原理可以分为滚筒式和平台式两大类。

（1）滚筒式绘图仪　当 X 向步进电动机通过传动机构驱动滚筒转动时，链轮就带动绘图纸移动，从而实现 X 方向运动。Y 方向的运动，是由 Y 向步进电动机驱动笔架来实现的。这种绘图仪结构紧凑，绘图幅面大，但它需要使用两侧有链孔的专用绘图纸。

（2）平台式绘图仪　绘图平台上装有横梁，笔架装在横梁上，绘图纸固定在平台上。X 向步进电动机驱动横梁连同笔架，做 X 方向运动；Y 向步进电动机驱动笔架沿着横梁导轨，做 Y 方向运动。绘图纸在平台上的固定方法有三种，即真空吸附、静电吸附和磁条压紧。平台式绘图仪的绘图精度高，对绘图纸无特殊要求，应用比较广泛。

绘图仪从原理上分类，可分为笔式、喷墨式、热敏式、静电式等。

3. 绘图仪发展史

自动绘图仪行业发展技术的创新起源于 1959 年，美国加州电脑图形设备公司发明了世界上第一台数字电路的绘图仪，有力地促进了绘图仪设计技术的发展和新产品的迅速更新换代。20 世纪 90 年代以来，由于计算机技术的飞速发展，推动了绘图仪控制技术更快地更新换代，世界上许多绘图仪系统生产厂家利用 PC 丰富的软硬件资源开发了开放式体系结构的新一代控制系统的绘图仪。开放式体系结构使绘图仪有更好的通用性、柔性、适应性、扩展性，并向智能化、网络化方向发展。

【任务实践】

本任务要求学生设计一个简易的小型绘图仪。设计所用的导轨副、滚珠丝杠副和伺服电动机等均已标准化，由专门厂商生产，设计时只需根据工作载荷选取即可。控制系统根据需要，可以选用标准的工业控制计算机，也可以设计专门的微机控制系统。学生需要思考的是，采用什么控制方法来保证绘图机的绘图精度以及控制装置的选择。实践项目应列出详尽的设计过程，有条件的学校可以购买相应的制作配件进行设计制作。学生可从以下三个方面去思考：

1）小型智能绘图仪作为一个系统，应进行总体设计方案的比较与分析，为什么选择此方案？初步树立"系统设计"思路是什么？

2）机电一体化系统的机械传动设计与传统机械传动设计有何不同？小型智能绘图仪使用何种传动部件才能保证传动精度？

3）在控制方式上，如何选择电动机才能保证控制精度满足要求？步进电动机和伺服电动机的区别有哪些？单片机控制的原理和方式是什么？

1. 任务要求

本任务是进行小型绘图仪驱动系统设计。主要设计参数要求如下：工作台面尺寸为 $600\text{mm} \times 600\text{mm}$，可绘图范围为 $210\text{mm} \times 297\text{mm}$（A4 图纸）。$X$、$Y$ 方向的定位精度均为 $\pm 0.2\text{mm}$。

学生应做到以下要求：

1）学习机电一体化系统总体设计方案拟定、分析与比较的方法。

2）通过对机械系统的设计掌握几种典型传动元件与导向元件的工作原理、设计计算方法与选用原则。齿轮同步带减速装置、蜗杆副、滚珠丝杠副、直线滚动导轨副等。

3）通过对进给伺服系统的设计，掌握常用伺服电动机的工作原理、计算选择方法与控制驱动方式，学会选用典型的位移速度传感器，如交流步进伺服进给系统、增量式旋转编码器、直线光栅等。

4）通过对控制系统的设计，掌握一些典型硬件电路的设计方法和控制软件的设计思路；如控制系统选用原则、CPU选择、A-D转换器与D-A转换器配置、键盘与显示电路设计等，以及控制系统的管理软件、伺服电动机的控制软件等。

5）培养学生独立分析问题和解决问题的能力，学习并初步树立"系统设计"的思路。

6）锻炼提高学生应用手册和标准、查阅文献资料以及撰写科技论文的能力。

2. 任务实施

（1）方案制订

1）导轨副选用。要设计的 X-Y 工作台是用来配套轻型的画笔的，需要承受的载荷非常小，但脉冲当量小、定位精度高，因此，决定选用直线滚动导轨副，它具有摩擦系数小、不易爬行、传动效率高、机构紧凑、安装预紧方便等优点。

2）丝杠副选用。伺服电动机的旋转运动需要通过丝杠副转换成直线运动，要满足 ± 0.2mm 的定位精度，滑动丝杠副无能为力，只有选择滚珠丝杠副才能达到。滚珠丝杠副的传动精度高、动态响应快、运转平稳、寿命长、效率高，预紧后可消除反向间隙。

3）伺服电动机选用。本设计规定的脉冲当量尚未达到0.001mm，定位精度也未达到微米级，最快移动速度也不高。因此，本设计不必采用高档次的伺服电动机，如交流伺服电动机或直流伺服电动机等，可以选用性能好一些的步进电动机，如混合式步进电动机，以降低成本，提高性价比。

4）联轴器的选用。由于系统的对中性要求较高，因此决定选用刚性联轴器，具有结构简单、制造成本低等优点。考虑到工作载荷不大，拟选用套筒联轴器，其具有结构简单、制造容易、径向尺寸小的优点。

5）检测装置的选用。选用步进电动机作为伺服电动机后，可选开环控制，也可选闭环控制。任务所给的精度对于步进电动机来说不是很高，决定采用开环控制。

6）控制系统的设计。设计的驱动系统只有单坐标定位，所以控制系统应该设计成连续控制型。对于步进电动机的开环控制，选用MCS-51系列的AT89C51，应该能够满足设计任务书给定的相关指标。要设计一套完整的控制系统，在选择CPU之后，还需要扩展键盘与显示电路、I/O接口电路、D-A转换电路、串行接口电路等，选择合适的驱动电源，与步进电动机配套使用，考虑到 X、Y 两个方向的工作范围相差不大，承受的载荷也相差不多，为了减少设计工作量，X、Y 两个坐标的导轨副、丝杠副、伺服电动机、检测装置拟采用相同的型号与规格。

（2）机械传动设计

1）滚珠丝杠副的选型与计算。

① 确定滚珠丝杠副的导程 P_h。根据传动关系图及传动条件，查《机床设计手册》取滚珠丝杠副的导程 $P_h = 10$mm。

② 滚珠丝杠副的载荷及转速计算。

a. 最小载荷 F_{min}。选机器空载时滚珠丝杠副的传动力，根据工作台尺寸确定其质量为25kg，由滚动导轨副的摩擦系数 $f = 0.005$ 得

$$F_{min} = fG = 0.005 \times 25 \times 9.8N = 1.225N$$

b. 最大载荷 F_{max}。选机器承受最大负荷时滚珠丝杠副的传动力。

$$F_{max} = F_1 + f(F_2 + G) = 2000\text{N} + 0.005 \times (1500 + 25 \times 9.8)\text{N} = 2008.725\text{N}$$

c. 滚珠丝杠副的当量转速 n_m 及当量载荷 F_m。当负荷与转速接近正比变化，各种转速使用机会均等时，可采用下列公式计算：

$$n_m = (n_{max} + n_{min}) \div 2 = [(2 \div 0.01) + (0.4 \div 0.01)]\text{r/min} \div 2 = 120\text{r/min}$$

$$F_m = (2F_{max} + F_{min}) \div 3 = (2 \times 2008.725 + 1.225)\text{N} \div 3 = 1339.56\text{N}$$

③ 确定预期额定动载荷。根据要求选取各系数，轻微冲击负荷系数 $f_w = 1.5$；精度1、2、3级时，选精度系数 $f_a = 1.0$；一般情况下可靠性系数 $f_c = 1.0$，选预期工作时间 $L_h = 22000\text{h}$，由公式得

$$C_{am} = \sqrt[3]{\frac{60n_m L_h}{10^6}} \cdot \frac{f_w F_m}{f_a f_c} = \sqrt[3]{\frac{60 \times 120 \times 22000}{10^6}} \times \frac{1.5 \times 1339.56}{1.0 \times 0.44}\text{N} = 24708.8\text{N}$$

④ 按精度要求确定允许的滚珠丝杠的最小螺纹底径 d_{2m}。

a. 估算滚珠丝杠的最大允许轴向变形量 δ_m。机床或机械装置伺服系统精度大多在空载下检验。空载时作用在滚珠丝杠副上的最大轴向工作载荷是静摩擦力 F_0。移动部件在综合拉压刚度 K_{min} 处起起动和反向时，由于 F_0 方向变化将产生误差 $2F_0/K_{min}$（又称摩擦死区误差），它是影响重复定位精度的最主要因素，一般占重复定位精度的 $1/2 \sim 2/3$。本任务重复定位精度为 0.01mm，所以规定滚珠丝杠副允许的最大轴向变形为

$$\delta_m = \frac{F_0}{K_m} \approx (1/4 \sim 1/3) \times 0.01\text{mm} = 0.0025 \sim 0.0034\text{mm}$$

影响定位精度的最主要因素是滚珠丝杠副的精度，其次是滚珠丝杠本身的拉压弹性变形（因为这种弹性变形随滚珠螺母在滚珠丝杠上的位置变化而变化）以及滚珠丝杠副摩擦力矩的变化等。一般估算时 $\delta \leqslant (1/5 \sim 1/4) \times$ 定位精度，即

$$\delta_m \leqslant (1/5 \sim 1/4) \times \text{定位精度} = 0.004 \sim 0.005\text{mm}$$

以上两种方法估算的小值取作 δ_m 值，即 $\delta_m = 0.0025\text{mm}$。

b. 估算滚珠丝杠副的底径 d_{2m}。由滚珠丝杠副的安装方式（两端固定）得

$$d_{2m} \geqslant 10\sqrt{\frac{10F_0 L}{\pi \delta_m E}} = 0.039\sqrt{\frac{F_0 L}{\delta_m}}$$

式中，F_0 为导轨静摩擦力（N）；E 为杨式弹性模量，$E = 2.1 \times 10^5 \text{N/mm}^2$；$L$ 为两个固定支承之间的最大距离（mm）；$L = (1.1 \sim 1.2) \times \text{行程} + (10 \sim 14)P_h = 1.2 \times 500\text{mm} + 12 \times 10\text{mm} = 720\text{mm}$，所以

$$d_{2m} = 0.039 \times \sqrt{\frac{1.225 \times 720}{0.0025}}\text{mm} = 23.16\text{mm}$$

⑤ 确定滚珠丝杠副的规格代号。根据传动方式及使用情况确定滚珠螺母型式。按照 P_h、C_{am} 可在手册中先查出对应的滚珠丝杠底径 d_2 和额定动载荷 C_a（应注意 $d_2 \geqslant d_{2m}$、$C_a \geqslant C_{am}$，但不宜过大，否则会使滚珠丝杠副的转动惯量偏大，结构尺寸也偏大），接着再确定公称直径、循环圈数、滚珠螺母的规格代号及有关的安装连接尺寸。根据条件 $d_2 \geqslant d_{2m}$、$C_a \geqslant C_{am}$，选用滚珠丝杠副的型号为 3210-5，公称直径 $d_0 = 34.7\text{mm}$，$d_1 = 32.5\text{mm}$，$d_2 = 24.7\text{mm}$，$C_a = 39.7\text{kN}$。

⑥ 对预紧滚珠丝杠副，确定其预紧力 F_b。F_b 可由最大轴向工作载荷 F_{max} 确定，即

$$F_b = \frac{1}{3}F_{max} = \frac{1}{3} \times 2008.725N = 669.575N$$

⑦ 滚珠丝杠副工作图设计。确定滚珠丝杠副的螺纹长度 $L_s = L_u + 2L_e$，因 $L_e = 40mm$，$L_u = $ 有效行程 + 螺母长度 $= 500mm + 8P_h = 580mm$，得 $L_s = (580+80)mm = 660mm$。

⑧ 滚珠丝杠螺母的安装连接尺寸。

螺母外径 $D_1 = 40mm$，螺母凸缘外径 $D = 66mm$，螺栓孔中心 $D_4 = 53mm$，螺母长度 $L_1 = 80mm$，螺母凸缘宽度 $B = 11mm$，螺栓沉孔深度 $h = 9mm$。

2）电动机的选型与计算。

① 作用在滚珠丝杠副上的各种转矩计算。

空载时的摩擦力矩

$$T_{F0} = \frac{F_0 P_h}{2\pi\eta} = \frac{1.225 \times 0.01}{2 \times 3.14 \times 0.9}N \cdot m = 0.0022N \cdot m$$

外加径向载荷的摩擦力矩

$$T_{FL} = \frac{F_L P_h}{2\pi\eta} = \frac{8.725 \times 0.01}{2 \times 3.14 \times 0.9}N \cdot m = 0.015N \cdot m$$

滚珠丝杠副预加载荷 F_b 产生的预紧力矩

$$T_b = \frac{F_b P_h}{2\pi} \cdot \frac{1-\eta^2}{\eta^2} = \frac{669.575 \times 0.01}{2 \times 3.14} \times \frac{1-0.9^2}{0.9^2}N \cdot m = 0.25N \cdot m$$

② 负荷转动惯量 J_L 及传动系统转动惯量 J 的计算。

$$J_L = \sum_i \left(\frac{n_i}{n_m}\right)^2 + \sum_j m_j \left(\frac{V_j}{2\pi n_m}\right)^2$$

$$J = J_M + J_L$$

滚动丝杠的转动惯量

$$J_s = \frac{\pi \times 7.8 \times 10^3 \times 0.033^4 \times 0.72}{32}kg \cdot m^2 = 6.5 \times 10^{-4}kg \cdot m^2$$

$$J_L = J_s + \left(\frac{P_h}{2\pi}\right)^2 m = \left[6.5 \times 10^{-4} + \left(\frac{0.01}{2 \times 3.14}\right)^2 \times 25\right]kg \cdot m^2 = 7.13 \times 10^{-4}kg \cdot m^2$$

由

$$\frac{1}{4} \leqslant \frac{J_M}{J_L} \leqslant 1$$

即 $1.78 \times 10^{-4}kg \cdot m^2 \leqslant J_M \leqslant 7.13 \times 10^{-4}kg \cdot m^2$。取 $J_M = 3.57 \times 10^{-4}kg \cdot m^2$，则有

$$J = J_M + J_L = (3.57 + 713) \times 10^{-4}kg \cdot m^2 = 10.7 \times 10^{-4}kg \cdot m^2$$

③ 加速转矩 T_a 和最大加速转矩 T_{am}。

当电动机转速从 n_1 升至 n_2 时

$$T_a = J\frac{2\pi(n_1 - n_2)}{60t_a} = 10.7 \times 10^{-4} \times \frac{2 \times 3.14 \times (200-40)}{60 \times 2}N \cdot m = 9.2 \times 10^{-3}N \cdot m$$

当电动机从静止升速到 n_{max} 时

$$T_{am} = J \frac{2\pi n_{max}}{60 t_a} = 10.7 \times 10^{-4} \times \frac{2 \times 3.14 \times 200}{60 \times 2} \text{N} \cdot \text{m} = 11.2 \times 10^{-3} \text{N} \cdot \text{m}$$

④ 电动机最大起动转矩 T_r

$$T_r = T_{am} + T_F + T_b + T_L = \left(11.2 \times 10^{-3} + 0.015 + \frac{2000 \times 0.01}{2 \times 3.14 \times 0.9} + 0.25 \right) \text{N} \cdot \text{m} = 3.815 \text{N} \cdot \text{m}$$

⑤ 电动机连续工作的最大转矩

$$T_M = T_F + T_L = (0.015 + 3.79) \text{N} \cdot \text{m} = 3.8 \text{N} \cdot \text{m}$$

⑥ 电动机的选择。选择电动机时主要从三个方面考虑：能满足控制精度要求；能满足负载转矩的要求；满足惯量匹配原则。

上述计算均没有考虑机械系统的传动效率，在此选择机械传动总效率 $\eta = 0.96$。同时，在车削时由于材料不均匀等因素的影响，会引起负载转矩突然增大，为避免计算上的误差以及负载转矩突然增大引起步进电动机丢步而引起加工误差，可以适当考虑安全系数，安全系数一般可以在 $1.2 \sim 2$ 之间选取。如果选取安全系数 $K = 1.5$，则步进电动机的总负载转矩为

$$T_\Sigma = k T_m = (3.815/0.96) \times 1.5 \text{N} \cdot \text{m} = 5.96 \text{N} \cdot \text{m}$$

如果选上述预选的电动机型号为90BYG2602，其最大静转矩 $T_{jmax} = 6.3 \text{N} \cdot \text{m}$。在五相十拍驱动时，其步距角为 $0.36°/\text{step}$，为了保证带负载能正常加速起动和定位停止，电动机的起动转矩必须满足：$T_{jmax} \geqslant T_\Sigma$，由 $T_{jmax} = 6.3 \text{N} \cdot \text{m} \geqslant T_\Sigma = 5.96 \text{N} \cdot \text{m}$，故选用合适。

⑦ 步进电动机的性能校核。

a. 最快进给速度时电动机输出转矩校核。设计给定工作台最快进给速度 $v_{maxf} = 2000 \text{mm/min}$，脉冲当量 $\zeta = (5 \times 0.75°/360°) \text{mm/脉冲}$，得电动机对应的运行频率 $f_{maxf} = v_{maxf}/(60\zeta) = [2000/(60 \times 5 \times 0.75°/360°)] \text{Hz} = 3200 \text{Hz}$。从 90BYG2602 步进电动机的运行矩频特性曲线（见图5-6）可以看出，在此频率下，电动机的输出转矩 $T_{maxf} \approx 3.5 \text{N} \cdot \text{m}$，远远大于最大工作负载转矩 $T_{eq1} = 0.06657 \text{N} \cdot \text{m}$，满足设计要求。

b. 最快进给速度时电动机运行频率校核。与最快进给速度 $v_{maxf} = 2000 \text{mm/min}$ 对应的电动机运行频率为 $f_{max} = 3200 \text{Hz}$。查表可知 90BYG2602 型电动机的空载运行频率可达 20000Hz，可见没有超出上限。

c. 起动频率的计算。已知电动机转轴上的总转动惯量 $J_{eq} = 4.437 \text{kg} \cdot \text{cm}^2$，电动机转子的转动惯量 $J_m = 4 \text{kg} \cdot \text{cm}^2$，电动机转轴不带任何负载时的空载起动频率 $f_q = 1800 \text{Hz}$，则可以求出步进电动机克服惯性负载的起动频率：

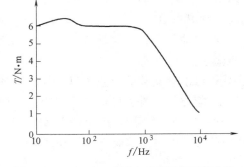

图 5-6 90BYG2602 步进电动机运行矩频曲线

$$f_L = \frac{f_q}{\sqrt{1 + J_{eq}/J_m}} = 1240 \text{Hz}$$

上式说明，要想保证步进电动机起动时不失步，任何时候的起动频率都必须小于1240Hz。实际上，在采用软件升降频时，起动频率选得更低，通常只有100Hz（即100脉冲/s）。

综上所述，本次设计中进给传动选用 90BYG2602 型步进电动机，完全满足设计要求。

3）滚动直线导轨的选择、计算和验算。本设计采用滚动直线导轨，其最大优点是摩擦系数小，动、静摩擦系数差很小，因此，具有运动轻便灵活、运动所需功率小、摩擦发热少、磨损小、精度保持性好、低速运动平稳性好、移动精度和定位精度高等优点。滚动直线导轨结构如图 5-7 所示。

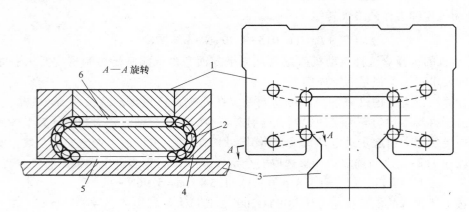

图 5-7　滚动直线导轨结构

1—运动件　2—滚珠　3—承导体　4—返回器　5—工作滚道　6—返回滚道

在选择导轨时，主要遵循以下几条原则：

① 精度不干涉原则：导轨的各项精度制造和使用时互不影响才易得到较高的精度。

② 动摩擦系数相近的原则：例如选用滚动导轨或塑料导轨，由于摩擦系数小且静、动摩擦系数相近，故可获得较低的运动速度和较高的重复定位精度。

③ 导轨能自动贴合原则：要使导轨精度高，必须使相互结合的导轨有自动贴合的性能。对水平位置的工作的导轨，可以靠工作台的自重来贴合；其他导轨靠附加的弹簧力或者滚轮的压力使其贴合。

④ 移动的导轨在移动过程中，能始终全部接触的原则：也就是固定的导轨长，移动的导轨短。

⑤ 对水平安装的导轨，以下导轨为基准，上导轨为弹性体的原则。

⑥ 能补偿因受力变形和受热变形的原则。

根据以上原则且因为所设计的机械所受的力不是很大，所以初选导轨型号为 GGB16AAL2P2-4，其额定静、动载荷 $C_{0a} = 13.38$ kN，$C_a = 8.51$ kN。查表确定各系数为

$$f_h = 1, f_t = 1, f_c = 0.66, f_a = 1, f_w = 1.2$$

按照下导轨上移动部件的重力来进行估算，包括绘图笔、工作台（25kg）、土层电动机、滚珠丝杠副、直线滚动导轨副、导轨底座，估计所受的总重 $G = 800$N。本例中的 X-Y 工作台为水平布置，采用双导轨、四滑块的支承形式，则计算载荷为

$$F_c = \frac{G}{4} + F$$

式中，F 为外载荷绘图笔的压力。考虑到绘图笔的压力很小，与总重 G 相比可以忽略不计，则计算载荷 $F_c = G/4$。考虑到最不利情况下，即垂直于工作台的重力全部由一个滑块来

承担，则 $F_c = G$。

当滚珠体为球体时，有

$$L = 50\left(\frac{f_h f_t f_c f_a}{f_w} \cdot \frac{C_a}{F_c}\right)^3 = 50 \times \left(\frac{1 \times 1 \times 0.66 \times 1}{1.2} \times \frac{8.51}{0.8}\right)^3 \text{km} = 10011 \text{km}$$

$$L_h = \frac{L \times 10^3}{2Sn \times 60} = \frac{10011 \times 10^3}{2 \times 0.8 \times 4 \times 60} \text{h} = 26070 \text{h} \geqslant 22000 \text{h}$$

式中，L 为距离寿命时间（km）；n 为移动件每分钟往返次数；S 为移动件行程长度（m）；L_h 为寿命时间（h）。

所以满足寿命的要求，合格。

（3）控制系统设计

1）设计要求。采用 MCS-51 系列单片机来完成该控制系统及系统框图的设计。系统主要包括单片机、按键模块、显示模块、驱动电路、步进电动机，实现电动机的起动、停止、单进控制、联动控制等功能。同时系统要有自动错误处理功能，如限位控制、驱动出错处理，这就需要在程序设计时提供相应的中断处理程序。

2）方案分析。本系统的主要执行元件是步进电动机，步进电动机是一种将电脉冲信号转换成直线位移或角位移的执行元件，它不能直接连接到交直流电源上，而必须使用专用设备步进电动机控制驱动器，典型步进电动机控制系统如图 5-8 所示。AT89C51 单片机可以发出脉冲频率为几赫兹到几十千赫兹，可以连续变化的脉冲信号，它为环形分配器提供脉冲序列。环形分配器的主要功能是把来自控制环节的脉冲序列按一定的规律分配后，经过功率放大器的放大加到步进电动机驱动电源的各项输入端，以驱动步进电动机的转动。环形分配器主要有两大类：一类是用计算机软件设计的方法实现环形分配器要求的功能，通常称为软环形分配器；另一类是用硬件构成的环形分配器，通常称为硬环形分配器。

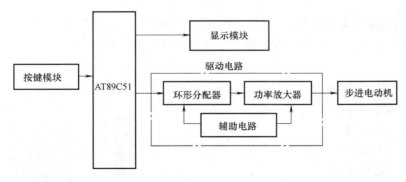

图 5-8　典型步进电动机控制系统

3）单片机与步进电动机驱动器接口。采用单片机系统对步进电动机进行串行控制，系统从 CP 脉冲控制端按电动机旋转速度的要求发出相应周期间隔的脉冲，即可使电动机旋转。当需要电动机恒转速运行时，就发出恒定周期的脉冲串；当需要加、减速运行时，就发出周期递减或递增的脉冲串；当需要锁定状态时，只要停止发脉冲串就可以了。由此可以方便地对电动机转速进行控制。方向电平控制线可实现对电动机方向的控制，为低电平 "0" 时，环行分配器按正方向进行脉冲分配，电动机正向旋转；而为高电平 "1" 时，环行分配器按反方向进行脉冲控制，电动机反方向控制，从而可实现工作台的来回运动。

图 5-9 简单画出串行控制方法的接线图。图中是采用 AT89C51 单片机的 P1.0 作为方向电平信号，P1.1 作为 CP 脉冲信号。设正常的 P1.1 为高电平，CP 脉冲输出低电平有效，产生 CP 脉冲的子程序如下：

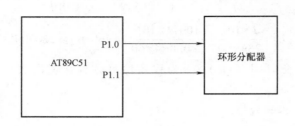

图 5-9　串行控制方法的接线图

```
CW:CLR   P1.0              ;正转电平
CLR      P1.1              ;输出低电平,产生脉冲前沿
LCALL    D5μs              ;调延时子程序,使脉冲宽度为 5μs
SETB     P1.0              ;输出高电平产生脉冲后沿
RET                        ;返回
```

要想电动机反方向运行，可调用如下子程序：

```
CW:SETB  P1.0              ;输出反转电平
CLR      P1.1              ;输出脉冲前沿
LCALL    D5μs              ;延时 5μs
SETB     P1.0              ;输出脉冲后沿
RET                        ;返回
```

4）步进电动机驱动电源选用。本任务设计中选用的 90BYG2602 型电动机，生产厂商为常州宝马电机有限公司。选择 SM-202A 细分驱动器，外形如图 5-10 所示。

① 特点。

a. 电源电压不大于 DC40V。

b. 斩波频率大于 35kHz。

c. 输入信号与 TTL 兼容。

d. 可驱动两相或四相混合式步进电动机。

e. 双极性恒流斩波方式。

f. 光电隔离信号输入。

g. 细分数可选 SM-202A 型：细分倍数设定（MSTEP）可选 2、4、8、16、32、64 或根据用户要求设计。

h. 驱动电流可由开关设定。

i. 外形尺寸：85mm×59mm×19mm。

j. 质量：0.11kg。

② 引脚说明。

图 5-10　SM-202A 细分驱动器外形

a. GND 端为外接直流电源。

b. A+、A−端为电动机 A 相。

c. B+、B−端为电动机 B 相。

d. +COM 端为光电隔离电源公共端，典型值为+5V，高于+5V 时应在 CP、DIR 及 ENA 端串接电阻。

e. CP 端为脉冲信号，下降沿有效。

f. DIR 端为方向控制信号，电平高低决定电机运行方向。

g. ENA 端为驱动器使能，高电平或悬空时电动机可运行，低电平驱动器无电流输出，电动机处于自由状态。

③ 电气特性（$T_j = 25℃$）。

a. 信号逻辑输入电流为 10～25mA。

b. 下降沿脉冲时间大于 5μs。

c. 绝缘电阻大于 500MΩ。

④ 使用环境及参数。

a. 冷却方式：自然冷却或强制风冷。

b. 使用环境：尽量避免粉尘及腐蚀性气体。

c. 温度：0～50℃。

d. 湿度：（40～89）%RH。

⑤ 机械安装。机械安装尺寸图如图 5-11 所示。

⑥ 电源供给。本驱动器可采用非稳压型直流电源供电，也可以采用变压器降压+桥式整流+电容滤波。

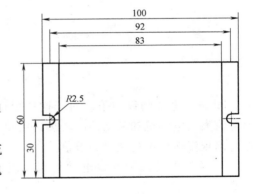

图 5-11　机械安装尺寸图

⑦ 输入接口电路：如图 5-12 所示。

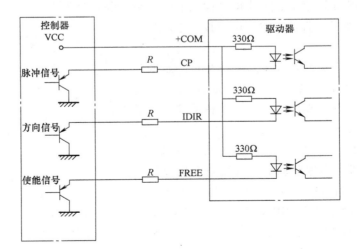

图 5-12　输入接口电路

⑧ 电动机接线。SM-202A 驱动器能驱动 4 线、6 线或 8 线的两相/四相电动机。图 5-13

详细列出了 4 线、6 线、8 线步进电动机的接法。

⑨ 驱动器与电动机的匹配。

a. 供电电压的选定。一般来说，供电电压越高，电动机高速时转矩越大，越能避免高速时掉步。但另一方面，电压太高可能损坏驱动器，而且在高电压下工作时，低速运动振动较大。

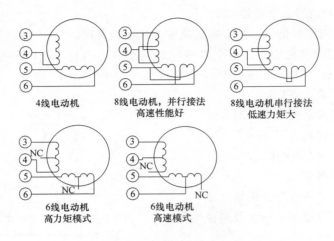

4线电动机　　8线电动机，并行接法高速性能好　　8线电动机串行接法低速力矩大

6线电动机高力矩模式　　6线电动机高速模式

图 5-13　4 线、6 线、8 线步进电动机的接法

b. 输出电流的设定值。对于同一电动机，电流设定值越大时，电动机输出转矩越大，但电流大时电动机和驱动器的发热也比较严重。所以一般情况是把电流设成供电动机长期工作时出现温热但不过热时的数值。

a）4 线电动机和 6 线电动机高速度模式：输出电流设成等于或略小于电动机额定电流值。

b）6 线电动机高转矩模式：输出电流设成电动机额定电流的 70%。

c）8 线电动机串联接法：输出电流设成电动机额定电流的 70%。

d）8 线电动机并联接法：输出电流设成电动机额定电流的 1.4 倍。

电流设定后应先运转电动机 15～30min，如电动机温升太高，则应降低电流设定值。如降低电流值后，电动机输出转矩不够，则应改善散热条件，保证电动机及驱动器均不烫手为宜。

⑩ 驱动器接线。一个完整的步进电动机控制系统应含有步进电动机、步进驱动器、直流电源以及控制器（脉冲源）。本项目设计选择与 90BY2602 型步进电动机相配套的驱动电源为 BD28Nb 型，输入电压为 AC100V，相电流为 4A，分配方式为二相 8 拍，其与控制器的接线方式如图 5-14 所示。

3. 任务评价

任务评价见表 5-2。

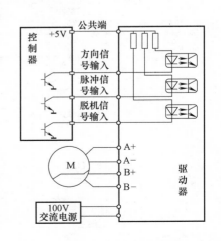

图 5-14　BD28Nb 型驱动电源
与控制器的接线方式

表 5-2 任务评价表

项目	目标	分值	评分	得分
项目方案制订及部件选择	方案正确合理、部件选择得当	20	方案正确本项满分,基本正确酌情扣分	
机械部分设计、计算、校核	设计、计算正确	40	每错误一步酌情扣5~10分	
控制部分设计、编程	设计、编程正确	40	每错误一步酌情扣5~10分	
总分		100		

【知识拓展】

在系统的控制方面,本项目采用的是开环控制系统,开环控制系统的控制简图如图5-15所示。

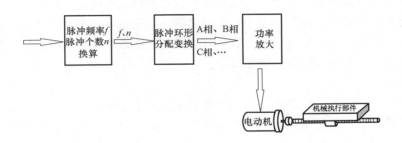

图 5-15 开环控制系统的控制简图

在步进电动机驱动和控制方面,项目中采用的是专用的与步进电动机相匹配的驱动控制器,完全可以实现控制要求。

综上所述,虽然项目设计中存在一些缺点,但是这些都不会影响控制的精度,并且都可以达到任务中要求,所以上述设计是满足设计要求的,完全可以实现对工作台的控制。本项目设计的目的是巩固学生所学机电一体化系统的设计知识,熟悉典型机电一体化系统的设计,重点是传动系统的设计。传动系统的设计思路很简单,主要是选择丝杠副和直线运动导轨及其工作强度的校核。

【常见问题解析】

1. 无位置反馈

在本任务设计中,采用步进电动机直接驱动滚珠丝杠来实现工作台的水平移动,因其无位置反馈,其精度主要取决于驱动系统和机械传动机构的性能和精度,精度不高。一般以功率步进电动机作为伺服驱动元件。功率步进电动机具有结构简单、工作稳定、调试方便、维修简单、价格低廉等优点,但是因其无减速装置,多用在精度和速度要求不高、驱动力矩不大的场合。

2. 要求较小的步距角

由公式

$$i = \frac{360\delta}{\theta h}$$

式中，θ 为步进电动机的步距角（°）；δ 为脉冲当量（mm/脉冲）；h 为丝杠螺距（mm）。易知，可以通过增大传动比 i 来提高定位精度，但是因本项目采用的是步进电动机直接驱动滚珠丝杠，所以定位精度是由步距角 θ 来确定的。而

$$\theta = \frac{360}{KMZ_r}$$

式中，M 为定子相数；Z_r 为转子齿数；K 为通电系数。

这就要求步进电动机有较小的步距角，而较小的步距角就需要较大的转子齿数，从而增加了成本。

3. 滚动导轨结构复杂，制造成本高，抗振性差

在项目中所选的是滚动直线导轨因其具有摩擦系数小（0.0025～0.005），动、静摩擦力相差甚微，运动轻便灵活，所需功率小，摩擦发热小，磨损小，精度保持性好，低速运动平稳，移动精度和定位精度都较高的优点，所以可以消除在低速度移动时的爬行现象。但是其滚动导轨结构复杂，制造成本高，抗振性差。

4. 不能自锁

项目中传动部件用的是滚珠丝杠副，具有摩擦损失小、传动效率高（可达85%～98%）、丝杠螺母之间预紧后可以完全消除间隙、刚度大、摩擦阻力小等优点，但是同时也有不能自锁，运动有可逆性（即旋转运动→直线运动；直线运动→旋转运动）等缺点。虽然滚珠丝杠副传动效率很高，但不能自锁，用在垂直传动或水平放置的高速大惯量传动中，必须装有制动装置。考虑到绘图仪的使用环境，要求放于水平精度较佳的桌面上。

5. 定时保养

为了减少丝杠的受热变形，可以将丝杠制成空心，在支承法兰处通入恒温油进行强迫冷却循环。滚珠丝杠必须采用润滑油或锂基油脂进行润滑，同时要采用防尘密封装置，如可用接触式或非接触密封圈、螺旋式弹簧钢带或折叠式塑性人造革防护罩等。并且滚珠丝杠采用内循环的方式，如图 5-16 所示。

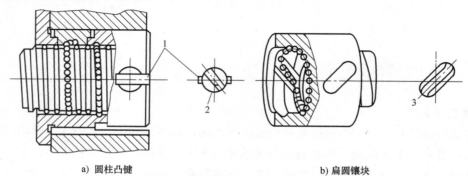

a) 圆柱凸键　　　　　　　　　　　　　b) 扁圆镶块

图 5-16　滚珠丝杠副（内循环）

1—圆键　　2、3—反向槽

图 5-16a 所示为圆柱凸键反向器的内循环滚珠丝杠副，它的圆柱部分嵌入螺母内，端部开有反向槽 2。反向槽靠圆柱外圆面及其上端的圆键 1 定位，以保证对准螺纹滚道方向。

图 5-16b 所示为扁圆镶块反向器的内循环滚珠丝杠副，反向器为一般圆头平键形镶块，镶块嵌入螺母的切槽中，其端部开有反向槽 3，用镶块的外轮廓定位。两种反向器比较，后者尺寸较小，从而减小了螺母的径向尺寸及缩短了轴向尺寸。但这种反向器的外轮廓和螺母上的切槽尺寸精度要求较高。

内循环结构紧凑，定位可靠，刚性好，且不易磨损，返回滚道短，不易发生滚珠堵塞，摩擦损失也小。

6. 尺寸精度、装配要求高

项目设计的每个零件尺寸一定要很精确，螺孔的位置也要很准确，否则在装配的过程中出现很多问题。初期学生可能碰到的问题及解决方案主要有以下几点：

1）在保证丝杠的有效行程（300mm）的前提下，直线运动导轨的长度不够，工作台最大移动时撞到电动机。

解决方案：增加丝杠轴端长度，同时调整丝杠螺母在工作台上的定位。

2）丝杠副和直线运动导轨副的内部结构不清楚。

解决方案：先查相关手册、了解结构，再进行设计。

3）工作台上的沉孔过于密集，不方便加工。

解决方案：减少沉孔的数量，同时增大沉孔直径，即增大内六角圆头螺钉的公称直径，以保证工作台的稳定性。

4）工作台尺寸设计问题。

解决方案：设计规定工作台理论最大尺寸为 210mm×297mm，考虑到直线运动导轨承受的载荷及工作台的粗糙度（铝合金材质），工作台尺寸设计为 230mm×230mm，实际画直线时，可考虑在工作台上固定一 210mm×297mm 大小的注塑件平台，厚度为 2~3mm。

5）其他问题。

解决方案：设计时还应考虑加工工艺问题。

控制系统的设计可直接参考市场上的控制模块。

考虑到二维设计图的可读性，画笔及其支架等没有进行结构细节设计，且一些设计还应进行相应的校核。

任务 5-3　三坐标测量机

【任务说明】

自 1959 年第一台三坐标测量仪问世以来，随着计算机技术的进步以及电子控制系统、检测技术的发展，三坐标测量机在精度、速度方面有了长足的进步。本任务要求学生掌握三坐标测量机的原理、应用，了解其主要参数及特征。

【任务知识点】

1. 三坐标测量机定义

三坐标测量机（Coordinate Measuring Machine，CMM）是指在一个六面体的空间范围内，能够表现几何形状、长度及圆周分度等测量能力的仪器，通常配有计算机进行数据处理和控制操作，又称为三坐标测量仪或三次元，如图 5-17 所示。

2. 三坐标测量机原理

三坐标测量机是测量和获得尺寸数据最有效的方法之一，因为它可以代替多种表面测量工具及昂贵的组合量规，并把复杂的测量任务所需时间从小时减到分钟。三坐标测量机的功能是快速、准确地评价尺寸数据，为操作者提供关于生产过程状况的有用信息，这与所有的手动测量设备有很大的区别。将被测物体置于三坐标测量空间，可获得被测物体上各测点的坐标位置，根据这些点的空间坐标值，经计算求出被测物体的几何尺寸、形状和位置。测量软件界面如图 5-18 所示。

图 5-17　三坐标测量机

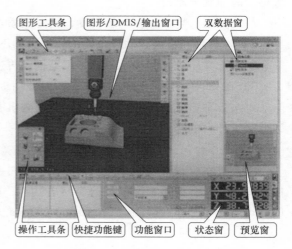

图 5-18　三坐标测量软件界面

3. 三坐标测量机特征

1）三坐标测量机的三轴大多采用天然高精密花岗岩导轨，保证了整体具有相同的热力学性能，避免由于三轴材质不同热膨胀系数不同所造成的机器精度误差。

花岗岩与航空铝合金的比较如下：

① 铝合金材料热膨胀系数大。一般使用航空铝合金材料的横梁和 Z 轴，在使用几年之后，三坐标的测量基准——光栅尺就会受损，精度改变。

② 由于三坐标的平台是花岗岩结构，这样三坐标的主轴也是花岗岩材质。主轴采用花岗岩，而横梁和 Z 轴采用铝合金或其他材质，在温度变化时会因为三轴的热膨胀系数不均而引起测量精度的失真和不稳定。

2）三轴导轨采用全天然花岗岩四面全环抱式矩形结构，配上高精度自洁式预应力气浮轴承，是确保机器精度长期稳定的基础，同时轴承受力沿轴向方向，受力稳定均衡，有利于保证机器硬件寿命。

3）大多厂家采用小孔出气技术，耗气量为 30L/min 左右，在轴承间隙形成冷凝区域，抵消轴承运动摩擦带来的热量，增加设备整体的热稳定性。按照物理学理论，当气体以一定的压力通过圆孔的时候，会因为气体摩擦产生热量，在高精密测量中，微小的热量也会影响精度的稳定性，而当出气孔的孔径小于一定的直径的时候，却会相反地会在出气孔的周围形成冷凝效应。正是利用这一物理学原理，采用小孔出气的技术，使得冷凝效应恰恰抵消测量中因为空气摩擦产生的微弱热量，使得设备保持长时间的温度稳定性，从而保证精度稳定性。

4）三轴均采用镀金光栅尺，分辨率为 $0.1\mu m$；同时采用一端固定、一端自由伸缩的方式安装，减少了光栅尺的变形。

5）传动系统采用国际先进的设计，无任何导轨受力变形，最大程度保证机器的精度和稳定性。采用钢丝增强同步带传动结构，有效减少高速运动（增加）时的振动，具有高强度、高速度及无磨损的特点。

4. 三坐标测量机发展史

三坐标测量机是一种工业仪器，它的发展可划分为三代。

第一代：世界上第一台三坐标测量机是英国 FERRANTI 公司于 1959 年研制成功的，当时的测量方式是测头接触工件后，靠脚踏板来记录当前坐标值，然后使用计算器来计算元素间的位置关系。1964 年，瑞士 SIP 公司开始使用软件来计算两点间的距离，开启了利用软件进行测量数据计算的时代。20 世纪 70 年代初，德国 ZEISS 公司使用计算机辅助工件坐标系代替机械对准，从此测量机具备了对工件基本几何元素尺寸、几何公差的检测功能。

第二代：随着计算机的飞速发展，测量机技术进入了数控机床（CNC）控制器时代，完成了复杂机械零件的测量和空间自由曲线曲面的测量，测量模式增加和完善了自学习功能，改善了人机界面，使用专门测量语言，提高了测量程序的开发效率。

第三代：从 20 世纪 90 年代开始，随着工业制造行业向集成化、柔性化和信息化发展，产品的设计、制造和检测趋向一体化，这就对作为检测设备的三坐标测量机提出了更高的要求，从而提出了第三代测量机的概念。其特点是：①具有与外界设备通信的功能；②具有与 CAD 系统直接对话的标准数据协议格式；③硬件电路趋于集成化，并以计算机扩展卡的形式，成为计算机的大型外围设备。

现阶段，三坐标测量机的发展也进入一个非常快的发展阶段。高水准的精度测量技术带来了很多新的变化，在很多方面起着非常良好的效果。

【任务实践】

以下以某机型三坐标测量机为例，熟悉其参数，了解其应用场合、使用方法及数据管理。有条件的学校可在三坐标测量机实验室进行，无条件的学校可联系企业进行任务实践。学生在实践中可以带着以下三个问题来思考：

1）三坐标测量机对制造业发展的影响有哪些？

2）三坐标测量机的高精度如何保证和体现？

3）三坐标测量机在反求工程中的地位，以及对产品设计、制造流程的影响。

1．任务要求

1）熟悉三坐标测量机的主要参数。

2）了解三坐标测量机的主要应用。

3）熟悉三坐标测量机的主要使用方法。

4）完成以上三个思考题。

2．任务实施

（1）熟悉三坐标测量机的主要参数

1）机型：EUROTONEX152510。

2）测量行程：X 轴 2500mm，Y 轴 1500mm，Z 轴 1000mm。

3）结构型式：三轴花岗岩、四面全环抱的德式活动桥式结构。

4）传动方式：直流伺服系统 + 预载荷高精度空气轴承。

5）长度测量系统：RENISHAW 开放式光栅尺，分辨率为 0.1μm。

6）测头系统：雷尼绍控制器、雷尼绍测头、雷尼绍测针。

7）机台：高精度（00 级）花岗岩平台。

8）使用环境：温度为（20±2）℃，湿度为 40%～70%，温度梯度为 1℃/m，温度变化为 1℃/h。

9）空气压力：0.4～0.6MPa。

10）空气流量：30～50L/min。

11）整机尺寸（$L×W×H$）：3.7m×2.7m×3.3m。

12）机台承重：3500kg；整机质量：9000kg。

13）长度精度（MPEe）：≤2.1μm+L（μm）/350。

14）探测球精度（MPEp）：≤2.1μm。

（2）三坐标测量机应用案例　三坐标测量机主要用于机械、汽车、航空、军工、家具、工具原型、机器等中小型配件、模具等行业中的箱体、机架、齿轮、凸轮、蜗轮、蜗杆、叶片、曲线、曲面等的测量，还可用于电子、五金、塑胶等行业中，可以对工件的尺寸、形状和几何公差进行精密检测，从而完成零件检测、外形测量、过程控制等任务。

制造业中的质量目标在于将零件的生产与设计要求保持一致。但是，保持生产过程的一致性要求对制造流程进行控制。建立和保持制造流程一致性最为有效的方法是准确地测量工件尺寸，获得尺寸信息后，分析和反馈数据到生产过程中，使之成为持续提高产品质量的有效工具。

1）三坐标测量机在模具行业中的应用。三坐标测量机在模具行业中的应用相当广泛，它是一种设计开发、检测、统计分析的现代化的智能工具，更是模具产品无与伦比的质量技术保障的有效工具。当今主要使用的三坐标测量机有桥式测量机、龙门式测量机、水平臂式测量机和便携式测量机。测量方式大致可分为接触式与非接触式两种。

模具的型芯型腔与导柱导套的匹配如果出现偏差，可以通过三坐标测量机找出偏差值以便纠正。在模具的型芯型腔轮廓加工成型后，很多镶件和局部的曲面要通过电极在电脉冲上加工成形，电极加工的质量和非标准的曲面质量成为模具质量的关键。因此，用三坐标测量机测量电极的形状必不可少。三坐标测量机可以应用 3D 数模的输入，将成品模具与数模上的定位、尺寸、相关的几何公差、曲线、曲面进行测量比较，输出图形化报告，直观、清晰地反映模具质量，从而形成完整的模具成品检测报告。在某些模具使用了一段时间出现磨损要进行修正，但又无原始设计数据（即数模）的情况下，可以用截面法采集点云，用规定格式输出，探针半径补偿后造型，从而达到完好如初的修复效果。

当一些曲面轮廓既非圆弧，又非抛物线，而是一些不规则的曲面时，可用油泥或石膏手工做出曲面作为底胚。然后用三坐标测量机测出各个截面上的截线、特征线和分型线，用规定格式输出，探针半径补偿后造型，在造型过程中圆滑曲线，从而设计制造出全新的模具。

① 三坐标测量机能够为模具工业提供质量保证，是模具制造企业测量和检测的最好选择。三坐标测量机在处理不同工作方面的灵活性以及自身的高精度，使其成为一个仲裁者。在为过程控制提供尺寸数据的同时，三坐标测量机可提供入厂产品检验、机床的校验、客户质量认证、量规检验、加工试验以及优化机床设置等附加性能。高度柔性的三坐标测量机可以配置在车间环境，并直接参与模具加工、装配、试模、修模的各个阶段，提供必要的检测反馈，减少返工的次数并缩短模具开发周期，从而最终降低模具的制造成本并将生产纳入控制。

② 三坐标测量机具备强大的逆向工程能力，是一个理想的数字化工具。通过不同类型测头和不同结构形式测量机的组合，能够快速、精确地获取工件表面的三维数据和几何特征，这对于模具的设计、样品的复制、损坏模具的修复特别有用。此外，三坐标测量机还可以配备接触式和非接触式扫描测头，并利用 PC-DMIS 测量软件提供的强大的扫描功能，完成具备自由曲面形状特征的复杂工件 CAD 模型的复制；无需经过任何转换，可以被各种CAD 软件直接识别和编程，从而大大提高了模具设计的效率。

具体来说，在模具制造企业中应用三坐标测量机完成设计和检测任务时，要密切关注测量基准的选择、测头的标定和选择、测点数及测量位置的规划、坐标系的建立、环境的影响、局部几何特征的影响、CNC 控制参数等多方面的因素。这当中的每一个因素，都足以影响测量结果的精确和效率。

2）三坐标测量机在汽车行业的应用。三坐标测量机是通过测头系统与工件的相对移动，探测工件表面点三维坐标的测量系统。通过将被测物体置于三坐标测量机的测量空间，利用接触或非接触探测系统获得被测物体上各测点的坐标位置，根据这些点的空间坐标值，由软件进行数学运算，求出待测的几何尺寸、形状和位置。因此，三坐标测量机具备高精度、高效率和万能性的特点，是完成各种汽车零部件几何量测量与品质控制的理想解决方案。

汽车零部件具有品质要求高、批量大、形状各异的特点。根据不同的零部件测量类型，主要分为箱体、复杂形状和曲线曲面三类，每一类相对测量系统的配置是不尽相同的，需要从测量系统的主机、探测系统和软件方面进行相互的配套与选择。

发动机是由许多各种形状的零部件组成，这些零部件的制造质量直接关系发动机的性能和寿命。因此，需要在这些零部件生产中进行非常精密的检测，以保证产品的精度及公差配合。在现代制造业中，高精度的综合测量机越来越多地应用于生产过程中，使产品质量的目标和关键渐渐由最终检验转化为对制造流程的控制，通过信息反馈对加工设备的参数进行及时调整，从而保证产品质量、稳定生产过程、提高生产效率。

在传统测量方法选择上，人们主要依靠两种测量手段完成对箱体类工件和复杂几何形状工件的测量，即：通过三坐标测量机执行箱体类工件的检测；通过专用测量设备，例如专用齿轮检测仪、专用凸轮检测设备等完成具有复杂几何形状工件的测量。因此对于从事生产复杂几何形状工件的企业来说，完成上述产品的质量控制企业不仅需要配置通用测量设备，例如三坐标测量机，通用标准量具、量仪，同时还需要配置专用检测设备，例如各种尺寸类型的齿轮专用检测仪器、凸轮检测仪器等。这样往往导致企业的计量部门需要配置多类型的计量设备和从事计量操作的专业检测人员，计量设备使用率较低，同时企业负担较高的计量人员的培训费用、计量设备使用和维护费用；企业无法实现柔性、通用计量检测。因此，降低企业的测量成本、计量人员的培训费用、计量设备的使用和维修费用，达到提高测量检测效率的目的，使企业具备生产过程的实时质量控制能力，这将关系到企业在市场活动中的应变能力，对帮助企业建立并维护良好的市场信誉，具有重要的决定作用。

（3）三坐标测量机的使用方法　三坐标测量机按测量方式可分为接触测量、非接触测量以及接触和非接触并用式测量，接触测量常于测量机械加工产品以及压制成型品、金属膜等。本任务以接触式测量机为例来说明几种扫描物体表面，以获取数据点的几种方法。数据点结果可用于加工数据分析，也可为逆向工程技术提供原始信息。扫描指借助测量机应用软件在被测物体表面特定区域内进行数据点采集。此区域可以是一条线、一个面片、零件的一个截面、零件的曲线或距边缘一定距离的周线。扫描类型与测量模式、测头类型及是否有 CAD 文件等有关，状态按钮（手动/DCC）决定了屏幕上可选用的"扫描"（SCAN）选项。若用 DCC 方式测量，又具有 CAD 文件，那么扫描方式有"开线"（OPEN LINEAR）、"闭线"（CLOSED LINEAR）、"面片"（PATCH）、"截面"（SECTION）和"周线"（PERIMETER）扫描。若用 DCC 方式测量，而只有线框型 CAD 文件，那么可选用"开线"（OPEN LINEAR）、"闭线"（CLOSED LINEAR）和"面片"（PATCH）扫描方式。若用手动测量模式，那么只能用基本的"手动触发扫描"（MANUL TTP SCAN）方式。若在手动测量方式，测头为刚性测头，那么可用选项为"固定间隔"（FIXED DELTA）、"变化间隔"（VARIABLE DELTA）、"时间间隔"（TIME DELTA）和"主体轴向扫描"（BODY AXIS SCAN）方式。

（4）三坐标测量机的数据管理

1）数据转换。数据转换的任务和要求如下：

① 将测量数据格式转化为 CAD 软件可识别的 IGES 格式，合并后以产品名称或用户指定的名称分类保存。

② 不同产品、不同属性、不同定位、易于混淆的数据应存放在不同的文件中，并在 IGES 文件中分层分色。

数据转换使用三坐标测量数据处理系统（标准数据转换软件）完成，操作方法见软件用户手册。

2）重定位整合。

① 应用背景。在产品的测绘过程中，往往不能在同一坐标系将产品的几何数据一次测出。可能的原因如下：一是产品尺寸超出三坐标测量机的行程；二是测量探头不能触及产品的反面；三是在工件拆下后发现数据缺失，需要补测。这时就需要在不同的定位状态（即不同的坐标系）下测量产品的各个部分，称为产品的重定位测量。而在造型时则应将这些不同坐标系下的重定位数据变换到同一坐标系中，这个过程称为重定位数据的整合。对于复杂或较大的模型，测量过程中常需要多次定位测量，最终的测量数据就必须依据一定的转换

路径进行多次重定位整合，把各次定位中测得的数据转换成一个公共定位基准下的测量数据。

② 重定位整合原理。工件移动（重定位）后的测量数据与移动前的测量数据存在着移动错位，如果人们在工件上确定一个在重定位前后都能测到的形体（称为重定位基准），那么只要在测量结束后，通过一系列变换使重定位后对该形体的测量结果与重定位前的测量结果重合，即可将重定位后的测量数据整合到重合前的数据中。重定位基准在重定位整合中起到了纽带的作用。

3. 任务评价

任务评价见表5-3。

表 5-3　任务评价表

项目	目标	分值	评分	得分
叙述三坐标测量机的工作原理	能正确、全面说明	20	不完整，每处扣2分	
说明三坐标测量机在逆向工程中的应用	需举两个例子说明	20	每例10分；不完整，每处扣2分	
列出三坐标测量机的测量方法，有条件的实地操作	列出全面、正确、详尽	40	不完整，每处扣4分	
描绘三坐标测量机的应用前景	能发挥想象能力，不设标准	20	不合理，每处扣2分	
总分		100		

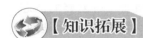

【知识拓展】

目前社会经济发展迅速，很多精密机械行业都在逐步使用三坐标测量机，主要以测量工件的三维数据为主，被广泛应用于工业生产中的各个领域，如模具检测、齿轮检测、刀具检测、摩配检测等。三坐标测量机是精密测量仪器中重要的一种仪器，它的工作还要有夹具的配合。三坐标夹具使用在三坐标测量机上，利用其模块化的支持和参考装置，完成对所测工件的柔性固定。三坐标测量机测量精度的好坏，关键在于测针，有什么精度需要，就选择什么材质的测针，这需要根据用户需求去选择。

【常见问题解析】

1. 注意事项

正确使用三坐标测量仪，对其使用寿命、精度起到关键作用，应注意以下几个问题：

1）工件吊装前，要将探针退回坐标原点，为吊装位置预留较大的空间；工件吊装要平稳，不可撞击三坐标测量仪的任何构件。

2）正确安装零件，安装前确保符合零件与测量机的等温要求。

3）建立正确的坐标系，保证所建的坐标系符合图样的要求，才能确保所测数据准确。

4）当编好程序自动运行时，要防止探针与工件的干涉，故需注意要增加拐点。

5）对于一些大型较重的模具、检具，测量结束后应及时吊下工作台，以避免工作台长时间处于承载状态。

2．日常保养问题

三坐标测量机的组成比较复杂，主要由机械部件、电气控制部件、计算机系统组成。平时人们在使用三坐标测量机测量工件的同时，也要注意机器的保养，以延长机器的使用寿命。三坐标测量机的机械部件有多种，人们需要日常保养的是传动系统和气动系统的部件，保养的频率应该根据测量机所处的环境决定。一般在环境比较好的精测间中的三坐标测量机，推荐每三个月进行一次常规保养，如果用户的使用环境中灰尘比较多，精测间的温度、湿度不能完全满足三坐标测量机使用环境要求，那应该每月进行一次常规保养。

1）导轨的保护。三坐标测量仪的导轨是测量机的基准，只有保养好气浮块和导轨才能保证三坐标测量机的正常工作。三坐标测量仪导轨的保养除了要经常用酒精和脱脂棉擦拭外，还要注意不要直接在导轨上放置零件和工具。尤其是花岗石导轨，因其质地比较脆，任何小的磕碰会造成碰伤，如果未及时发现，碎渣就会伤害气浮块和导轨。要养成良好的工作习惯，用布或胶皮垫在下面，保证导轨安全。

2）气源的保养。由于压缩空气对三坐标测量仪的正常工作起着非常重要的作用，所以对气源的维修和保养非常重要。其中有以下主要项目：

① 要选择合适的空压机，最好另有气罐，使空压机工作寿命长、压力稳定。

② 空压机的起动压力一定要大于工作压力。

③ 开机时，要先打开空压机，然后接通电源。

每天使用三坐标测量机前，要检查管道和过滤器，放出过滤器、空压机或气罐内的水和油。一定要定期清洗过滤器滤芯，一般每隔 3 个月要清洗随机过滤器和前置过滤器的滤芯。如果空气质量较差，清洗周期要缩短。因为过滤器的滤芯在过滤油和水的同时本身也被油污染堵塞，时间稍长就会使测量机实际工作气压降低，影响三坐标测量仪正常工作。每天都要擦拭导轨油污和灰尘，保持气浮导轨的正常工作状态。

3）三坐标测量机调整与保护。

Z 轴平衡的调整：三坐标测量机的 Z 轴平衡分为重锤和气动平衡，主要用来平衡 Z 轴的重量，使 Z 轴的驱动平稳。如果误动气压平衡开关，会使 Z 轴失去平衡。处理的方法如下：

① 将测座的角度转到 90°，避免操作过程中碰到测头。

② 按下"紧急停"开关。

③ 一个人用双手托住 Z 轴，向上推、向下拉，感觉平衡的效果。

④ 一人调整气压平衡阀，每次调整量小一点，两人配合将 Z 轴平衡调整到向上和向下的感觉一致即可。

行程终开关的保护及调整：行程终开关用于机器行程终保护和 HOME（回到程序开始）时使用。行程终开关一般使用接触式开关或光电式开关。接触式开关最容易在用手推动轴运动时改变位置，造成接触不良，可以适当调整开关位置保证接触良好。光电式开关要注意检查插片位置正常，经常清除灰尘，保证其工作正常。

4）三坐标测量机的温度控制。

① 空调器的风向。使用三坐标测量机时要尽量保持测量机房的环境温度与检定时一致。另外，电气设备、计算机、人员都是热源，在设备安装时要做好规划，使电气设备、计算机

等与三坐标测量机有一定的距离。测量机房要加强管理，不要有多余人员停留。高精度的三坐标测量机使用环境的管理更应该严格。

测量机房的空调器应尽量选择变频空调器。变频空调器节能性能好，最主要的是控温能力强。在正常容量的情况下，控温可在±1℃范围内。

由于空调器吹出风的温度不是20℃，因此不能让风直接吹到三坐标测量机上。有时为防止风吹到三坐标测量机上而把风向转向墙壁或一侧，会导致机房内一边热一边凉，温差非常大的情况。因此空调器的安装应有规划，应让风吹到室内的主要位置，风向向上形成大循环（不能吹到三坐标测量机），尽量使室内温度均衡。有条件的应安装风道将风送到房间顶部通过双层孔板送风，回风口在房间下部，这样使气流无规则流动，可以使机房温度控制更加合理。

② 空调器的开关时间。每天早晨上班时打开空调器，晚上下班再关闭空调器。待机房温度稳定大约4h后，三坐标测量机精度才能稳定。这种工作方式严重影响三坐标测量机的使用效率，在冬夏季节精度会很难保证，对三坐标测量机正常稳定也会有很大影响。

③ 机房结构布局。由于测量机房要求恒温，所以机房要有保温措施。如有窗户，要采用双层窗，并避免有阳光照射。门口要尽量采用过渡间，减少温度散失。机房的空调器选择要与房间相当，机房过大或过小都会对温度控制造成困难。在南方湿度较大的地区或北方的夏天或雨季，当正在制冷的空调器突然被关闭后，空气中的水汽会很快凝结在温度相对比较低的三坐标测量机导轨和部件上，会使三坐标测量机的气浮块和某些部件严重锈蚀，影响三坐标测量机的寿命。而计算机和控制系统的电路板会因湿度过大出现腐蚀或造成短路。如果湿度过小，会严重影响花岗石的吸水性，可能造成花岗石变形。所以机房的湿度并不是无关紧要的，要尽量控制在60%±5%范围内。空气湿度大、测量机房密封性不好是造成机房湿度大的主要原因。在湿度比较大地区机房的密封性要求好一些，必要时增加除湿机。

④ 管理方式。解决难以保证测量条件的办法就是改变管理方式，将"放假前打扫卫生"改为"上班时打扫卫生"，而且要打开空调器和除湿机清除水分。要定期清洁计算机和控制系统中的灰尘，减少或避免因此而造成的故障隐患。使用标准件检查机器的效果是非常好的，但是相对来说操作比较麻烦，只能是一段时间做一次。比较方便的办法是用一个典型零件，编好自动测量程序后，在机器精度校验好的情况下进行多次测量，将结果按照统计规律计算后得出一个合理的值及公差范围并记录下来。操作员可以经常检查这个零件以确定机器的精度情况。

仿真实验：简单机电一体化系统元件组合操作实验

1. 实验目的

1）按照给出的零件列表和装配示意图，完成驱动电动机、传感器、滑块传动机构等机电零部件的组合装配，分别模拟实际生产中机械运动形式转化过程。

2）实现对组合模块系统的控制操作、演示、评分。

3）理解构建一个完整的机电一体化系统的基本原理和方法，体会机、电、信息结合的实际意义。

2. 实验设备

变速箱、丝杠驱动机构、直线滑动机构、传送带、磁性压块、驱动单元、传感器（光电传感器、U 形光电开关、接近开关）。

3. 实验原理

滑块传动机构由电控箱、驱动单元、丝杠驱动机构、直线滑动机构、连杆等组成。系统由螺旋驱动机构将旋转运动转换为直线运动，再通过连杆将动力输出到直线滑动结构，实现运动的转换。机构在螺旋驱动机构、直线滑动结构的左、右极限位置处各设置了一个限位传感器，在 PLC 的控制下，可实现滑块的直线自动往复运动。

主要部件的功能如下：

（1）变速箱 变速箱如图 5-19 所示，它工作可靠、瞬时传动比恒定、结构紧凑，传动效率高而且功率和速度适用范围广。但它对制造和安装精度要求较高；运动中有噪声、冲击和振动；不宜用于传动中心距过大的场合。变速箱既可以应用于减速传动，也可以应用于升速传动。

（2）丝杠驱动机构（螺旋传动机构） 丝杠驱动机构是一种常见的机械运动形式转换机构，如图 5-20 所示。它分为滑动摩擦式和滚动摩擦式。本实验中所使用的为滑动丝杠驱动机构，它具有结构简单、加工方便，同时具有自锁功能等优点，但其摩擦阻力较大，相对于滚动丝杠机构传动效率较低。螺旋传动机构可将旋转运动转换为直线运动。在机构两端可设置接近传感器，进而控制其直线运动的范围。

（3）直线滑动机构 直线滑动机构是一种常用的机械输出机构，如图 5-21 所示。

功能：通过输入连接销传入动力，实现直线运动。若在机构两端设置 U 形限位开关，结合 PLC 控制，可实现直线自动往复运动。

图 5-19　变速箱　　　　　图 5-20　丝杠驱动机构　　　　图 5-21　直线滑动机构

4. 实验步骤

（1）零件列表 驱动电动机 1 台、传动齿轮 1 对（小齿轮、大齿轮各 1 个）、螺旋齿轮机构 1 套、丝杠驱动机构 1 套、滑块传动机构 1 套、磁性压块 6 个和传感器（接近开关）2 个。

（2）步骤

1）按照滑块传动机构需实现的基本功能，利用磁性压块和提供的驱动单元、螺旋驱动机构、直线滑动机构和连杆构建机械机构。

2）用连接导线，将丝杠驱动机构、直线滑动机构左右各两个传感器（共 4 个传感器）分别连接到电控箱的传感器输入端。

3）用电动机连接电缆连接驱动单元和电控箱的电动机驱动输出端口，并拧紧。

4）参照设计接线图，连接电控箱的控制电路。

5）连接 PLC 和编程机（PC）通信电缆。

6）打开电源，从 PLC 编程机下载控制程序到 PLC。

7）利用电控箱主面板上的变频器调速面板，将变频器的频率设置为 20~35Hz。

8）系统调试、运行。

5. 装配参考图

滑动传动机构装配参考图如图 5-22 所示。

6. 动画演示

动画演示界面如图 5-23 所示。

图 5-22　滑块传动机构装配参考图

图 5-23　动画演示界面

动作过程：电动机转动（逆时针方向、右转）→齿轮转动（左转）→螺旋齿轮转动（左转）→丝杠机构转动（下转）→滑块移动（左移）→到左行程开关停。

电动机转动（顺时针方向、左转）→齿轮转动（右转）→螺旋齿轮转动（右转）→丝杠机构转动（上转）→滑块移动（右移）→到右行程开关停。

7. 实验报告

问题1：丝杠驱动机构中丝杠的旋向对驱动机构控制的影响是什么？

问题2：滑块传动机构中的传感器（U 形限位开关）的作用是什么？

创新案例：自控型静电隔尘给气扇案例

1. 创新案例背景

当人们开窗透气时，灰尘及污物也会随着空气通过窗户进入室内，不仅影响室内的清洁卫生，还影响室内的空气质量，危害人们的身体健康。静电隔尘给气扇能将室外空气经给气扇的静电过滤网过滤成清新纯净的空气送入室内。同时，排气扇又将室内的污浊空气排出室外，如此在室内形成 24h 空气循环。

2. 创新设计要求

1）能提供清新纯净的空气送入室内，隔尘率要高。

2）能实现智能功能，可以自行设定启动时间、换气强度等。

3）静电隔尘给气扇采用管道型结构，安装方便，使用简单。

3. 设计方案分析

市场上有静电隔尘窗、隔尘纱窗等，但都有明显的缺点。传统静电隔尘窗、隔尘纱窗等如果用户不慎接触到带电导线或被雨淋而短路，容易造成火灾。为此，本设计方案采用管道型静电隔尘给气扇，先通过风扇将外界风经管道吸进，所吸进的风再经静电过滤网过滤成清新纯净的空气送入室内。同时，管道型排气扇又将室内的污浊空气排出室外。

本方案的关键技术是实现了静电隔尘。在致密性较高的金属网面上加上一个安全电压，使网面带电，由于灰尘在空气中漂浮时互相碰撞摩擦，便带有微电荷。当带微电荷的灰尘接触到带电场的网面时，如果灰尘带的微电荷与网面电场极性相同，就被网面电场排斥；如果灰尘带的微电荷与网面电场极性相反，就被网面电场吸附，从而达到屏蔽灰尘的目的。

4. 技术解决方案

将制作好的两个金属网面安装在管道前端，两层网面分别连接在电源的正、负极导线上即可。两个金属网层形成电容，灰尘由于质量小，被带电的网面吸附或排斥，从而达到了将室外空气过滤成清新纯净的空气送入室内的目的。通风时间、换气强度等通过程序控制。

（1）结构设计

墙壁剖面示意图如图 5-24 所示。

1）管罩。采用的管罩如图 5-25 所示，外部有半管罩覆盖能有效防雨，内口有铁丝网，有效防止异物进入房内。

管罩型号为 FV-XFW100PC；管道直径为 100mm；部件材质为铝质。

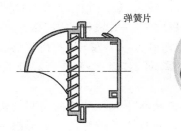

图 5-24　墙壁剖面示意图　　　　　　　　图 5-25　管罩

2）滤网。滤网在管道内主要起隔尘、隔声作用，材质为不锈钢丝网，如图 5-26 所示。

3）风扇。风扇采用折叶导流扇叶设计，含有特殊的导流口，不但减少了风力的反弹，降低了噪声，同时导流出的气流又会通过后面的扇叶循环加压，实现了超大风量和超低噪声的效果，如图 5-27 所示。

图 5-26　滤网

图 5-27　风扇

风扇尺寸为 12cm×12cm；外接电源为 DC 12V。

4）金属网。金属网如图 5-28 所示。

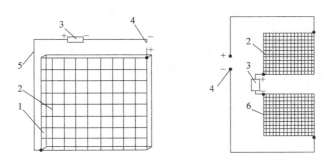

图 5-28　金属网

1—金属网窗框；2、6—网面；3—储能组合元件；4—电源；5—导线

连接方式：电源 4 正极一端与网面 2 一端连接，网面 2 另一端与储能组合元件 3 正极连接，储能组合元件 3 负极与网面 6 一端连接，网面 6 另一端与电源 4 负极连接。

储能组合元件作用：克服静电除尘网在收集高比电阻粉尘时电场中形成的反电晕现象，从而提高静电除尘器处理高比电阻粉尘的除尘效率。

（2）程序设计（略）

5. 案例小结

案例应用了静电的科学原理及稳压电源使交流变成直流，使作品更安全。空气质量关系到千家万户每个人的身体健康，潜藏着巨大的市场空间，有较好的应用推广前景，并有较好的社会效益和经济效益，可进行进一步需求调研和推广。

本案例的创新点在于：

1）管道型静电隔尘给气扇改变了灰尘及污物也随着空气通过窗户进入室内的历史。

2）通过控制器可以控制通风时间、换气强度，采用单片机控制，进行遥控定时、调速、自消毒等。

3）在给气扇中使用了低噪声的扇叶，以达到优异的静音效果。

6. 作品效果

作品效果图如图 5-29 所示。

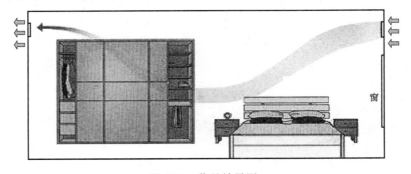

图 5-29　作品效果图

思考与练习

1. 试举出几例生活中你所碰到的简单机电一体化设备，并说明其机电控制原理。
2. 谈谈你设想的 3D 打印机的发展未来。
3. 试说明三坐标测量机与数控机床的区别。
4. 参观绘图仪的工作现场，并试操作完成绘图输出。
5. 参观或观看 3D 打印机的工作视频。
6. 试设计简单的机电一体化系统产品，画出其原理图、说明其功能及创新之处。

项目6

工业机器人机电一体化控制技术与实践

【项目导学】

工业机器人是面向工业领域的多关节机械手或多自由度的机器人，是一种高度自动化的机电一体化设备，作为工业自动控制系统中最常用的设备之一，在其中起着举足轻重的作用。机器人对于提高生产自动化水平、劳动生产率和经济效益、保证产品质量、改善劳动条件等方面的作用尤为显著。

本项目内容为串联关节机器人、并联机器人、检测机器人、搬运工业机器人4个单独的工业机器人系统应用实例，学生主要从机电如何结合方面来分析这4个典型的工业机器人系统。

任务6-1 串联关节机器人

【任务说明】

机器人（Robot）一词来源于1920年捷克作家卡雷尔·恰佩克（Kapel Capek）所编写的戏剧中的人造劳动者，在那里机器人被描写成像奴隶那样进行劳动的机器，现在已被人们用作机器人的专用名词。目前，机器人是一种用于移动各种材料、零件、工具或专用装置的，通过可编程序动作来执行任务的，并具有编程能力的多功能机械手，是一种仿人操作、自动控制、可重复编程、能在三维空间完成各种作业的机电一体化自动化设备。机器人按照用途可分为工业机器人和特种机器人，本任务主要介绍在自动搬运、装配、焊接、喷涂等工业现场中有广泛应用的串联关节机器人。

【任务知识点】

1. 工业机器人的定义与发展

机器人是一个在三维空间中具有较多自由度的，并能实现诸多拟人动作和功能的机器；而工业机器人（Industrial Robot）则是在工业生产上应用的机器人，是一种具有高度灵活性的自动化机器，是一种复杂的机电一体化设备。

美国机器人工业协会（RIA）提出的工业机器人定义为："机器人是一种用于移动各种材料、零件、工具或专用装置，通过程序动作来执行各种任务，并具有编程能力的多功能操作机。"可见，这里的机器人是指工业机器人。日本工业机器人协会（JIRA）的定义为："工业机器人是一种装备有记忆装置和末端执行装置的、能够完成各种移动来代替人类劳动的通用机器。"国际标准化组织（ISO）曾于 1987 年对工业机器人给出了定义："工业机器人是一种自动的、位置可控的、具有编程能力的多功能机械手，这种机械手具有几个轴，能够借助于可编程序操作来处理各种材料、零件、工具和专用装置，以执行种种任务。"

我国国家标准 GB/T 12643—2013 将工业机器人定义为："自动控制的、可重复编程、多用途的操作机，可对三个或三个以上轴进行编程。它可以是固定式或移动式。在工业自动化中使用。由此可见，工业机器人是面向工业领域的多关节机械手或多自由度的机器装置，它能自动执行工作，是靠自身动力和控制能力来实现各种功能的一种机器。

一台数控机床有若干独立的坐标轴运动，也可再编程，能完成不同任务的加工作业。因此，工业机器人和数控机床在运动控制和可编程上是很相似的。尽管复杂一些的数控机床也能把装载有工件的托盘移动到机床床身上从而实现工件的搬运和定位，但是工业机器人通常在抓握、操纵、定位对象物时比传统数控机床更灵巧，在诸多工业生产领域里具有更广泛的用途。

综上所述，可知工业机器人具有以下几个最显著的特点。

（1）可以再编程　生产自动化的进一步发展是柔性自动化。工业机器人可随其工作环境变化的需要而再编程，因此它在小批量多品种具有均衡高效率的柔性制造过程中能发挥很好的功用，是柔性制造系统（FMS）中的重要组成部分。

（2）拟人化　工业机器人在机械结构上有类似人的行走、腰转、大臂、小臂、手腕、手爪等部分，在控制上有电脑。此外，智能化工业机器人还有许多类似人类的"生物传感器"，如皮肤型接触传感器、力传感器、负载传感器、视觉传感器、声学传感器、语言传感器等。传感器提高了工业机器人对周围环境的自适应能力。

（3）通用性　除了专门设计的专用的工业机器人外，一般工业机器人在执行不同的作业任务时具有较好的通用性。比如，更换工业机器人手部末端执行器（手爪、工具等）便可执行不同的作业任务。

（4）机电一体化　工业机器人技术所涉及的学科相当广泛，但是归纳起来是机械学和微电子学的结合——机电一体化技术。第三代工业机器人不仅具有获取外部环境信息的各种传感器，而且还具有记忆能力、语言理解能力、图像识别能力、推理判断能力等人工智能，这些都和微电子技术的应用，特别是计算机技术的应用密切相关。因此，机器人技术的发展必将带动其他技术的发展，机器人技术的发展和应用水平也可以验证一个国家科学技术的工业技术的发展和水平。

工业机器人的发展通常可划分为三代。

（1）第一代机器人　20 世纪五六十年代，随着机构理论和伺服理论的发展，机器人进入了实用阶段。1954 年，美国的 G. C. Devol 发表了"通用机器人"专利；1960 年，美国 AMF 公司生产了柱坐标型 Versatran 机器人，可进行点位和轨迹控制，这是世界上第一种应用于工业生产的机器人。

20 世纪 70 年代，随着计算机技术、现代控制技术、传感技术、人工智能技术的发展，机器人也得到了迅速的发展。1974 年，Cincinnati Milacron 公司成功开发了多关节机器人；1979 年，Unimation 公司推出了 PUMA 机器人，它是一种多关节、全电动机驱动、多 CPU 二级控制的机器人，采用 VAL 专用语言，可配视觉、触觉、力觉传感器，在当时是技术最先进的工业机器人。现在的工业机器人在结构上大体都以此为基础。这一时期的机器人属于"示教再现"（Teach-in/Playback）型机器人，只具有记忆、存储能力，按相应程序重复作业，对周围环境基本没有感知与反馈控制能力。

（2）第二代机器人　进入 20 世纪 80 年代，随着传感技术，包括视觉传感器、非视觉传感器（力觉、触觉、接近觉等）以及信息处理技术的发展，出现了第二代机器人——有感觉的机器人。它能够获得作业环境和作业对象的部分相关信息，进行一定的实时处理，引导机器人进行作业。第二代机器人已进入了使用阶段，在工业生产中得到了广泛应用。

（3）第三代机器人　目前正在研究的"智能机器人"，它不仅具有比第二代机器人更加完善的环境感知能力，而且还具有逻辑思维、判断和决策能力，可根据作业要求与环境信息自主地进行工作。第三代工业机器人目前仍处在实验室研制阶段。

2. 工业机器人的组成

工业机器人是一个机电一体化的设备。从控制观点来看，一个较完善的机器人系统可以分成五大部分：记忆示教装置、驱动传动装置、控制装置、传感器和执行机构，如图 6-1 所示。

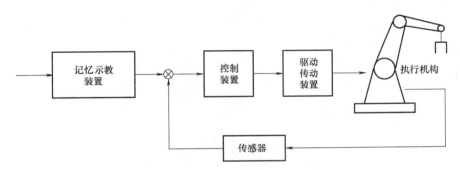

图 6-1　工业机器人的组成

执行机构是机器人完成作业的机械实体，具有和手臂相似的动作功能，是可在空间抓放物体或进行其他操作的机械装置，通常由末端机构、手腕、手臂及机座等组成。

驱动传动装置由驱动器、减速器和内部检测元件等组成，用来为操作机各运动部件提供动力和运动。驱动装置可以是液压传动、气动传动、电动传动，或者把它们结合起来应用的综合系统；可以直接驱动或者通过同步带、链条、轮系、谐波齿轮等机械传动机构进行间接驱动。

控制系统是机器人的核心，包括机器人主控制器和关节伺服控制器两部分，其主要任务是根据机器人的作业指令程序以及从传感器反馈回来的信号支配机器人的执行机构去完成规定的运动和功能。假如工业机器人不具备信息反馈特征，则为开环控制系统；若具备信息反馈特征，则为闭环控制系统。根据控制原理可分为程序控制系统、适应性控制系统和人工智能控制系统。根据运动的形式可分为点位控制和轨迹控制。

传感器系统主要由内部传感器模块和外部传感器模块组成，获取内部和外部环境状态中有意义的信息。内部传感器模块负责收集机器人内部信息如各个关节和连杆的信息，如同人体肌腱内的中枢神经系统中的神经传感器。外部传感器负责获取外部环境信息，包括视觉系统、触觉传感器等。智能传感器的使用提高了机器人的机动性、适应性和智能化的水准。

3．工业机器人的分类

（1）按机械结构类型分类　机器人的机械结构部分可以看作是由一些连杆和关节组装起来的。连杆和关节按照不同的坐标形式组装，机器人可分为五种。

1）直角坐标式机器人。直角坐标式机器人具有三个移动关节（P），能使手臂沿直角坐标系的 X、Y、Z 三个坐标轴做直线移动，如图 6-2a 所示。

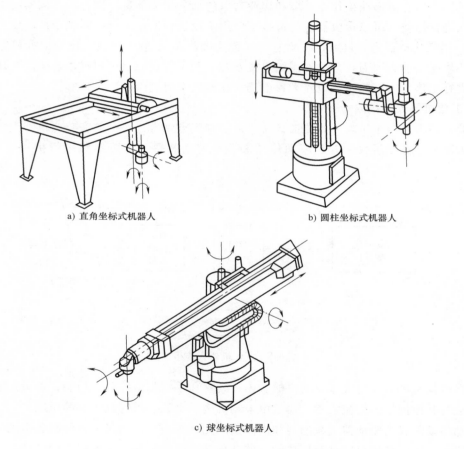

a) 直角坐标式机器人　　　　b) 圆柱坐标式机器人

c) 球坐标式机器人

图 6-2　三种坐标形式的工业机器人

2）圆柱坐标式机器人。圆柱坐标式机器人具有一个转动关节（R）和两个移动关节（P），具有三个自由度：腰转、升降、手臂伸缩，构成圆柱形的工作范围，如图 6-2b 所示。

3）球坐标式机器人。球坐标式机器人具有两个转动关节（R）和一个移动关节（P），具有三个自由度：腰转、俯仰、手臂伸缩，构成球形的工作范围，如图 6-2c 所示。

4）关节坐标式机器人。关节坐标式机器人具有三个转动关节（R），其中两个关节轴线是平行的，具有三个自由度：腰转、肩关节、肘关节，构成较为复杂的工作范围，如图 6-3a 所示。

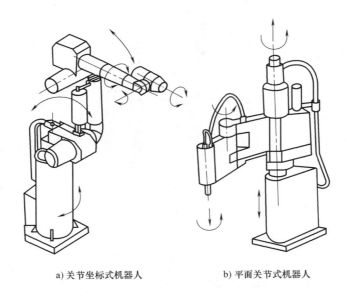

a) 关节坐标式机器人 　　　　　　　　　　 b) 平面关节式机器人

图 6-3　关节坐标式机器人

5）平面关节式机器人。平面关节式机器人可以看作是关节坐标式机器人的特例，它只有平行的肩关节和肘关节，关节轴线共面。它是一种装配机器人，也叫作选择顺应性装配机器手臂（Selective Compliance Assembly Robot Arm，SCARA），如图 6-3b 所示。该机器人在垂直平面有很好的刚度，在水平面内有很好的柔顺性，在装配行业获得很好的应用。

（2）按驱动方式分类

1）气力驱动式。气力驱动式机器人以压缩空气来驱动执行机构。这种驱动方式的优点是空气来源方便、动作迅速、结构简单、造价低，缺点是空气具有可压缩性，致使工作速度的稳定性较差。

2）液力驱动式。相对于气力驱动，液力驱动式机器人具有大得多的抓举能力，可抓举质量高达上百千克。液力驱动式机器人结构紧凑、传动平稳且动作灵敏，但对密封的要求较高，且不宜在高温或低温的场合工作，要求的制造精度较高，成本较高。

3）电力驱动式。目前越来越多的机器人采用电力驱动式，这不仅是因为电动机品种众多可供选择，更因为可以运用多种灵活的控制方法。

4）新型驱动方式。伴随着机器人技术的发展，出现了利用新的工作原理制造的新型驱动器，如静电驱动器、压电驱动器、形状记忆合金驱动器、人工肌肉等。

（3）按几何结构分类　从机构几何结构角度可将机器人机构分为开环机构和闭环机构两大类：以开环机构为机器人机构原型的称为串联机器人；以闭环机构为机器人原型的称为并联机器人。图 6-4 所示为常见的几种串联机器人。6 自由度并联机构是 Grough 在 1949 年设计出来的，20 世纪 60 年代这种机构被应用于飞行模拟器上，并被命名为 Stewart 机构，后来作为机器人机构使用，被称为并联机器人。图 6-5a 所示为 6 自由度并联机器人。从结构上看，它是用 6 根支链将上、下两平台连接而成。这 6 根支杆都可以独立地自由伸缩，它分别用球铰和胡克铰与上、下平台连接，若将下平台作为基础，则上平台可获得 6 个独立的运动，即有 6 个自由度，在三维空间中可以做任意方向的移动和绕任意方向的轴线转动。图

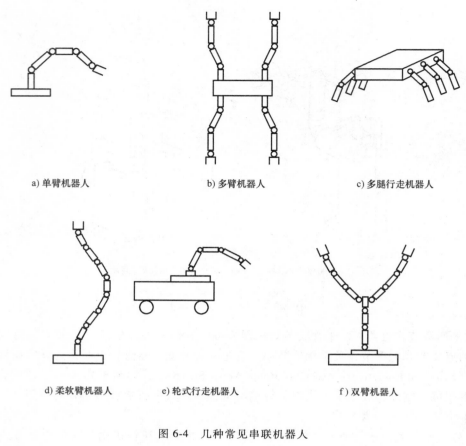

a) 单臂机器人　　　　　b) 多臂机器人　　　　　c) 多腿行走机器人

d) 柔软臂机器人　　　e) 轮式行走机器人　　　　f) 双臂机器人

图 6-4　几种常见串联机器人

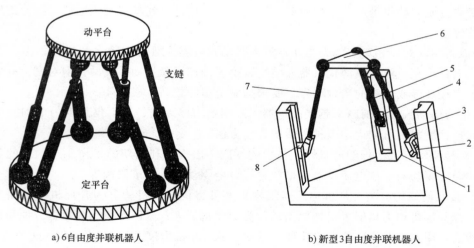

a) 6自由度并联机器人　　　　　　　b) 新型3自由度并联机器人

图 6-5　两种并联机器人

1—定平台　2、8—滑块　3、5、7—支链　4—胡克铰链　6—动平台

6-5b 所示为一种新型 3 自由度并联机器人，其动平台通过 3 根不完全相同的支链与定平台相连接。具体叙述如下：并联机构由定平台 1、动平台 6 以及连接动平台和定平台的 3 根支链

3、5、7组成，从而构成一闭环系统。其中，支链3和支链7具有相同的运动链，各包括1根定长杆、1个滑块2或8、连接动平台的球铰链和连接滑块的转动副；支链5与支链3、支链7不同，含有1根定长杆、1个滑块、连接动平台和滑块的胡克铰链；3个滑块与定平台通过移动副相连接。并联机器人是一类全新的机器人，其机构问题属于空间多自由度、多环机构学理论的新分支。并联机器人与串联机器人相比，它没有那么大的活动空间，活动上平台也远远不如串联机器人的手部来得灵活。但并联机器人具有刚度大等优点，有特殊的应用领域，与串联机器人形成互补的关系，是机器人的一种拓展。

（4）按控制方式分类

1）点位控制。按点位方式进行控制的机器人，其运动为空间点到点之间的直线运动，在作业过程中只控制几个特定工作点的位置，不对点与点之间的运动过程进行控制。

2）连续轨迹控制。按连续轨迹方式控制的机器人，其运动轨迹可以是空间的任意连续曲线。机器人在空间的整个运动过程都处于控制之下，使得手部位置可沿任意形状的空间曲线运动，而手部的姿态也可以通过腕关节的运动得以控制，这对于焊接和喷涂作业是十分有利的。

（5）按机器人的性能指标分类　机器人按照负载能力和作业空间等性能指标可分为5种。

1）超大型机器人，负载能力为10^7N以上。

2）大型机器人，负载能力为$10^6 \sim 10^7$N，作业空间为10m^2以上。

3）中型机器人，负载能力为$10^5 \sim 10^6$N，作业空间为$1 \sim 10\text{m}^2$。

4）小型机器人，负载能力为$1 \sim 10^4$N，作业空间为$0.1 \sim 1\text{m}^2$。

5）超小型机器人，负载能力为1N以下，作业空间为0.1m^2以下。

（6）按用途和作业类别分类　工业机器人分为焊接机器人、冲压机器人、浇注机器人、装配机器人、喷漆机器人、搬运机器人、切削加工机器人、检测机器人、采掘机器人和水下机器人等。

4. 工业机器人的技术参数

（1）自由度　自由度是指机器人具有的独立运动的数目，一般不包括末端操作器的自由度（如手爪的开合）。在三维空间中描述一个物体的位姿（位置和姿态）需要6个自由度，其中3个用于确定位置（x，y，z），另3个用于确定姿态（绕x，y，z的旋转）。工业机器人的自由度是根据其用途而设计的，可能小于6个自由度，也可能大于6个自由度。

（2）关节　机器人的机械结构部分可以看作是由一些连杆通过关节组装起来的，如图6-6所示。由关节完成连杆之间的相对运动。通常有两种关节，即转动关节和移动关节。

转动关节主要是电动驱动的，主要由步进电动机或伺服电动机驱动。移动关节主要由气缸、液压缸或者线性电驱动器驱动。

（3）精度　精度包括定位精度和重复定位精度。定位精度是指机器人手部实际到达位置与目标位置之间的差异，主要依存于机械误差、控制算法误差与分辨率系统误差。重复定位精度是指机器人手部重复定位于同一目标位置的能力（用标准偏差表示）。

（4）工作空间　工作空间指工业机器人正常运行时，其手腕参考点在空间所能达到的区域，用来衡量机器人工作范围的大小。由于末端执行器的形状和尺寸是多种多样的，为真实反映机器人的特征参数，故工作范围是指不安装末端执行器时的工作区域。

工作范围的形状和大小是十分重要的，机器人在执行某作业时可能会因存在手部不能到达的作业死区（dead zone）而不能完成任务。

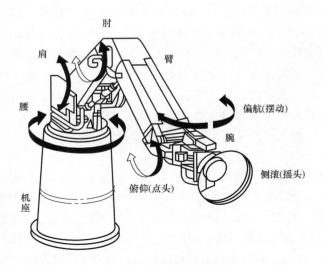

图 6-6 T3 型工业机器人

（5）最大工作速度 厂商不同，对最大工作速度规定的内容亦有不同，有的厂商定义为工业机器人主要自由度上最大的稳定速度；有的厂商定义为手臂末端最大的合成速度，通常在技术参数中加以说明。

（6）承载能力 承载能力指机器人在工作范围内的任何位姿上所能承受的最大质量。承载能力不仅决定于负载的质量，还与机器人运行的速度和加速度有关。机器人的承载能力与其自身质量相比往往非常小。

5．工业机器人的运动学与力学分析

机器人运动学研究的是机器人各连杆间的位移关系、速度关系和加速度关系。本任务中只讨论位移关系，即研究的是机器人手部相对于机座的位置和姿态。

串联机器人是一开式运动链，它是由一系列连杆通过转动关节或移动关节串联而成的。关节由驱动器驱动，关节的相对运动导致连杆的运动，使手爪到达一定的位姿。已知机器人各关节的位移值，求其手部的位姿，这称为机器人运动学的正问题；其逆问题则是：已知手部位姿，求解各关节变量的位移值。正问题和逆问题都与机器人连杆的结构和参数有关，如图 6-7 所示。

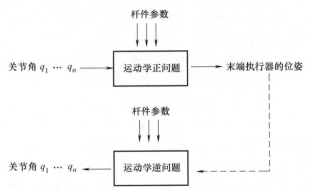

图 6-7 工业机器人运动学正问题和逆问题

　　为了研究机器人连杆间的位移关系，可以在每个连杆上固联一个运动坐标系（称为连杆坐标系或附体坐标系），然后研究各坐标系（连杆）之间的关系。Denavit 和 Hartenberg 提出了一种建立连杆坐标系的规则，用一 4×4 的齐次变换矩阵（D-H 矩阵）来描述相邻连杆间的位姿关系，进而推导出机器人手部坐标系相对于机座坐标系的位姿矩阵，建立机器人的运动方程。

$$T = \begin{pmatrix} n_x & o_x & a_x & p_x \\ n_y & o_y & a_y & p_y \\ n_z & o_z & a_z & p_z \\ 0 & 0 & 0 & 1 \end{pmatrix} = \begin{pmatrix} \boldsymbol{n} & \boldsymbol{o} & \boldsymbol{a} & \boldsymbol{p} \\ 0 & 0 & 0 & 1 \end{pmatrix} \tag{6-1}$$

式（6-1）即为齐次变换矩阵（D-H 矩阵）。

　　两坐标系间的旋转用式（6-1）（D-H 矩阵）中左上角的一个 3×3 旋转矩阵（$\boldsymbol{R}$）来描述；右上角是一个 3×1 的列矩阵，称为位置向量，表示两个坐标系间的平移，p_x、p_y、p_z 为两坐标系间平移矢量的 3 个分量。D-H 矩阵左上角中的 1×3 行矩阵表示沿三根坐标轴的透视变换；右下角的 1×1 单一元素矩阵为使物体产生总体变换的比例因子。在 CAD 绘图中透视变换和比例因子是重要参数，但在工业机器人控制中，透视变换值总是取零，而比例因子则总是取 1。

　　工业机器人力学分析主要包括静力学分析和动力学分析。静力学分析是研究操作机在静态工作条件下手臂的受力情况；动力学分析是研究操作机各主动关节驱动力与手臂运动的关系，从而得出工业机器人的动力学方程。静力学分析和动力学分析是工业机器人操作机设计、控制器设计和动态仿真的基础。

　　在机器人静力学分析中，借助雅可比矩阵可建立外界环境对末端执行器的作用力/力矩与各关节力/力矩间的关系。

　　对于 n 自由度的机器人，其关节变量为 $\boldsymbol{Q} = \begin{bmatrix} q_1 & q_2 & q_3 & q_4 & q_5 & q_6 \end{bmatrix}^T$，机器人末端执行器在笛卡儿坐标系中的位姿 $\boldsymbol{P} = \begin{bmatrix} x & y & z & \theta_x & \theta_y & \theta_z \end{bmatrix}^T = \begin{bmatrix} p_1 & p_2 & p_3 & p_4 & p_5 & p_6 \end{bmatrix}^T$，$\boldsymbol{P} = \Phi(q_1 \quad q_2 \quad q_3 \quad q_4 \quad q_5 \quad q_6)$，求导可得

$$\frac{\mathrm{d}P}{\mathrm{d}t} = \frac{\partial \boldsymbol{\Phi}}{\partial \boldsymbol{Q}} \cdot \frac{\partial \boldsymbol{Q}}{\partial t}$$

则

$$\boldsymbol{J} = \frac{\partial \boldsymbol{\Phi}}{\partial \boldsymbol{Q}} = \begin{bmatrix} \dfrac{\partial p_1}{\partial q_1} & \cdots & \dfrac{\partial p_1}{\partial q_n} \\ \vdots & \vdots & \vdots \\ \dfrac{\partial p_6}{\partial q_1} & \cdots & \dfrac{\partial p_6}{\partial q_n} \end{bmatrix} \tag{6-2}$$

$\boldsymbol{J}$ 称为机器人速度雅可比矩阵。

　　假定关节无摩擦，并忽略各杆件的重力，则广义关节力矩 $\boldsymbol{\tau}$ 与机器人手部端点力 $\boldsymbol{F}$ 的关系可用下式描述：

$$\boldsymbol{\tau} = \boldsymbol{J}^T \boldsymbol{F} \tag{6-3}$$

式中，$\boldsymbol{J}^T$ 为 $n×6$ 阶机器人力雅可比矩阵或力雅可比，并且是机器人速度雅可比 $\boldsymbol{J}$ 的转

置矩阵。

机器人动力学是研究机器人各关节的驱动力/力矩与机器人末端执行器的位姿、速度和加速度之间的动态关系。由于机器人的复杂性，其动力学模型通常是一个多自由度、多变量、高度非线性、多参数耦合的复杂系统。建立机器人动力学模型的方法主要有拉格朗日法和牛顿-欧拉法。

拉格朗日函数 L 定义为系统动能 K 和位能 P 之差，即 $L = K - P$。用拉格朗日法推导机器人的动力学模型可按以下步骤进行：

1）计算任一连杆上任一点的速度。

2）计算各连杆的动能和机器人的总动能。

3）计算各连杆的位能和机器人的总位能。

4）建立机器人系统的拉格朗日函数。

5）对拉格朗日函数求导，得到机器人的动力学方程。

6. 工业机器人的控制方式

工业机器人的工作原理是一个比较复杂的问题。简单地说，工业机器人的原理就是模仿人的各种肢体动作、思维方式和控制决策能力。从控制的角度，工业机器人可以通过如下 4 种方式来达到这一目标。

（1）"示教再现"（Teaching/Playback，T/P）方式　它通过"示教盒"或人"手把手"两种方式教机械手如何动作，控制器将示教过程记忆下来，然后机器人就按照记忆周而复始地重复示教动作，如喷涂机器人。

（2）"可编程控制"方式　工作人员事先根据机器人的工作任务和运动轨迹编制控制程序，然后将控制程序输入给机器人的控制器，起动控制程序，机器人就按照程序所规定的动作一步一步地去完成，如果任务变更，只要修改或重新编写控制程序，非常灵活方便。大多数工业机器人都是按照前两种方式工作的。

（3）"遥控"方式　由人用有线或无线遥控器控制机器人在人难以到达或危险的场所完成某项任务，如防爆排险机器人、军用机器人、在有核辐射和化学污染环境工作的机器人等。

（4）"自主控制"方式　它是机器人控制中最高级、最复杂的控制方式，它要求机器人在复杂的非结构化环境中具有识别环境和自主决策能力，也就是要具有人的某些智能行为。

以上 4 种方式中，目前在工业自动控制里最为常用的是"示教再现"方式。"示教再现"可分为示教→存储→再现→操作 4 步进行。

示教方式有两种：

1）直接示教——手把手：操作人员直接带动机器人的手臂依次通过预定的轨迹，这时，顺序、位置和时间三种信息可以做到综合示教。再现时，依次读出存储的信息，重复示教的动作过程。

2）间接示教——示教盒控制：操作人员通过操作示教盒上的按键，编制机器人的动作顺序，确定位置、设定速度或限时，三种信息的示教一般是分离进行的。在计算机控制下，用特定的语言编制示教程序，实际上是一种间接示教方式，位置信息往往需通过示教盒设定。

存储：在必要的期限内保存示教信息。

再现：根据需要，读出存储的示教信息向机器人发出重复动作的命令。

操作：根据再现时所发出的一条条指令，驱使机器人的各个自由度产生相应的动作，最终使机器人手爪从空间一点移动到另一点。

7. 工业机器人的结构与设计

（1）机械设计步骤

1）作业分析。作业分析包括任务分析和环境分析，不同的作业任务和环境对机器人操作及方案设计有着决定性的影响。

2）方案设计。方案设计的步骤如下：①确定动力源；②确定机型；③确定自由度；④确定动力容量和传动方式；⑤优化运动参数和结构参数；⑥确定平衡方式和平衡质量；⑦绘制机构运动简图。

3）结构设计。结构设计包括机器人驱动系统、传动系统的配置及结构设计，关节及杆件的结构设计，平衡机构的设计，走线及电器接口设计等。

4）动特性分析。估算惯性参数，建立系统动力学模型进行仿真分析，确定其结构固有频率和响应特性。

5）施工设计。完成施工图设计，编制相关技术文件。

（2）机器人控制系统结构的选择　机器人控制系统按其控制方式可分为三类。

1）集中控制方式：用一台计算机实现全部控制功能，结构简单，成本低，但实时性差，难以扩展。

2）主从控制方式：采用主、从两级处理器实现系统的全部控制功能。主 CPU 实现管理、坐标变换、轨迹生成和系统自诊断等；从 CPU 实现所有关节的动作控制。主从控制方式系统实时性较好，适于高精度、高速度控制，目前在工业自动控制场合中应用广泛，但其系统扩展性较差，维修困难。

3）分散控制方式：按系统的性质和方式将系统控制分成几个模块，每一个模块各有不同的控制任务和控制策略，各模式之间可以是主从关系，也可以是平等关系。这种方式实时性好，易于实现高速、高精度控制，易于扩展，可实现智能控制，是目前较为流行的方式。

（3）工业机器人的驱动与传动系统结构

1）驱动与传动系统的构成。在机器人机械系统中，驱动器通过联轴器带动传动装置（一般为减速器），再通过关节轴带动杆件运动。

机器人一般有两种运动关节，即转动关节（R）和移（直）动关节（P）。

为了进行位置和速度控制，驱动系统中还包括位置和速度检测元件。检测元件类型很多，但都要求有合适的精度、连接方式以及有利于控制的输出方式。对于伺服电动机驱动，检测元件常与电动机直接相连，如图 6-8a 所示；对于液压驱动，则常通过联轴器或销轴与被驱动的杆件相连，如图 6-8b 所示。

2）驱动器的类型和特点。

①电动驱动器。电动驱动器的能源简单，速度变化范围大，效率高，速度和位置精度都很高。但它们多与减速装置相连，直接驱动比较困难。

电动驱动器又可分为直流（DC）、交流（AC）伺服电动机驱动和步进电动机驱动。直流伺服电动机有很多优点，但它的电刷易磨损，且易形成火花。随着技术的进步，近年来交

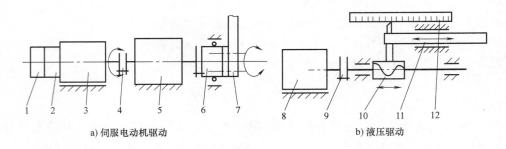

a) 伺服电动机驱动   b) 液压驱动

图 6-8   检测元件的连接方式

1—码盘   2—测速机   3、8—电动机   4、9—联轴器   5—传动装置   6、11—动关节
7—杆   10—螺旋副   12—电位器（或光栅尺）

流伺服电动机正逐渐取代直流伺服电动机而成为机器人的主要驱动器。步进电动机驱动多为开环控制，控制简单但功率不大，多用于低精度小功率机器人系统。

② 液压驱动器。液压驱动器的优点是功率大，可省去减速装置而直接与被驱动的杆件相连，结构紧凑，刚度好，响应快，伺服驱动具有较高的精度；但需要增设液压源，易产生液体泄漏，不适合高、低温场合，故液压驱动目前多用于特大功率的机器人系统。

③ 气动驱动器。气动驱动器的结构简单、清洁、动作灵敏，具有缓冲作用。但与液压驱动器相比，功率较小，刚度差，噪声大，速度不易控制，所以多用于精度不高的点位控制机器人。

驱动器的选择应以作业要求、生产环境为先决条件，以价格高低、技术水平为评价标准。一般说来，目前负荷为100kg以下的可优先考虑电动驱动器；只需点位控制且功率较小者，可采用气动驱动器；负荷较大或机器人周围已有液压源的场合，可采用液压驱动器。

对于驱动器来说，最重要的是要求起动力矩大、调速范围宽、惯量小、尺寸小，同时还要有性能好的、与之配套的数字控制系统。

3）机器人的常用传动机构。工业机器人对传动机构的基本要求如下：

① 结构紧凑，即同比体积最小、重量最轻。

② 传动刚度大，即承受转矩时角度变形要小，以提高整机的固有频率，降低整机的低频振动。

③ 回差小，即由正转到反转时空行程要小，以得到较高的位置控制精度。

④ 寿命长、价格低。

机器人几乎使用了目前出现的绝大多数传动机构，其中最常用的为谐波传动、RV摆线针轮行星传动和滚动螺旋传动。

① 谐波传动的工作原理。谐波传动是利用一个构件的可控制的弹性变形来实现机械运动的传递。谐波传动通常由三个基本构件（俗称三大件）组成，包括一个有内齿的刚轮，一个工作时可产生径向弹性变形并带有外齿的柔轮和一个装在柔轮内部、呈椭圆形、外圈带有滚动轴承的波发生器。柔轮的外齿数少于刚轮的内齿数。在波发生器转动时，相应于长轴方向的柔轮外齿正好完全啮入刚轮的内齿；在短轴方向，则外齿全脱开内齿。当刚轮固定，波发生器转动时，柔轮的外齿将依次啮入和啮出刚轮的内齿，柔轮齿圈上的任一点的径向位

移将呈近似于余弦波形的变化，所以这种传动称作谐波传动，如图6-9所示。

② RV摆线针轮传动。RV摆线针轮传动装置是由一级行星轮系再串联一级摆线针轮减速器组合而成的，如图6-10所示。

RV摆线针轮传动的主要特点如下：与谐波传动相比，RV摆线针轮传动除了具有相同的速比大、同轴线传动、结构紧凑、效率高等特点外，最显著的特点是刚度好，传动刚度较谐波传动要大2~6倍，但重量却增加了1~3倍。

该减速器特别适用于操作机上的第一级旋转关节（腰关节），这时自重是坐落在底座上的，充分发挥了高刚度作用，可以大大提高整机的固有频率，降低振动；在频繁加、减速的运动过程中可以提高响应速度并降低能量消耗。

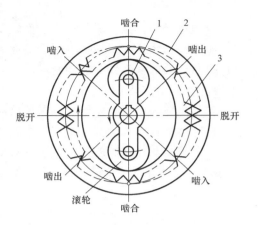

图6-9　谐波传动示意图
1—转臂　2—刚轮　3—柔轮

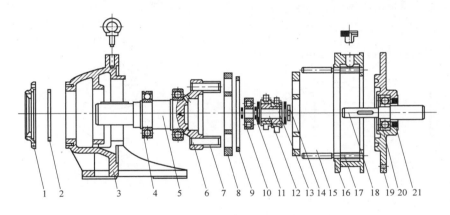

图6-10　RV摆线针轮传动装置

1—压盖　2—止动环　3—机座　4、11、13、14—挡圈　5—输出轴　6—销轴
7—销套　8—摆线轮　9—间隔环　10—轴用挡圈　12—偏心套　15—针齿销　16—针齿壳
17—针齿套　18—输入轴　19—法兰盘　20—孔用挡圈　21—紧固环

③ 滚动螺旋传动。滚动螺旋传动是在具有螺旋槽的丝杠与螺母之间放入适当的滚珠，使丝杠与螺母之间由滑动摩擦变为滚动摩擦的一种螺旋传动，如图6-11所示。滚珠在工作过程中顺螺旋槽（滚道）滚动，故必须设置滚珠的返回通道，才能循环使用。为了消除回差（空回），螺母分成两段，以垫片、双螺母或齿差调整两段螺母的相对轴向位置，从而消除间隙和施加预紧力，使得在有额定抽间负荷时也能使回差为零。其中用得最多的是双螺母式，而齿差式最为可靠。

（4）工业机器人的机械结构系统设计

1）工业机器人的手臂和机座。工业机器人机械结构系统由机座、手臂、手腕、末端执行器和移动装置组成。工业机器人的手臂由动力关节和连接杆件构成，用以支承和调整手腕和末端执行器的位置。

手臂结构设计要求如下：

① 手臂的结构和尺寸应满足机器人完成作业任务提出的工作空间要求。

② 合理选择手臂截面形状和高强度轻质材料，减轻自重。

③ 减小驱动装置的负荷，提高手臂运动的响应速度。

④ 提高运动的精确性和运动刚度。

机座结构设计要求如下：

① 要有足够大的安装基面，以保证机器人工作时的稳定性。

② 机座承受机器人全部重量和工作载荷，应保证足够的强度、刚度和承载能力。

③ 机座轴系及传动链的精度和刚度对末端执行器的运动精度影响最大。

电动机驱动机械传动圆柱坐标型机器人手臂和机座结构，如图 6-12 所示。

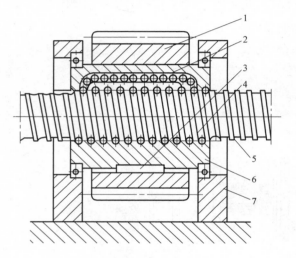

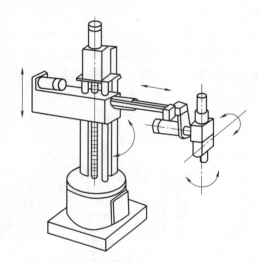

图 6-11　RV 摆线针轮传动

1—齿轮　2—返回装置　3—键

4—滚珠　5—丝杠　6—螺母　7—支座

图 6-12　圆柱坐标型机器人手臂和机座结构

2）工业机器人的手腕。手腕是连接工业机器人手臂和末端执行器的部件，其功能是在手臂和机座实现了末端执行器在作业空间的 3 个位置坐标的基础上，再由手腕来实现末端执行器在作业空间的 3 个姿态坐标，即实现 3 个选择自由度，如图 6-13 所示。

设计要求如下：

① 力求手腕部件的结构紧凑，为减轻其质量和体积。

② 自由度越多，运动范围越大，动作灵活性越高，机器人对作业的适应能力越强。

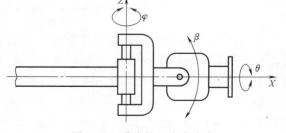

图 6-13　手腕的三个自由度

③ 提高传动刚度，尽量减少反转误差。

④ 对手腕回转各关节轴上要设置限位开关和机械挡块，以防止关节超限造成事故。

用摆动液压缸驱动实现回转运动的手腕结构，如图 6-14 所示。

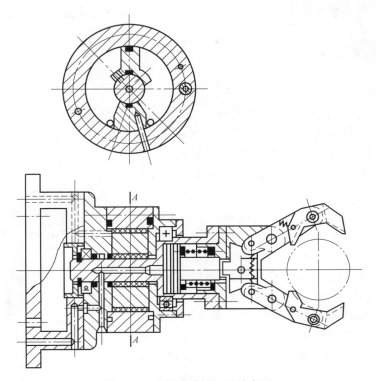

图 6-14　用摆动液压缸驱动实现
回转运动的手腕结构

3）工业机器人的末端执行器。

① 分类和设计要求。根据用途和结构的不同，末端执行器可以分为机械式夹持器、吸附式末端执行器和专用工具三类。

设计末端执行器时，应满足作业需要的足够的夹持力和所需的夹持位置精度；尽可能使末端执行器结构简单、紧凑，质量小，以减轻手臂的负荷。

② 机械式夹持器的结构与设计。工业机器人中应用的机械夹持器多为双指手爪式，按其手爪的运动方式可分为平移型和回转型，回转型手爪又分为单支点回转型和双支点回转型，按夹持方式可分为外夹式和内撑式，按驱动方式可以有电动、液压和气动。主要形式有楔块杠杆式回转型夹持器、滑槽杠杆式回转型夹持器（见图 6-15）、连杆杠杆式回转型夹持器、齿轮齿条平行连杆式平移型夹持器、左右型丝杠平移型夹持器和内撑连杆杠杆式夹持器。

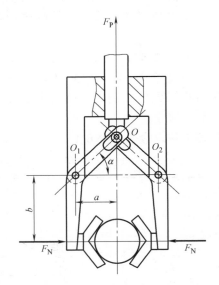

图 6-15　滑槽杠杆式回转型夹持器

③ 吸附式末端执行器的结构与设计。吸附式末端执行器（又称吸盘）有气吸式和磁吸

式两种。它们分别是利用吸盘内负压产生的吸力或磁力来吸住并移动工作的。

【任务实践】

1. 任务要求

本任务所使用的机器人为苏州博实机器人技术有限公司开发的 6 自由度串联关节式机器人 RBT-6T/S02S，其轴线相互平行或垂直，能够在空间内进行定位，采用伺服电动机和步进电动机混合驱动，主要传动部件采用可视化设计，控制简单，编程方便，它是一个多输入、多输出的动力学复杂系统，是进行控制系统设计的理想平台。它具有高度的能动性和灵活性，具有广阔的开阔空间，是进行运动规划和编程系统设计的理想对象。

整个系统包括机器人 1 台、控制柜 1 台、控制卡 2 块、实验附件 1 套（包括轴、套）和机器人控制软件 1 套（实验设备用户可选）。

机器人采用串联式开链结构，即机器人各连杆由旋转关节或移动关节串联连接，如图 6-16 所示。各关节轴线相互平行或垂直。连杆的一端装在固定的支座上（底座），另一端处于自由状态，可安装各种工具以实现机器人作业。关节的作用是使相互连接的两个连杆产生相对运动。关节的传动采用模块化结构，由锥齿轮、同步齿型带和谐波减速器等多种传动结构配合实现。

机器人各关节采用伺服电动机和步进电动机混合驱动，并通过 Windows 环境下的软件编程和运动控制卡实现对机器人的控制，使机器人能够在工作空间内任意位置精确定位。

机器人技术参数见表 6-1。

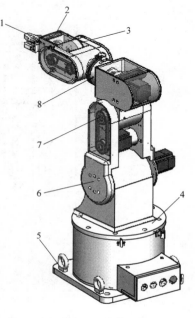

图 6-16　机器人结构
1—气动手爪　2—Ⅵ关节　3—Ⅴ关节
4—Ⅰ关节　5—底座　6—Ⅱ关节
7—Ⅲ关节　8—Ⅳ关节

表 6-1　机器人技术参数

结构形式		串联关节式
驱动方式		步进伺服混合驱动
负载能力		6kg
重复定位精度		±0.08mm
动作范围	关节 Ⅰ	−150°~150°
	关节 Ⅱ	−150°~−30°
	关节 Ⅲ	−70°~50°
	关节 Ⅳ	−150°~150°
	关节 Ⅴ	−90°~90°
	关节 Ⅵ	−180°~180°

（续）

结构形式		串联关节式
最大速度	关节 I	60°/s
	关节 II	60°/s
	关节 III	60°/s
	关节 IV	60°/s
	关节 V	60°/s
	关节 VI	120°/s
最大展开半径		870mm
高度		1150mm
本体质量		≤100kg
操作方式		示教再现/编程
电源容量		单相 220V,50Hz,4A

2. 相关设备

1）RBT-6T/S02S 机器人 1 台。

2）RBT-6T/S02S 机器人控制柜 1 台。

3）装有运动控制卡和控制软件的计算机 1 台。

4）轴和轴套各 1 个。

3. 任务实施

1）连接好气路，起动气泵到预定压力。

2）启动计算机，运行机器人软件，出现如图 6-17 所示主界面。

3）接通控制柜电源，按下"起动"按钮。

4）单击主界面"机器人复位"按钮，机器人进行回零运动。观察机器人的运动，6 个关节全部运动完成后，机器人处于零点位置。

5）单击"关节示教"按钮，出现如图 6-18 所示界面，按下"打开"按钮，在机器人软件安装目录下选择示教文件 BANYUN.RBT6，示教数据会在示教列表中显示。

图 6-17　主界面

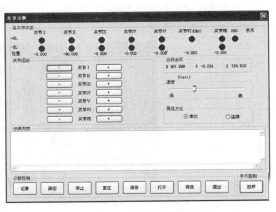

图 6-18　关节示教界面

6）装配操作演示，在 2 个支架的相应位置上分别放置轴和轴套，然后按下"再现"按钮，机器人实现装配动作。

7）运动完毕后，按下"复位"按钮，机器人回到零点位置，关闭对话框。

8）如果想再做一次装配动作，把轴放回相应位置，按下"再现"按钮即可。

9）单击"机器人复位"按钮，使机器人回到零点位置。

10）按下控制柜上的"停止"按钮，断开控制柜电源。

11）退出机器人软件，关闭计算机。

4. 任务总结

通过本项目使学生了解串联关节机器人的机构组成，掌握其工作原理、基本功能以及示教运动过程。通过项目实施步骤，熟悉 RBT-6T/S02S 机器人的控制形式，及其控制软件的"机器人复位""关节示教""复位"等基本操作。

5. 任务评价

任务评价表见表 6-2。

表 6-2　任务评价表

项目	目标	分值	评分	得分
机械手机械结构的认识	（1）正确认识机械手各关节组成 （2）熟悉各关节技术参数	50	每处错误，扣 5~10 分	
机器人控制系统硬件连接	将机器人与控制计算机正确连接	20	每处错误，扣 5~10 分	
实验动作的运行	正确完成实施步骤要求的动作	30	每处错误，扣 5~10 分	
总分		100		

 【知识拓展】

1. 光伏电池片搬运领域

光伏电池片的制造要经过 10 个左右流程，每个工位都涉及电池片的搬运；由于电池片越来越薄，高价值和精细材料的结合使降低搬运中的碎片率成为首要需求。因此，机器人出色的重复定位精度和高可靠性成为完成这一任务的首选。图 6-19 所示为微松公司开发的电池片搬运三轴机械手。

图 6-19　电池片搬运三轴机械手

2. PCBA 测试行业的应用

印制电路板组件（Printed Circuit Board+Assembly，PCBA）的测试关系到电路板产品质量。在当下用工难和产品降价的双重压力下，用机械手减少或代替人工是企业的必然选择。图 6-20 所示为机器人手持电路板动态检测过程示意图。

3. 机械手与小型焊接、切割设备的协调作业

随着机械手和激光设备的小型化和价格走低，像汽车行业的大型机械手焊接方式被广泛应用到非汽车领域的小型机器人焊接行业，如金属片的图案切割、锂电池的焊接、塑料制品的切割和焊接等。由于轨迹的复杂多样，以 6 轴机械手应用为主。图 6-21 所示为机械手应用于非标小型零部件的精细切割作业。

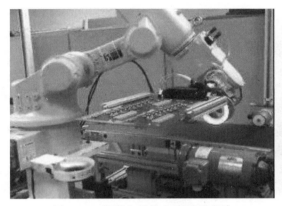

图 6-20　机器人手持电路板动态检测过程示意图

图 6-21　机械手应用于非标小型零部件的精细切割作业

【常见问题分析】

随着电子技术、计算机技术、数控及机器人技术的发展，自动弧焊机器人工作站从 20 世纪 60 年代开始用于生产以来，其技术已日益成熟，具有稳定和提高焊接质量、提高劳动生产率、改善工人劳动强度，可在有害环境下工作、降低了对工人操作技术的要求、缩短了产品改型换代的准备周期，减少相应的设备投资等优点，因此，在各行各业已得到了广泛的应用。

焊接机器人是一种典型的串联机器人，下面以焊接机器人为例说明其在长期的工作中出现的各种故障以及故障的分析与处理。

1. 焊接缺陷分析及处理方法

机器人焊接采用的是富氩混合气体保护焊，焊接过程中出现的焊接缺陷一般有焊偏、咬边、气孔等几种，具体分析如下：

1）出现焊偏：可能为焊接的位置不正确或焊枪寻找时出现问题。这时，要考虑焊枪中心点位置（TCP）是否准确，并加以调整。如果频繁出现这种情况，就要检查一下机器人各轴的零位置，重新校零予以修正。

2）出现咬边：可能为焊接参数选择不当、焊枪角度或焊枪位置不对，可适当调整功率的大小来改变焊接参数，调整焊枪的姿态以及焊枪与工件的相对位置。

3）出现气孔：可能为气体保护差、工件的底漆太厚或者保护气不够干燥，进行相应的调整就可以处理。

4）飞溅过多：可能为焊接参数选择不当、气体组分原因或焊丝外伸长度太长，可适当调整功率的大小来改变焊接参数，调节气体配比仪来调整混合气体比例，调整焊枪与工件的相对位置。

5）焊缝结尾处冷却后形成一弧坑：编程时在工作步中添加埋弧坑功能，可以将其填满。

2. 常见故障及解决方法

1）发生撞枪：可能是由于工件组装发生偏差或焊枪的 TCP 不准确，可检查装配情况或修正焊枪 TCP。

2）出现电弧故障，不能引弧：可能是由于焊丝没有接触到工件或工艺参数太小，可手动送丝，调整焊枪与焊缝的距离，或者适当调节工艺参数。

3）保护气监控报警：冷却水或保护气供给存有故障，检查冷却水或保护气管路。

3. 故障预防方法

作为示教再现式机器人，要求工件的装配质量和精度必须有较好的一致性。应用焊接机器人应严格控制零件的制备质量，提高焊件装配精度。零件表面质量、坡口尺寸和装配精度将影响焊缝跟踪效果，可以从以下几方面来提高零件制备质量和焊件装配精度。

1）编制焊接机器人专用的焊接工艺，对零件尺寸、焊缝坡口、装配尺寸进行严格的工艺规定。一般零件和坡口尺寸公差控制在±0.8mm，装配尺寸误差控制在±1.5mm以内，焊缝出现气孔和咬边等焊接缺陷概率可大幅度降低。

2）采用精度较高的装配工装以提高焊件的装配精度。

3）焊缝应清洗干净，无油污、铁锈、焊渣、割渣等杂物，允许有可焊性底漆。否则，将影响引弧成功率。定位焊由焊条焊改为气体保护焊，同时对点焊部位进行打磨，避免因定位焊残留的渣壳或气孔，从而避免电弧的不稳甚至飞溅的产生。

4. 焊接机器人对焊丝的要求

机器人根据需要可选用桶装或盘装焊丝。为了减少更换焊丝的频率，机器人应选用桶装焊丝，但由于采用桶装焊丝，送丝软管很长，阻力大，对焊丝的挺度等质量要求较高。当采用镀铜质量稍差的焊丝时，焊丝表面的镀铜因摩擦脱落会造成导管内容积减小，高速送丝时阻力加大，焊丝不能平滑送出，产生抖动，使电弧不稳，影响焊缝质量，严重时，出现卡死现象，使机器人停机，故要及时清理焊丝导管。

5. 总结

1）选择合理的焊接顺序。以减小焊接变形、焊枪行走路径长度来确定焊接顺序。

2）焊枪空间过渡要求移动轨迹较短、平滑、安全。

3）优化焊接参数。为了获得最佳的焊接参数，制作工作试件进行焊接试验和工艺评定。

4）选择合理的变位机位置、焊枪姿态、焊枪相对接头的位置。工件在变位机上固定之后，若焊缝不是理想的位置与角度，就要求编程时不断调整变位机，使得焊接的焊缝按照焊接顺序逐次达到水平位置，同时，要不断调整机器人各轴位置，合理地确定焊枪相对接头的位置、角度与焊丝伸出长度。工件的位置确定之后，焊枪相对接头的位置通过编程人员的双眼观察，难度较大，这就要求编程人员善于总结积累经验。

5）及时插入清枪程序。编写一定长度的焊接程序后，应及时插入清枪程序，可以防止焊接飞溅堵塞焊接喷嘴和导电嘴，保证焊枪的清洁，提高喷嘴的寿命，确保可靠引弧、减少焊接飞溅。

6）编制程序一般不能一步到位，要在机器人焊接过程中不断检验和修改程序，调整焊接参数及焊枪姿态等。

任务6-2　并联关节机器人

【任务说明】

近年来，并联机器人的发展已成为机器人研究领域的热点之一，在某些方面，它具有串联结构所无法相比的优点，因而扩大了机器人领域的应用范围。与串联结构相比，并联结构具有刚度大、动态性能优越、误差小、精度高、结构紧凑、使用寿命长等一系列优点，众多研究机构和制造厂商都看好其在制造领域的应用前景。目前多种并联机器人已经被设计和开发出来，应用的领域涉及机床、定位装置、娱乐、医疗卫生等。

本任务主要对并联机器人分类和应用做简要分析和概括，对其机构学、运动学、系统控制策略等关键技术做概括性分析，并以3自由度并联机器人——DELTA机构平台为例，对并联机器人在数控机床上的应用做重点介绍。

【任务知识点】

1. 并联机构的发展概况

（1）并联机构　并联机构（Parallel Mechanism）是一组由两个或两个以上的分支机构通过运动副按一定的方式连接而成的闭环机构。它的特点是所有分支机构可以同时接受驱动器输入，而最终共同给出输出。组成并联机构的运动副可分为简单运动副和复杂运动副两大类。常见的简单运动副有旋转副R（Revolute Pair）、滑移副P（Prismatic Pair）、圆柱副C（Cylinder Pair）、螺旋副H（Helix Pair）、球面副S（Spherical Pair）和球销副S′（Ball-and-Spigot Pair）等。为了设计出具有已知运动特性的支链而提出的复合副有万向铰或胡克铰U（Universal Pair）、纯平动万向铰U（Pure-Translation Universal Joint）等。

对并联机构的研究最早可追溯到20世纪中期。1949年，Gough采用并联机构制作了轮胎检测装置，1965年，英国高级工程师Stewart发表了名为"A Platform with Six Degress of Freedom"的论文，引起了广泛的注意，从而奠定了他在空间并联机构中的鼻祖地位，相应的平台称为Stewart平台。Stewart平台机构（见图6-22）由上下平台及6根支杆构成，这6根支杆可以独立地上下伸缩，它分别由球铰和胡克铰与上下平台连接。将下平台固定，则上平台就可进行6个自由度的独立运动，在三维空间可以做任意方向的移动和绕任何方向、位置的轴线转动。

为克服串联机器人刚度差、误差累积等诸多缺点，澳大利亚著名机构学学者 Hunt 于 1978 年首次提出把 Stewart 平台机构应用于工业机器人，提出一种新的 6 自由度并联机器人。1979 年，H. MacCallion 和 D. T. Pham 将该机构按操作器设计，成功地将 Stewart 机构用于装配生产线，从而标志着并联机器人的诞生，从此拉开了并联机器人发展的历史。随着计算机技术的发展，计算快速、功能强大的 PC，促进了并联机器人机构的应用和发展。

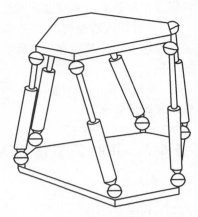

图 6-22　Stewart 平台机构

（2）并联机构特点

并联机构是一种闭环机构，其动平台或称末端执行器通过至少两个独立的运动链与机架相连接，必备的要素如下：①末端执行器必须具有运动自由度；②这种末端执行器通过几个相互关联的运动链或分支与机架相连接；③每个分支或运动链由唯一的移动副或转动副驱动。

与传统的串联机构相比，并联机构的零部件数目较串联构造平台大幅减少，主要由滚珠丝杠、伸缩杆件、滑块构件、胡克铰、球铰和伺服电动机等通用组件组成。这些通用组件可由专门厂商生产，因而其制造和库存备件成本比相同功能的传统机构低得多，容易组装和模块化。

除了在结构上的优点，并联机构在实际应用中更是有串联机构不可比拟的优势。其主要优点如下：

1）刚度质量比大。因采用并联闭环杆系，杆系理论上只承受拉、压载荷，是典型的二力杆，并且多杆受力，使得传动机构具有很高的承载强度。

2）动态性能优越。运动部件质量小，惯性低，可有效改善伺服控制器的动态性能，使动平台获得很高的进给速度与加速度，适用于高速数控作业。

3）运动精度高。这是与传统串联机构相比而言的，传统串联机构的加工误差是各个关节的误差积累，而并联机构各个关节的误差可以相互抵消、相互弥补，因此，并联机构是未来机床的发展方向。

4）多功能灵活性强。可构成形式多样的布局和自由度组合，在动平台上安装刀具进行多坐标铣、磨、钻、特种曲面加工等，也可安装夹具进行复杂的空间装配，适应性强，是柔性化的理想机构。

5）使用寿命长。由于受力结构合理，运动部件磨损小，且没有导轨，不存在铁屑或切削液进入导轨内部而导致其划伤、磨损或锈蚀现象。

并联机构作为一种新型机构，也有其自身的不足，由于结构的原因，它的运动空间较小，而串、并联机构则弥补了并联机构的不足，它既有质量小、刚度大、精度高的特点，又增大了机构的工作空间，因此具有很好的应用前景，尤其是少自由度串、并联机构，适应能力强，且易于控制，是当前应用研究中的一个新热点。

（3）并联机构种类

并联机器人机构是一种闭环机构，其动平台或称末端执行器通过至少两个独立的运动链与机架（固定平台）相连，并且必须：末端执行器具有运动的自由度；末端执行器通过几个相互关联的运动链或分支与机架相连接；每个分支或运动链由唯一的移动副或转动副驱动。

根据上面的定义，并联机器人机构可具有 2~6 个自由度。从已经问世的并联机构来看，其中 2 自由度的占有 10.5%，3、6 自由度的各占 40%，4 自由度的占 6%，5 自由度的占 3.5%。2 自由度的并联机构在并联领域自由度最少，主要应用于在空间内定位平面内点，图 6-23 所示为天津大学研制的 2 自由度并联机构——Diamond 机器人。3 自由度的并联机构种类较多，形式较复杂，有平面 3 自由度并联机构和空间 3 自由度并联机构，Delta 3 自由度并联机构如图 6-24 所示。4、5 自由度的并联机构很少，其原因在于人们还没有找到一种途径能把空间 3 个移动、3 个转动的自由度分解开来，另一个原因是从结构对称的角度出发，4、5 自由度的并联机构很难得到。4 自由度并联机构大多不是完全并联机构，现有的 5 自由度并联机构结构复杂，如韩国的 5 自由度并联机构具有双层结构（两个并连机构的组合）。6 自由度并联机构是并联机器人机构中的一个大类，是国内外学者研究最多的并联机构，并获得了广泛应用。从完全并联的角度出发，这类机构必须具有 6 个运动链，如 Stewart 机构。但现有的并联机构中，也有一种具有 3 个运动链的 6 自由度并联机构，如在 3 个分支的每个分支上附加 1 个 5 杆机构作为驱动机构的 6 自由度并联机构。

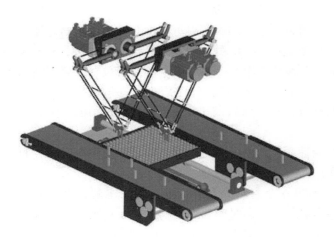
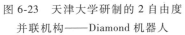

图 6-23 天津大学研制的 2 自由度
并联机构——Diamond 机器人

图 6-24 Delta 3 自由度并联机构

目前，并联机构的自由度计算多采用 Kutzbach Grubler 公式，即

$$M = d(n-g-1) + \sum f_i \tag{6-4}$$

式中，M 为机构的自由度；d 为机构的阶数，对于平面机构、球面机构，$d=3$，对于空间机构 $d=6$；n 为机构的杆件数，包括机架；g 为运动副数；f_i 为第 i 个运动副的自由度数。

比如，Stewart 机构的自由度数为

$$M = 6 \times (14-18-1) + (1 \times 6 + 2 \times 6 + 3 \times 6) = 6$$

杆件数为 14，一根支杆因中间有移动副分割，故每根支杆的杆件数应计为 2，上、下平台的杆件数共为 2；机构运动副数共为 18，其中，1 自由度运动副 6 个，2 自由度运动副 6 个，3 自由度运动副 6 个。

2. 并联机器人机构学理论

（1）运动学　关于并联机器人的运动学问题可分成两个子问题：正向运动学问题和逆向运动学问题。当给定并联机器人上平台的位姿参数，求解各输入关节的位置参数是并联机器人运动学位置反解问题；当给定并联机器人各输入关节的位置参数，求解上平台的位姿参数是并联机器人运动学的正解问题。对于并联机器人来说，其逆运动学问题非常简单而正向运动学问题却相当复杂，因此正向运动学问题一直是并联机器人运动学研究的难点之一。在20世纪80年代末90年代初正向运动学问题处于并联机器人研究的中心地位。许多专家学者对这一问题进行了广泛而深入的研究，并解决了一些理论和实际问题。但要想完全解决这一问题却非常困难，从目前的研究成果来看，关于正向运动学的解法主要分为两大类：数值法和解析法。

由于并联机构结构复杂，位置正解问题的难度较大，其中一种比较有效的方法是采用数值方法求解一组非线性方程，从而求得与输入对应的动平台的位置和姿态。数值法的优点是它可以应用于任何结构的并联机构，计算方法简单，但此方法计算速度较慢，不能保证获得全部解，并且最终的结果与初值的选取有关。1984年，Fichter对并联结构做了进一步理论分析，推导出并联机构的位置反解方程，Yang等构造了含有6个未知数的6个非线性方程，然后求解此方程。

解析法是通过消元法消去机构约束方程中的未知数，从而获得输入-输出方程中仅含一个未知数的高次多项式。这种方法的优点是可以求解机构中所有可能解并能区分不同连续工作空间中的解，但推导过程复杂。对于一般形式的6-SPS并联机构（6代表分支数，SPS表示分支运动链结构，它由球面副S、移动副P和球面副S串联而成）的解析位置正解问题还没有解决，但通过改变上、下平台上铰链点的分布或采用复合铰的方法，6-SPS并联机构可以演化出许多结构形式，其中有一些结构有解析解。例如，三角平台型并联机构的位置有封闭解。

为了克服非线性方程组数值解法的复杂性，有一些学者应用遗传算法以及神经网络，利用这些非数值并行算法来解决6-SPS并联机构的位置正解问题。

Stewart机构位置正解的常规解法都是根据6个主动分支的位置数据来求解，方程的耦合度高、解法复杂、求解困难。为此一些学者提出了通过附加的结构位置数据来降低求解位置正解问题的复杂程度，即用附加的位置传感器来测量某些关键结构数据以避免数值运算。这种方法大大加快了位置正解问题的求解速度。

（2）奇异位形　奇异位形是并联机器人机构学研究的又一项重要内容，同串联机器人一样，并联机器人也存在奇异位形，当机构处于奇异位形时，其雅可比矩阵为奇异阵，行列式值为零，此时机构速度反解不存在，存在某些不可控的自由度。另外当机构处于奇异位形附近时，关节驱动力将趋于无穷大从而造成并联机器人的损坏，因此在设计和应用并联机器人时应避开奇异位形。

Fichter和曲义远等发现了Stewart平台机构的奇异位形是上平台相对于下平台转过90°位置。随后确定奇异位形的方法不断被提出：①通过机构的速度约束方程把并联机构的奇异位形分为边界奇异、局部奇异和结构奇异三种形式；②利用Crassmen geometry法详细地分析了Stewart平台的奇异位形。

虽然平面形并联机器人的工作空间和奇异位形可以同时确定，但如何确定工作空间中的奇异位形仍是一个有待进一步研究的问题。

（3）工作空间　工作空间分析是设计并联机器人操作器的首要环节，机器人的工作空间是机器人操作器的工作区域，它是衡量机器人性能的重要指标，并联机器人的一个最大的缺点就是工作空间小，应该说这是一个相对的概念。同样的机构尺寸，串联机器人工作空间大，并联机器人工作空间小；具备同样的工作空间，串联机构小，并联机构大，由此可见开发并联机构的工作空间是非常重要的。

根据操作器工作时的位姿特点，工作空间又可分为可达工作空间和灵活工作空间。可达工作空间是指动平台上某一参考点可以达到的所有点的集合，这种工作空间不考虑动平台的姿势。灵活工作空间是指动平台上某一参考点可以从任何方向到达的点的集合。

并联机器人工作空间解析法求解是非常复杂的问题，它在很大程度上依赖于机构位置解的研究结果。至今，仍没有完善的方法，这一方面的文献也比较有限。对于比较简单的机构，如平面并联机器人工作空间的边界可以解析表达，而对空间并联机器人目前只有数值解，Fichter 采用固定 6 个位姿参数中的 3 个姿态参数和 1 个位置参数而让其他两个变化研究了 6 自由度并联机器人的工作空间，Gosselin 利用圆弧相交的方法来确定 6 自由度并联机器人在固定姿态时的工作空间并给出了工作空间的三维表示，因为这种方法是以求工作空间的边界为目的，所以比 Fichter 的扫描方法效率要高得多，并且可以直接计算工作空间的大小。

总体上，并联机器人工作空间的求解方法有解析法和数值法，在解析法研究方面，具有代表性的工作当属几何法，该方法基于给定动平台姿态，当受杆长极限约束时，假想单开链末杆参考点运动轨迹为一球面，将工作空间边界构造归结为对 12 张球面片求交问题。在数值法研究方面，主要有网格法和优化法，这些算法一般需依赖于位置逆解，故在不同程度上存在着适用性差、计算效率和求解精度低等缺点。

3. 并联机器人动力学分析与控制

（1）并联机器人动力学分析　并联机器人的动力学及动力学建模是并联机器人研究的一个重要分支，其中动力学模型是并联机器人实现控制的基础，因而在研究中占有重要的地位。动力学是研究物体的运动和作用力之间的关系。并联机器人是一个复杂的动力学系统，存在着严重的非线性，有多个关节和多个连杆组成，具有多个输入和多个输出，它们之间存在着错综复杂的耦合关系。因此，要分析研究机器人的动力学特性，必须采用非常系统的方法。现有的分析方法很多，有拉格朗日（Lagrange）法、牛顿-欧拉（Newton-Euler）法、高斯（Gauss）法、凯恩（Kane）法、旋量（对偶数）法和罗伯逊-魏登堡（Roberson-Wittenburg）法等。有关动力学建模的研究，在串联机器人领域已经取得了很大的进展，然而由于并联机构的复杂性，目前关于并联机器人的研究内容大都涉及机构及运动学的各方面，并联机器人的动力学研究相对较少。

因为 Stewart 平台具有完整的一般性结构和惯性扰动，Dasgupta 和 Mruthyunjaya 利用牛顿-欧拉法计算了完整的逆动力学方程，有效的计算方法显示出其适合于并联计算。Lebret 用拉格朗日方程建立了完整的并联机器人动力学方程。另外，又有一些学者使用虚功方法对 Stewart 平台的逆动力学进行了研究。

（2）并联机器人的控制分析　在并联机器人控制领域，目前主要有 PID 控制、自适应控制、变结构滑模控制。常规 PID 算法在一般性能数据处理器支持下，对于较低精度的点位控制有效；自适应控制及滑模控制都属于模型控制，主要应用于高精度控制，但这种方法计算量很大。目前借助于高速的数字信号处理器（DSP）技术来解决并联机构逆解的在线计算问题，并采用增量式 PID 算法、交流伺服速度控制方式的控制策略，对于高速、高精度并联机构的点位控制已取得了很好的效果，值得推广和借鉴。另外，这种具体控制方法在控制中要求对机构起动、结束阶段的速度进行规划，即有一个缓慢的上升和下降过程，以防止机构在起动、停止时有过大的冲击，利于系统控制精度的提高；同时还要求在控制中把行程较长的预定轨迹分成若干段来完成。这是因为机构末端走过的轨迹是一条弧线，弧线偏差过大则会造成机构运动不平稳、精度下降。研究表明，其轨迹最大偏差与节点间距离的二次方成正比，因此根据此关系预先计算出节点数，分段完成整个路径，便于系统控制精度的保证。运用这种控制策略的精密并联机器人，其控制精度可达 $0.02\mu m$，运动分辨率为 $0.5\mu m$，速度为 2mm/s。

4. Delta 机构介绍

Delta 机构是并联机构的一种，它属于少自由度空间并联机构，于 1985 年首次由瑞士洛桑工学院（EPEL）的 Reymond Clavel 博士提出，由于该机构的上、下两个平台均呈三角形状而得名。

Delta 机构是由 3 组摆动杆机构连接静平台和动平台的空间机构，其机构示意图如图 6-25 所示。它由两个正三角形平台组成，上面的平台是固定的，称为静平台，下面的平台是运动的，称为动平台。静平台的 3 条边通过 3 条完全相同的支链分别连接到动平台的 3 条边上。每条支链中有一个由 2 个胡克铰与杆件组成的平行四边形从动杆组，该杆组与主动臂相连，主动臂与静平台之间通过转动副连接。每条支链都含有 3 个转动副和 2 个胡克铰，这种机构采用外转动副驱动和平行四边形杆组结构，可实现末端执行器的高速三维平动，其中与静平台相连接的 3 个转动副为实验台的驱动副，每条支链上相对应的杆长是相等的。根据结构类型可知，基于 Delta 机构的并联实验台在运动过程中，动平台相对于静平台可以实现三维平动。

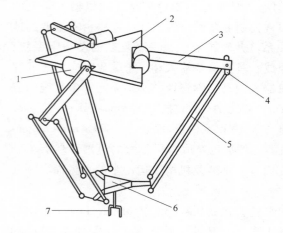

图 6-25 Delta 机构示意图

1—电动机 2—静平台 3—主动臂 4—球铰 5—从动臂
6—动平台 7—末端执行器

图 6-26 巧克力包装生产线

目前，Delta 机器人由于其机械结构简单、运动部件质量小、动平台速度快等特点被广泛应用于多种场合。例如，它可以用于食品、制药、电子等轻工业中进行包装或拾取和放置

（pick-and-place）操作等。瑞士巧克力制造商 Chocolat Frey 将 Delta 机器人用于巧克力包装生产线（见图 6-26）从而获得巨大的商业利润。该包装生产线由博世（Bosch）的包装技术公司 Sigpack Systems AG 提供。在这条生产线上，8 个 Delta 机器人从一连串的横向进给传送带上抓起巧克力并把它们放进泡沫塑料盒里，然后再把泡沫盒放到纸箱里，从而减少了 Chocolat Frey 的手工作业量。

【任务实践】

1. 任务要求

1）对 Delta 机构各组成部件演示，掌握并联机器人的组装过程。

2）熟悉并联机器人的机械结构组成。

2. 任务实施

（1）定平台的设计　定平台又称基座，在结构中属于固定的，设计图如图 6-27 所示，厚度为 20cm。定平台的等效圆半径为 210mm。材料选用铸铁，铸造加工，开口处磨削加工保证精度。最后进行打孔的工艺。

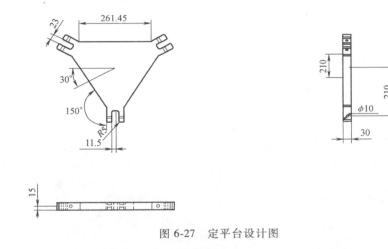

图 6-27　定平台设计图

（2）驱动杆的设计　驱动杆的设计图如图 6-28 所示，具体参数（长×厚×宽）为 880mm×10mm×20mm。孔的参数为 ϕ10mm×10mm。材料用铝合金，设计为杆式，质量小，经济，同时也满足载荷条件。

（3）从动杆的设计　从动杆的设计图如图 6-29 所示，具体参数（长×宽×高）为 620mm×16mm×10mm。孔参数为 ϕ10mm×10mm。材料选用铝合金。

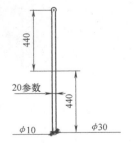

图 6-28　驱动杆的设计图

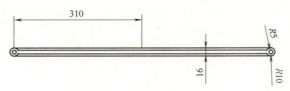

图 6-29　从动杆的设计图

（4）动平台的设计　动平台的设计图如图 6-30 所示，考虑到重量因素，材料采用铝合金，切削加工。动平台的等效圆半径为 50mm，分布角为 21.5°。

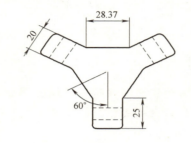

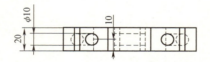 

图 6-30　动平台的设计图

（5）链接销的设计　链接销采用 45 钢，为主动杆和定平台的连接销，规格为 ϕ9mm×66mm。

（6）球铰链的选型　目前，大多数的 Delta 机构的主动杆与从动杆的链接方式为球铰链的链接。球形连接铰链是用于自动控制中的执行器与调节机构的连接附件。它采用了球形轴承结构，具有控制灵活、准确、扭转角度大的优点，能灵活地承受来自各异面的压力。由于该铰链安装、调整方便、安全可靠，所以，它广泛地应用在电力、石油化工、冶金、矿山、轻纺等工业的自动控制系统中。本任务选用球铰链设计，是主要因为球铰链的可控性好、结构简单、易于装配，且有很好的可维护性。

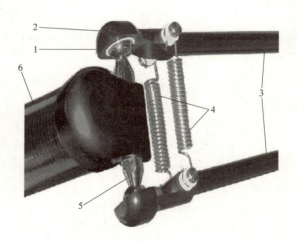

图 6-31　SD 系列球铰链
1—球铰链球头　2—球铰链套　3—外臂
4—外臂弹簧　5—球柄　6—内臂

本项目选用伯纳德的 SD 系列球铰链（图 6-31），相对运动角为 60°。

（7）垫圈的选型　垫圈选用标准件。采用国家标准，选用垫圈为140HV，尺寸为10.5mm×1.6mm。

（8）电动机的选型　本任务的Delta机器人主要面向工业中轻载的场合，比如封装饼干等。

由于需要对角度精确控制，因此选用伺服电动机。交流伺服电动机有以下特点：起动转矩大、运行范围广、无自转现象、运行平稳、噪声小。正常运转的伺服电动机，只要失去控制电压，电动机立即停止运转，这也是Delta机构需要的。但它的控制特性是非线性，并且由于转子电阻大，损耗大、效率低，因此与同容量直流伺服电动机相比，体积大、质量大，所以只适用于0.5～100W的小功率控制系统。

在本任务中，电动机的功率计算如下：机构的最高速度不超过2m/s，考虑到运动杆件质量、摩擦力等，综合载重5kg，则 $P=Fv=5kg×10m/s^2×2m/s=100W$。取安全因子为1.2，则每个电动机的功率为 $1.2×100W/3=40W$，故初步选用表6-3中两款。

表6-3　选用的电动机型号

品牌	型号	功率
松下	MINAS 30-50W	30～50W
三菱	HC-MFS/kfso53k	50W

考虑到经济原因，在其他参数相似的情况下，本任务选择三菱的HC-MFS/kfso53k。

（9）执行器的设计与选型　考虑选用电控吸盘或机械手。

3. 任务总结

本项目以Delta机构为例，训练学生按照定平台、动平台、驱动杆及从动杆图样进行实物制作，合理选用连接件、垫圈及电动机等。使学生对并联机器人的机械结构组成以及电动机选用等方面有较为清晰的认识和了解。

4. 任务评价

任务评价表见表6-4。

表6-4　任务评价表

项目	目标	分值	评分	得分
Delta机构定、动平台等部分的制作	正确认识Delta机构各组成部分	50	不正确,每项扣5～10分	
Delta机构机械结构组装	正确组装各连接件	30	不正确,每项扣5～10分	
实验动作的运行	正确完成Delta机构的正常动作	20	不正确,每项扣5～10分	
总分		100		

【知识拓展】

并联机构由于其本身特点，一般用在需要高刚度、高精度和高速度而无需很大空间的场合，主要应用有以下几个方面：

1）模拟运动，如飞行员三维空间训练模拟器、驾驶模拟器，工程模拟器（如船用摇摆台等）、娱乐运动模拟台以及用于检测产品在模拟的反复冲击、振动下的运行可靠性。

2）对接动作，如宇宙飞船的空间对接、汽车装配线上的车轮安装、医院中的义肢接骨等。

3）金属切削加工，可应用于各类铣床、磨床、钻床或点焊机、切割机。

4）用作机器人的关节、爬行机构，食品、医药包装和移载机械手等。

1. 模拟运动

（1）飞行员三维空间训练模拟器、驾驶模拟器　训练用飞行模拟器具有节能、经济、安全、不受场地和气候条件限制等优点。目前已成为各类飞行员训练必备工具。Stewart 在 1965 年首次提出把 6 自由度并联机构作为飞行模拟器，开此应用的先河。目前，国际上有大约 67 家公司生产基于并联机构的各种运动模拟器。并联平台机构在军事方面也得到了应用，将平台装于坦克或军舰上，用它来模拟仿真路面谱和海面谱，以使目标的瞄准设计过程中不受这些因素的干扰，达到准确击中目标的目的。图 6-32 所示为 Frasca 公司生产的波音 737-400 型客机的 6 自由度飞行模拟器；图 6-33 所示为 CAE 公司生产的某飞行模拟器。

图 6-32　波音 737-400 型客机的 6 自由度飞行模拟器

图 6-33　CAE 公司生产的某飞行模拟器

（2）检测产品在模拟的反复冲击、振动下的运行可靠性　Gough 在 1948 年提出用一种关节连接的机器来检测轮胎。轮胎检测是将轮胎安装在试验台轮毂上，施加载荷并让其高速旋转，通过测定轮胎旋转时所受的径向、侧向和纵向滚动阻力的变化值。并联机构的灵活性和高刚度具有很大的优势。目前，Stewart 平台仍广泛用于轮胎均匀性检测和动平衡实验。

（3）娱乐运动模拟台　运动仿真能给人以动感刺激，正逐步进入娱乐业。运动的并联平台配以视景、音响以及触觉等，如美国和日本的"星球航行""宇宙航行"等娱乐设施均采用并联机构平台。

2. 对接动作装置

（1）宇宙飞船的空间对接　宇宙飞船的空间对接可以达到补给物品、人员交流等目的。航天器对接口如图 6-34 所示，要求上、下平台中间都有通孔，以作为结合后的通道，这样上平台就成为对接机构的对接环，它由 6 个直线式驱动器驱功，其上的导向片可帮助两宇宙飞船的对正，对接器还有吸收能量和减振的作用；对接机构可完成主动抓取、对正拉紧、柔性结合、锁住卡紧等工作。航海上也有类似的应用，如潜艇救援中也用并联机构作为两者的对接器。

（2）汽车装配线上的车轮安装   将并联机器人横向安装于能绕垂直轴线回转的转台上。并联机器人从侧面抓住从传送链送来的车轮，转过来以与总装线同步的速度将车轮装到车体上，再将所有螺栓一次拧紧。并联机器人还可以倒装在具有 X、Y 两方向受控的天车上用作大件装配，可以用在汽车总装线上吊装汽车发动机。

图 6-34   航天器对接口

3. 并联机床

虚拟轴车床是并联机构在工程应用领域最成功的范例，与传统数控机床相比较，它具有传动链短、结构简单、制造方便、刚度好、重量轻、速度快、切削效率高、精度高、成本低等优点，容易实现 6 轴联动，因而能加工复杂的三维曲面。

1994 年在芝加哥国际机床博览会上，美国 Giddings&Lewis 公司和英国 Geodetic 公司首次展出了称为 VARIAX 的并联机床，如图 6-35 所示，被认为是 20 世纪以来机床结构的最大变革与创新。此后欧洲各国和日本也竞相研制。1997 年在德国汉诺威国际机床博览会（EMO97）和 1999 年巴黎国际机床博览会（EMO99）上，又推出了多种并联机床样机。图 6-36 是瑞典 Neos Robotics 公司生产的 Tricept 600 型并联机床，用于汽车装配自动线，可以完成加工、装配、焊接等工序。

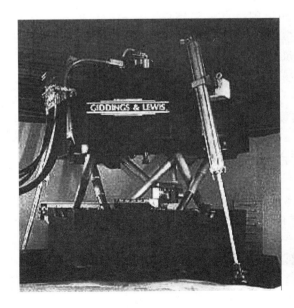

图 6-35   VARIAX 并联机床

图 6-36   Tricpet 600 型并联机床

【常见问题解析】

1. 并联机器人常见问题分析

并联机床作为一种典型的并联机器人，在世界各国受到了广泛的重视，但是因为当前一些技术性的问题，使并联机床的发展受到了一定的限制，主要表现在以下几个方面。

（1）振动问题　并联机床随着其动平台位姿的不同，其振动频率相应函数不同，其振动频率相应频带宽度远大于传统机床的振动频带相应宽度，这样在使用过程中就不可避免地存在着共振现象。如何在高速切削时有效地避免共振现象，是并联机床走向实用化必须要解决的问题之一。另外，在理想条件下，并联机床伸缩杆所受力仅为轴向拉力和压力，但是，在实际情况下，考虑摩擦力、运动部件的重量和惯性力时，伸缩杆在球铰处所受力与伸缩杆的轴线有一定的夹角，这个夹角会随着动平台位姿的变化而变化，这也是在高速切削时引起共振的原因之一。

（2）缺乏高效运动学正解求解方法　并联机构逆解简单，正解复杂。比如，在 Stewart 平台中，当6根伸缩杆的长度固定时，可以唯一确定出动平台的位置，从而确定出刀具的轨迹，但是，当根据刀具的轨迹确定出动平台的位姿时，由动平台的一个位姿求解各伸缩杆的长度时，可能得出多个解，这样就给控制系统的运算和控制带来一定的难度。

（3）关键基础零部件没有达到标准化、系列化的成果　并联机床由于其结构特点，易于标准化、模块化，但是，标准化、系列化工作在国内相关行业中并没有引起相关的重视，造成并联机床的市场化存在着较大的问题。

（4）受热补偿　受热补偿的问题是并联机床制造者面对的主要问题之一，也是制约机床精度的一个重要的误差来源，支链上的丝杠和球铰的快速运动产生大量的热，如何克服受热膨胀带来的问题也是设计者和制造者比较重视的问题。

（5）控制软件的易操作性没有实现　并联机床的特点是"硬件"简单，而控制算法比较复杂，在控制方式上也与传统的机床有着很多的差别。由于传统数控机床的操作风格已经被广大相关工作人员所熟悉和接受，所以并联机床要走向实用化，首先要做的工作就是开发出友好的操作界面，把复杂的控制算法隐藏在操作界面背后，并形成常规的类似常规数控机床 G 代码的数控编程语言。

（6）没有形成统一的理论和集成化的通用设计环境　国内外进行的研究都是针对并联机床特定环节的仿真与分析，不管是硬件结构，还是软件分析，并没有形成统一的理论和集成化的通用设计环境，并且不能很好地支持设计环境中的各个环节。

2. 解决问题的方法

（1）小型化、简单化　三轴并联机床的技术和理论问题基本上都已经解决。这种相对比较简单的并联机床已经成为并联机床发展最快的一个分支，并率先走向商品化，最先在工业现场得到广泛的应用。

（2）高速高效化　由于并联机床的主轴部件一般为电主轴单元，重量轻、体积小，再加上驱动主轴运动的并联进给机构所遇有的高速度，将非常有利于使刀具运动获得高速度和高加速度；另一方面，并联机床加工时，笨重的工件、夹具、工作台等都固定不动，而仅是主轴（刀具）相对于工件做高速多自由度运动，因此发挥好这一重要优势将使并联机床比传统结构机床更适合进行高速和超高速加工，从而有力推动新一代并联高速和超高速机床的发展。

（3）机床元件标准化　并联机床结构简化的最大的特点是便于模块化和标准化，许多新型适用于并联机床的标准模块元件的推出，为柔性制造系统的设备重组提供了良好的基础。当前，由于并联机床的规模化生产并没有很好地发展起来，机床元件的标准化正处于发展阶段，但必将随着并联机床的发展而发展起来。

（4）混联化　并联机床与传统的串联机床各有优缺点，将两者结合起来，克服缺点，发挥优点，这种新型混联机床的优点已经引起许多研究机构的注意，将成为并联机床最有潜力的发展分支之一。由可移动杆构成了并联结构形式，但刀具与主轴箱以及动平台的连接则采用传统的串联形式，这样，取长补短，分别克服了纯串联机床和纯并联机床的缺点，得到了很好的应用。

（5）群组化　并联机床具有柔性化非常好的特点，利用当前网络化的发展，用多台并联机床组成大型柔性加工、测量、装配中心，使多台并联机床并行工作，或者使并联机床与串联机床并行联合工作，可以发挥出并联机床最大的柔性化特点。

任务 6-3　工业搬运机器人

【任务说明】

在现代工业中，生产过程的机械化、自动化已成为突出的主题。在机械工业中，加工、装配等生产是不连续的。目前，专用机床是大批量生产自动化的有效办法，数控机床、加工中心等自动化机械是有效解决多品种小批量生产自动化的重要办法。据资料统计，金属加工生产批量中有 3/4 在 50 件以下，零件真正在机床上加工的时间仅占零件生产时间的 5%。这说明零件在加工过程中，除了切削加工本身外，还有大量的装卸、搬运、装配等作业，搬运机械人就是为实现这些工序的自动化而产生的。搬运机械人可在空间抓放物体，动作灵活多样，适用于可变换生产品种的中、小批量自动化生产，广泛应用于柔性自动线、自动化仓库等场合的物料搬运工作。

【任务知识点】

1. 工业搬运机器人的研究现状

我国工业搬运机器人从 20 世纪 80 年代开始起步，经过 30 多年的努力，已经形成了一些具有竞争力的工业机器人研究机构和企业。先后研发出弧焊、电焊、装配、搬运、注塑、冲压及喷漆等工业机器人。近几年，我国工业搬运机器人及含机器人的自动化生产线相关的产品的年销售额已突破 10 亿元。目前国内市场年需求量在 3000 台左右，年销售额在 20 亿元以上。统计数据显示，我国市场的工业机器人总共拥有量近万台，占全球总量的 0.56%，其中完全国产工业机器人（行业规模比较大的前三家工业机器人企业沈阳新松机器人、安徽埃夫特机器人及广州数控机器人）行业集中度占 30% 左右，其余都是从日本、美国、瑞典、德国、意大利等 20 多个国家引进的。目前，工业机器人的应用领域主要有弧焊、点焊、装配、搬用、喷漆、检测、码垛、研磨抛光和激光加工等复杂作业。

2. 工业搬运机器人的种类

（1）机床上下料搬运机器人　目前在机床加工行业中，要求加工精度高、批量加工速度快导致生产线体自动化程度要有很大的提升，首先就是针对机床方面进行全方位自动化处理，使人力从中解放出来。直角坐标机器人目前在机床行业内正在逐步大量使用，包括数控车床上下料机器人、数控冲床上下料机器人、数控加工中心上下料机器人等。在加工轮毂等大型零件时，负载可达几十千克重，其外形也大多是盘类件。这类加工件数量大，机床几乎要 24h 运行。在欧美发达国家早已采用机械手来自动上料和下料。要根据加工零件的形状及加工工艺的不同，来采用不同的手爪抓取系统。而完成抓取、搬运和取走过程的运动机构就是大型直角坐标机器人，它们通常就是一个水平运动轴（X 轴）和上下运动轴（Z 轴）。立式加工中心上下料机器人在被加工零件形状和重量不同时，所采用的手爪形状及结构也不同，手爪的类型及尺寸要根据具体的零件及加工工艺来定。

在德国，几乎所有批量加工都采用机器人自动上下料。但根据要加工工件的几何形状，加工工艺和工作节拍不同，所采取的手爪和机器人的型号也有所区别。如加工工件不同或加工工件时间较长，可选用不同的手爪结构，用单台机器人对多台机床进行上下料，或是多台机器人联机上下料实现自动化生产线过程。无论多台机器人同步工作，还是单台机器人独立工作，其本质是相近的，由于直角坐标机器人非常适合各种机床上下料应用，它不仅比其他的机器人成本低，而且效率更高，必将被在更多的行业被更广泛的应用。

（2）物料搬运机器人　物料搬运机器人在实际的工作中就是一个机械手，机械手的发展是由于它的积极作用正日益为人们所认识：①它能部分的代替人工操作；②它能按照生产工艺的要求，遵循一定的程序、时间和位置来完成工件的传送和装卸；③它能操作必要的机具进行焊接和装配，从而大大地改善了工人的劳动条件，显著地提高了劳动生产率，加快实现工业生产机械化和自动化的步伐。因而，受到很多国家的重视，投入大量的人力物力来研究和应用，尤其是在高温、高压、粉尘、噪声以及带有放射性和污染的场合，应用更为广泛。物料搬运机器人在我国近几年也有较快的发展，并且取得一定的效果，受到机械工业的重视。机械手的结构形式开始比较简单，专用性较强。随着工业技术的发展，制成了能够独立的按程序控制实现重复操作、适用范围比较广的"程序控制通用机械手"，简称通用机械手。由于通用机械手能很快地改变工作程序，适应性较强，所以它在不断变换生产品种的中小批量生产中获得广泛的应用。

3. 工业搬运机器人的控制系统

（1）工业机器人控制系统的特点和基本要求　工业机器人的控制技术是在传统机械系统的控制技术的基础上发展起来的，因此两者之间并无根本的不同，但工业机器人控制系统也有许多特殊之处。其特点如下：

1）工业机器人有若干个关节，典型工业机器人有 5~6 个关节，每个关节由一个伺服系统控制，多个关节的运动要求各个伺服系统协同工作。

2）工业机器人的工作任务是要求操作机的手部进行空间点位运动或连续轨迹运动，对工业机器人的运动控制，需要进行复杂的坐标变换运算以及矩阵函数的逆运算。

3）工业机器人的数学模型是一个多变量、非线性和变参数的复杂模型，各变量之间还存在着耦合，因此工业机器人的控制中经常使用前馈、补偿、解耦和自适应等复杂控制技术。

4）较高级的工业机器人要求对环境条件、控制指令进行测定和分析，采用计算机建立庞大的信息库，用人工智能的方法进行控制、决策、管理和操作，按照给定的要求，自动选择最佳控制规律。

对工业机器人控制系统的基本要求如下：

1）实现对工业机器人的位姿、速度、加速度等的控制功能，对于连续轨迹运动的工业机器人还必须具有轨迹的规划与控制功能。

2）方便的人-机交互功能，操作人员采用直接指令代码对工业机器人进行作业指示，使工业机器人具有作业知识的记忆、修正和工作程序的跳转功能。

3）具有对外部环境（包括作业条件）的检测和感觉功能。为使工业机器人具有对外部状态变化的适应能力，工业机器人应能对诸如视觉、力觉、触觉等有关信息进行检测、识别、判断、理解等功能。

4）具有诊断、故障监视等功能。

（2）工业机器人控制的分类 工业机器人控制结构的选择，是由工业机器人所执行的任务决定的，对不同类型的机器人已经发展了不同的控制综合方法，从来没有人企图用统一的控制模式对不同类型的机器人进行控制。工业机器人控制的分类，没有统一的标准，如按运动坐标控制方式的不同，可分为关节空间运动控制和直角坐标空间运动控制；按控制系统对工作环境变化的适应程度的不同，可分为程序控制系统、适应性控制系统和人工智能控制系统；按轨迹控制方式的不同，可分为点位控制和连续轨迹控制；按速度控制方式的不同，可分为速度控制、加速度控制和力控制。

这里主要介绍按发展阶段的分类方法。

1）程序控制系统。目前工业用的绝大多数第一代机器人属于程序控制机器人，其程序控制系统的结构框图如图6-37所示，包括程序装置、信息处理器和放大执行装置。信息处理器对来自程序装置的信息进行变换，放大执行装置则对工业机器人的传动装置进行作用。

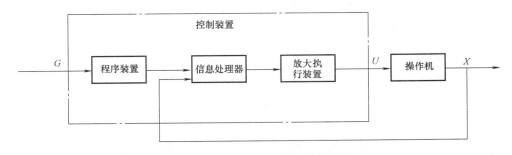

图6-37 程序控制系统的结构框图

输出变量 X 为一向量，表示操作机运动的状态，一般为操作机各关节的转角或位移。控制作用 U 由控制装置加于操作机的输入端，也是一个向量。给定作用 G 是输出量 X 的目标值，即 X 要求变化的规律，通常是以程序形式给出的时间函数，G 的给定可以通过计算工业机器人的运动轨迹来编制程序，也可以通过示教法来编制程序。这就是程序控制系统的主要特点，即系统的控制程序是在工业机器人进行作业之前确定的，或者说工业机器人是按预定的程序工作的。

2）适应性控制系统。适应性控制系统多用于第二代工业机器人，即具有知觉的工业机器人，它具有力觉、触觉或视觉等功能。在这类控制系统中，一般不事先给定运动轨迹，由系统根据外界环境的瞬时状态实现控制，而外界环境状态用相应的传感器来检测。适应性控制系统的结构框图如图 6-38 所示。

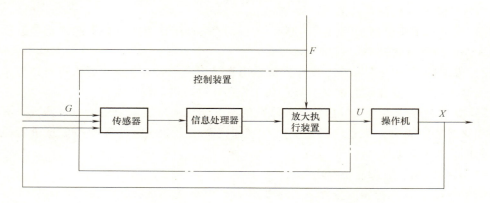

图 6-38　适应控制系统的结构框图

图中，F 是外部作用向量，代表外部环境的变化；给定 G 是工业机器人的目标值，它并不简单地由程序给出，而是存在于环境之中，控制系统根据操作机与目标之间的坐标差值进行控制。显然这类系统要比程序控制系统复杂得多。

3）人工智能控制系统。人工智能控制系统是最高级、最完善的控制系统，在外界环境变化不定的条件下，为了保证所要求的品质，控制系统的结构和参数能自动改变，结构框图如图 6-39 所示。

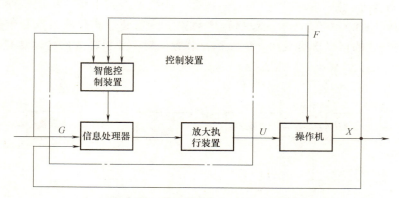

图 6-39　人工智能控制系统的结构框图

人工智能控制系统具有检测所需新信息的能力，并能通过学习和积累经验不断完善计划，该系统在某种程度上模拟了人的智力活动过程，具有人工智能控制系统的工业机器人为第三代工业机器人，即自治式工业机器人。

（3）工业机器人的控制系统　目前大部分工业机器人都采用二级计算机控制，第一级为主控制级，第二级为伺服控制级。

主控制级由主控制计算机及示教盒等外围设备组成，主要用于接收作业指令、协调关节运动、控制运动轨迹、完成作业操作。伺服控制级为一组伺服控制系统，其主体也为计算机，每一伺服控制系统对应一定关节，用于接收主控制计算机向各关节发出的位置、速度等运动指令信号，以实时控制操作机各关节的运行。

系统的工作过程如下：操作人员利用控制键盘或示教盒输入作业要求，如要求工业机器人手部在两点之间做连续轨迹运动。主控制计算机完成以下工作：分析解释指令、坐标变换、插补计算、矫正计算，最后求取相应的各关节协调运动参数。坐标变换即用坐标变换原理，根据运动学方程和动力学方程计算工业机器人与工件的关系、相对位置与绝对位置的关系，是实现控制所不可缺少的；插补计算是用直线的方式解决示教点之间的过渡问题；矫正计算是为保证在手腕各轴运动过程中保持与工件的距离和姿态不变对手腕各轴的运动误差补偿量的计算。运动参数输出到伺服控制级作为各关节伺服控制系统的给定信号，实现各关节的确定运动。控制操作机完成两点间的连续轨迹运动，操作人员可直接监视操作机的运动，也可以从显示控制屏上得到有关的信息。这一过程反映了操作人员、主控制级、伺服控制级和操作机之间的关系。

1）主控制级。主控制级的主要功能是建立操作和工业机器人之间的信息通道，传递作业指令和参数，反馈工作状态，完成作业所需的各种计算，建立于伺服控制级之间的接口。总之，主控制级是工业机器人的"大脑"。它由以下几个主要部分组成。

① 主控制计算机：主要完成从作业任务、运动指令到关节运动要求之间的全部运算，完成机器人所有设备之间的运动协调。对主控制计算机硬件方面的主要要求是运算速度和精度、存储容量及中断处理能力。大多数工业机器人采用16位以上的CPU，并配以相应的协处理器以提高运算速度和精度。内存则根据需要配置16KB～1MB。为提高中断处理能力，一般采用可编程中断控制器，使用中断方式实时进行工业机器人运行控制的监控。

② 主控制软件：工业机器人控制编程软件是工业机器人控制系统的重要组成部分，其功能主要包括：指令的分析解释，运动的规划（根据运动轨迹规划出沿轨迹的运动参数），插值计算（按直线、圆弧或多项插值，求得适当密度的中间点），坐标变换。

③ 外围设备：主控制级除具有显示器、控制键盘、软/硬盘驱动器、打印机等一般外围设备外，还具有示教盒。示教盒是第一代工业机器人——示教再现工业机器人的重要外围设备。

要使工业机器人具有完成预定作业任务的功能，必须预先将要完成的作业教给工业机器人，这一操作过程称为示教。将示教内容记忆下来，称为存储。使工业机器人按照存储的示教内容进行动作，称为再现。工业机器人的动作就是通过"示教—存储—再现"的过程来实现的。

示教的方式主要有两种，即间接示教方式和直接示教方式。间接示教方式是一种人工数据输入编程的方法。将数值、图形等与作业有关的指令信息采用离线编程方法，利用工业机器人编程语言离线编制控制程序，经键盘、图像读取装置等输入设备、输入计算机。离线编程方法具有不占用工业机器人的工作时间，可利用标准的子程序和CAD数据库的资料加快编程速度，能预先进行程序优化和仿真检验等优点。

直接示教方式是一种在线示教编程方式。它又可分为两种形式，一种是手把手示教编程方式，另一种是示教盒示教编程方式，如图6-40所示。手把手示教编程方式就是由操作人员直接手把着工业机器人的示教手柄，使工业机器人的手部完成预定作业要求的全部运动

（路径和姿态），与此同时计算机按一定的采样间隔测出运动过程的全部数据，记入存储器。再现过程中，控制系统以相同的时间间隔顺序地取出程序中各点的数据，使操作机重复示教时所完成的作业。这种编程方式操作简便，能在较短时间内完成复杂的轨迹编程，但编程点的位置准确度较差。对于环境恶劣的操作现场可采用机械模拟装置进行示教。

 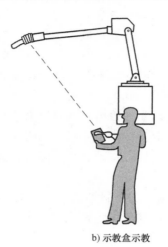

a) 手把手示教　　　　　　　　　　　　b) 示教盒示教

图 6-40　示教编程方式

示教盒示教编程方式是利用示教盒（见图 6-41）进行编程的。利用装在示教盒上的按钮可以驱动机器人按需要的顺序进行操作。在示教盒中，每一个关节都有一对按钮，分别控制该关节在两个方向上的运动；有时还提供附加的最大允许速度控制。

示教盒一般用于对大型机器人或危险作业条件下的机器人示教。但这种方法仍然难以获得高的控制精度，也难以与其他设备同步，且不易与传感器信息相配合。

2）伺服控制级。伺服控制级是由一组伺服控制系统组成，每一个伺服控制系统分别驱动操作机的一个关节。关节运动参数来自主控制级的输出。伺服控制级的主要组成部分有伺服驱动器和伺服控制器。

图 6-41　工业机器人示教盒

① 伺服驱动器：伺服驱动器通常由伺服电动机、位置传感器、速度传感器和制动器组成。伺服电动机的输出轴直接与操作机关节轴相连接，以完成关节运动的控制和关节位置、速度的检测。失电时制动器能自动制动，保持关节原位静止不动。制动器由电磁铁、摩擦盘等组成。工作时，电磁铁线圈通电、摩擦盘脱开，关节轴可以自由转动；失电时，摩擦盘在弹簧力的作用下压紧而制动。为使总体结构简化，通常将制动器与伺服机构做成一体。

② 伺服控制器：伺服控制器的基本部件是比较器、误差放大器和运算器。输入信号除参考信号外，还有各种反馈信号。控制器可以采用模拟器件组成，主要用集成运算放大器和阻容网络实现信号的比较、运算和放大等功能，构成模拟伺服系统。控制器也可以采用数字器件组成，如采用微处理器组成数字伺服系统，其比较、运算和放大等功能由软件完成。这

种伺服系统灵活性强，便于实现各种复杂的控制，能获得较高的性能指标。

4．工业搬运机器人的应用领域

国内外机械工业搬运机械人主要应用于以下几方面：

（1）热加工方面的应用　热加工是高温、危险的笨重体力劳动，对实现自动化有强烈需求。为了提高工作效率和确保工人的人身安全，尤其对于大件、少量、低速和人力所不能胜任的作业就更需要采用机械手操作。

（2）冷加工方面的应用　冷加工方面机械手主要用于柴油机配件以及轴类、盘类和箱体类等零件单机加工时的上下料和刀具安装等，进而在程序控制、数字控制等机床上应用，成为设备的一个组成部分，最近更在加工生产线、自动线上应用，成为机床、设备上下工序连接的重要手段。

（3）拆修装方面　拆修装是铁路工业系统繁重体力劳动较多的部门之一。目前国内铁路工厂、机务段等部门，已采用机械手拆装三通阀、钩舌、分解制动缸、装卸轴箱、组装轮对、清除石棉等，减轻了劳动强度，提高了拆修装的效率。近年还研制了一种客车车内喷漆通用机械手，可用于对客车内部进行连续喷漆，以改善劳动条件，提高喷漆的质量和效率。

 **【任务实践】**

1．任务要求

本任务以北京中科远洋科技有限公司的 ZKRT-300 型自动堆垛式搬运机器人为例，介绍其机械、电气部分的主要组成，分析其装配过程及主要功能。

2．任务实施

ZKRT-300 型自动堆垛式搬运机器人由机器人行走底盘、回转机构、升降机构、平移机构、手爪机构以及单片机控制系统组成。主要可实现如下功能：

1）循线计数行走、路径规划。

2）自动取物、自动堆垛。

3）多种货物取放任务方案可自由设计。

4）可自行更换手爪结构以满足不同尺寸、形状货物的抓取任务。

结构如图6-42所示。

（1）设备组成　ZKRT-300 型自动堆垛式搬运机器人由机械本体、微电脑控制系统、传感器系统组成。

（2）装配调试说明

1）机械结构装配。

① 行走轮部件装配。车轮部件和底盘部件装配示意图分别如图6-43、图6-44所示。

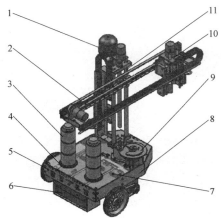

图 6-42　ZKRT-300 型自动堆垛式搬运机器人结构
1—工作警示灯　2—平移部件　3—货物　4—货物存放台
5—操作面板　6—电源　7—控制电路板　8—底盘部件
9—回转部件　10—手爪部件　11—升降部件

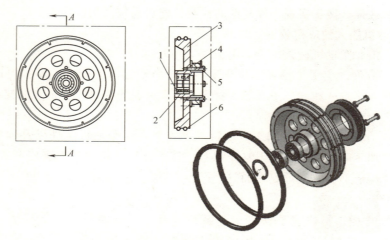

图 6-43　车轮部件装配示意图

1—孔用弹性挡圈 26　2—深沟球轴承 6000　3—车轮轮毂

4—车轮同步带轮　5—十字槽盘头螺钉 M4×20　6—O 形密封圈

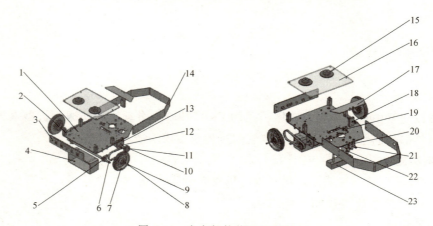

图 6-44　底盘部件装配示意图

1—底板　2—支柱　3—操作面板　4—电池盒　5—车轮轴支座　6—车轮油　7—车轮部件　8—轴端螺钉

9—车轮拉垫　10—电动机同步带轮　11—车轮同步带　12—行走电动机　13—行走电动机支座

14—围边　15—圆柱形物品定位柱　16—上平板　17—前端上盖板　18—前端上盖板支座

19—线束压块　20—万向轮支柱　21—前端定位板　22—万向轮　23—循线传感器

② 回转部件装配。回转部件装配示意图如图 6-45 所示。

③ 升降部件装配。升降部件装配示意图如图 6-46 所示。

④ 平移部件装配。平移部件装配示意图如图 6-47 所示。

⑤ 手爪部件装配。手爪部件装配示意图如图 6-48 所示。

⑥ 总装。整机总装示意图如图 6-42 所示。

2）电气接线。

① 将传感器信号处理板、电动机驱动板、主控制板固定在机器人底盘上。

② 连接信号线：如图 6-49 所示，先连接三块电路板之间的接线，具体为：用 10 芯排线连接 8 路巡线传感器的输出和传感器信号处理板的传感器输入接口；用 10 芯排线连接传感

器信号处理板的信号输出接口与主控制板的 8 路传感器输入接口；面板上的启动按钮连接主控制板的启动按钮插座；用 10 芯排线连接主控制板的行走电动机接口与电动机驱动板的行走电动机接口；用 10 芯排线连接主控制板的电动机 12 接口与电动机驱动板的电动机 12 接口；用 10 芯排线连接主控制板的电动机 34 接口与电动机驱动板的电动机 34 接口。

③ 连接电源线：控制面板上的 12V 开关电源线连接电动机驱动板的 12V 电源输入插座；电动机驱动板的 12V 电源输出插座连接传感器信号处理板的 12V 电源输入插座；电动机驱动板的 12V 电源输出插座连接主控制板的 12V 电源输入插座；面板上的 24V 电源连接电动机驱动板的 24V 电源插座。

④ 接线排连线：如图 6-50 所示，机器人上部安装了 2 个接线排，机器人上部 10 个接近传感器和 4 个电动机的连线全部通过接线排实施连接，在连线时需要注意每根线上面的线号，接在接线排相同标号处。

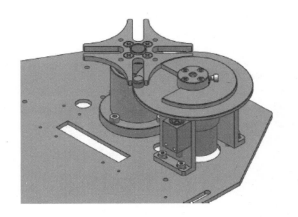

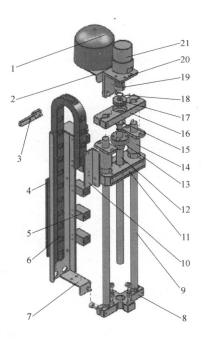

图 6-46　升降部件装配示意图

1—工作警示灯　2—工作警示灯支架　3—升降位置接近开关感应块　4—接线端子排　5—升降位置接近开关（5 个）　6—升降拖链　7—升降拖链安装支架　8—下固定块　9—升降导杆（2 件）10—升降拖链固定板　11—升降滑块　12—丝杠13—铜螺母　14—直线轴承（2 件）　15—丝杠铜垫　16—上固定块　17—推力球轴承 5110018—轴用弹性挡圈 10　19—弹性联轴器　20—升降电动机支架　21—升降电动机

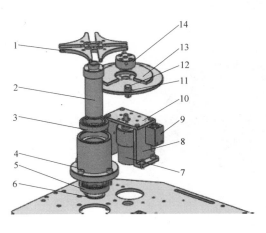

图 6-45　回转部件装配示意图

1—槽轮　2—转轴　3、5—深沟球轴承 61905　4—轴座6—轴用弹性挡圈 25　7—回转电动机　8—回转电动机固定侧板9—回转接近开关　10—回转电动机固定板　11—拨销铜套12—拨销　13—拨盘　14—拨盘轴套

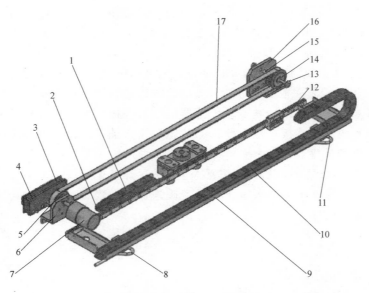

图 6-47 平移部件装配示意图

1—过线槽 2—过线槽支架 3—平移部件端子排 4—平移部件端子排安装板 5—平移电动机同步带轮 6—平移电动机座 7—平移电动机 8—平移后端接近开关 9—平移电缆拖链安装支架 10—平移电缆拖链 11—平移前端接近开关 12—平移直线导轨副 13—平移同步带轮拉垫 14—平移同步带轮 15—平移同步带轮转轴 16—平移同步带轮座

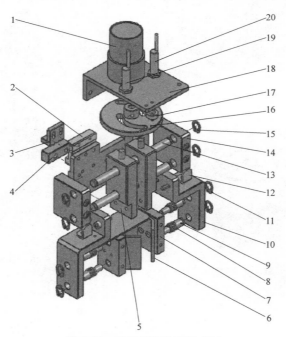

图 6-48 手爪部件装配示意图

1—手爪电动机 2—平移导轨副滑块 3—同步带上压块 4—同步带下压块 5—手指平移滑块（2件） 6—V 形夹紧块（2件） 7—缓冲弹簧销固定板（2件） 8—缓冲弹簧（4件） 9—缓冲弹簧销（4件） 10—手指连接板（2件） 11、15—轴用弹性挡圈（4件） 12—手爪平移接近开关感应片（2件） 13—手指平移导杆（2件） 14—手指平移导杆固定座（2件） 16—双曲线槽凸轮 17—手爪接近开关感应块 18—手爪电动机安装座 19—松开接近开关 20—夹紧接近开关

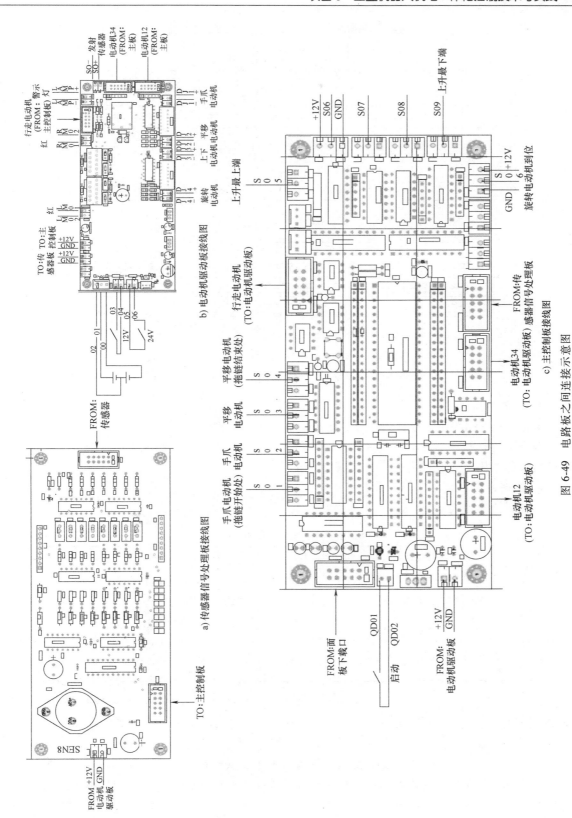

图 6-49　电路板之间连接示意图

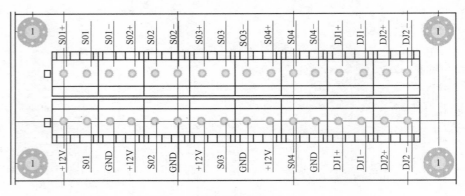

a) 接线排1接线图

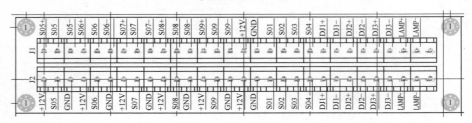

b) 接线排2接线图

图 6-50 接线排的接线

3. 任务总结

本任务以 ZKRT-300 型自动堆垛式搬运机器人为例，训练学生按照要求合理组装机器人机械部分，并且能掌握该类型机器人控制板的接线原理。在任务实施过程中，学生能够对搬运机器人的结构组成有较为清晰的认识和了解。

4. 任务评价

任务评价表见表 6-5。

表 6-5 任务评价表

项目	目　　标	分值	评分	得分
机械组装部分	按照实验要求正确机器人机械部分的组装	40	不正确，每处扣 5~10 分	
电气接线部分	按照实验要求正确机器人电气接线部分的连接	40	不正确，每处扣 5~10 分	
程序调试部分	根据学生自身编程能力完成机器人程序调试	20	不正确，每处扣 5~10 分	
总分		100		

【知识拓展】

工业搬运机器人的未来发展趋势

目前各国都在加大科研力度，进行机器人共性技术的研究，并朝着智能化和多样化方向发展。主要研究内容集中在以下几个方面：

1）工业机器人操作机结构的优化设计技术：探索新的高强度轻质材料，进一步提高负载／自重比，同时机构向着模块化、可重构方向发展。

2）机器人控制技术：重点研究开放式、模块化控制系统，人机界面更加友好，语言、图形编程界面正在研制之中。机器人控制器的标准化和网络化，以及基于 PC 网络式控制器已成为研究热点。编程技术除进一步提高在线编程的可操作性之外，离线编程的实用化将成为研究重点。

3）多传感系统：为进一步提高机器人的智能和适应性，多种传感器的使用是其问题解决的关键。其研究热点是有效可行的多传感器融合算法，特别是在非线性及非平稳、非正态分布的情形下的多传感器融合算法。另一问题就是传感系统的实用化。

4）一体化：机器人的结构灵巧，控制系统越来越小，两者正朝着一体化方向发展。

5）机器人遥控和监控技术、机器人半自主和自主技术、多机器人和操作者之间的协调控制、通过网络建立大范围内的机器人遥控系统。

6）虚拟机器人技术：基于多传感器、多媒体和虚拟现实以及临场感知技术，实现机器人的虚拟操作和人机交互。

7）多智能体（Multi-agent）控制技术：这是目前机器人研究的一个崭新领域，主要对多智能体的群体体系结构，相互间的通信与磋商机理，感知与学习方法，建模与规划、群体行为控制等方面进行研究。

8）微型和微小机器人技术（Micro/Miniature Robotics）：这是机器人研究的一个新的领域和重点发展方向。过去在该领域的研究几乎空白，因此该领域研究的进展将会引起机器人技术的一场革命，并且对社会进步和人类活动的各个方面产生不可估量的影响。微小型机器人技术的研究主要集中在系统结构、运动方式、控制方法、传感技术、通信技术以及行走技术等方面。

9）软机器人技术（Soft Robotics）：主要用于医疗、护理、休闲和娱乐场合。传统机器人在设计时未考虑与人紧密共处，因此其结构材料多为金属或硬性材料，软机器人技术要求其结构、控制方式和所用传感系统在机器人意外地与环境或人碰撞时是安全的，机器人对人是友好的。

【常见问题解析】

机器人属于精密自动化设备，要按照说明书所述步骤进行操作，以免产生运行故障。

1. 机器人无法运行

（1）急停按钮是否旋起　如果急停按钮已拍下，系统会提示请先将急停按钮打开。

（2）通过软件界面观察各个限位是否正常　首先将机器人动力电源切断，即控制柜左上方中间断路器断掉，观察软件里硬限位是否都处在未接通状态，如硬限位有红色报警，则需手动将机器人运转到脱离硬限位的正常状态，再重新回零。

（3）检查机器人电源是否接通　首先将初级电源断掉，逐级检测电源输入无误后，接通初级电源检测各电源节点供电是否正常，如检测出线路故障，必须将初级电源断掉以后再进行修改，以免发生触电事故或烧毁机器人系统。

（4）检查机械故障　电源线路检查无误后，如机器人还不能运行，再对机器人机械系统进行检查，检查传动机构是否有异物卡住，或运动范围内是否产生运动干涉。应定期对传动系统进行润滑。

2. 机器人未按既定规划运行

（1）机器人运行前未进行回零操作　机器人在运行之前需进行回零操作，否则系统会提示先进行回零，回零前保证机器人在回零正常范围之内。

（2）观察伺服驱动是否正常　打开机器人控制柜，观察各个驱动器是否显示正常，即处于"run"状态。

3. 机器人系统提示"系统正在运行"

机器人控制系统软件必须严格按照说明书叙述操作，如出现误操作，系统基于安全保护会提示"系统正在运行"，此时单击"确定"后即可回到正常操作状态。

4. 系统异常处理

若"系统状态"指示灯为红色，则系统异常，查看"系统状态"和"报警信息"两栏，根据提示进行相应处理。以下为常见报警：

（1）"系统上次关机未回零，请手动回零！"　系统在不是零点的位置断电之后，系统需要进行硬件回零（各个轴单独回零）。

另外在电动机运行过程中出现过载情况，也需要进行硬件回零。过载时往往导致坐标不再准确。

要求在关机之前，软件回零，以避免不必要的麻烦。

（2）"系统急停，请先回到零位！"　当"急停"按钮被按下后，系统提示软件回零，单击【回零】按钮弹出界面中的【软件回零】即可。

（3）"停机前请先进行软件回零。"　在关机前，一定要软件回零，使机械手处于零位状态关电源。

（4）系统状态为"系统异常"，报警信息为"某轴伺服异常"　电动机 H（水平）、V（竖直）、B（底座）、P（手爪）分别对应控制柜中从左到右 4 个电动机。这种情况通常由于电动机过载导致。检查控制柜中的驱动器，显示信息若不是"run"，重启相应驱动器。然后，如果系统状态仍为"系统异常"，报警信息为空，则单击"退出"按钮，退出系统。然后双击"我的设备\硬盘\启动"文件夹下的 Manipulator.exe 文件。如果在重启驱动器后，系统报警消失，则系统恢复正常。

电动机过载，驱动器重启后，需要先进行硬件回零，之后方可进入正常工作。

5. 机械部件的养护

机器人主要运动部件和传动部件需定期进行检查磨损情况并进行润滑保养，及时更换存在安全隐患的磨损较重部件。

机械结构润滑主要有两种：一是滑道和滚珠丝杠两部分的润滑，主要通过向油嘴中注入较稀的润滑脂（常用润滑脂即可）来实现，可同时向滑道涂抹少量润滑脂，半月一次即可；另一种情况为滚动轴承的润滑，半年一次即可。

6. 控制系统的维护

机器人控制系统需定期进行检查维护，检查各动力线路和信号线路是否有焦化现象或损坏现象，及时更换受损线路，防止出现短路和触电事故的发生。检查各接插件是否有松动现象，及时紧固松动连接保证机器人正常运行。

仿真实验：5 自由度关节型机械手夹取物体控制实验

1. 实验目的

1）对 5 自由度串联关节机械手各组成部件的演示，掌握 5 自由度串联关节机械手的组装运行过程。

2）熟悉串联关节机械手控制系统的连接过程。

3）熟悉串联关节机械手夹取物体动作过程。

2. 实验原理

图 6-51 所示为 5 自由度串联关节机械手结构示意图。

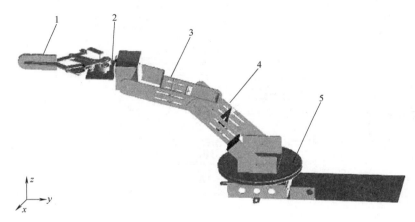

图 6-51　5 自由度串联关节机械手结构示意图
1—夹爪　2—手腕　3—上臂　4—下臂　5—底座

（1）实验设备　TowerPro MG995 舵机 3 个，TowerPro SG5010 舵机 2 个，塑料连接件若干，圆形底盘 1 个，圆柱形夹取物 1 个，捷龙 D3009 舵机伺服控制器 1 个，系统电源 1 个（9V，600mA），舵机电源 1 个（5V，3A），BASIC Stamp2 微控制器 1 个，PC1 台。

（2）实验说明

1）底座回转、仰俯关节、肘关节共采用 3 个辉盛 TowerPro MG995 舵机。

无负载速度：0.17s/60°（4.8V）

最大转矩：13kg·cm。

工作电压：4.8~7.2V。

2）腕回转关节、夹取共采用 2 个辉盛 TowerPro SG5010 舵机。

无负载速度：0.20s/60°（4.8V）。

最大转矩：4.5kg·cm。

工作电压：4.8~6.0V。

各关节旋转角度范围见表 6-6。

3. 实验步骤

图 6-52 所示为机械手接线原理图。

表 6-6　各关节旋转角度范围

关节序号	关节名称	角度范围/(°)
0	底座回转	0~180
1	仰俯关节	0~110
2	肘关节	45~135
3	腕回转关节	0~180
4	夹抓夹取	0~180

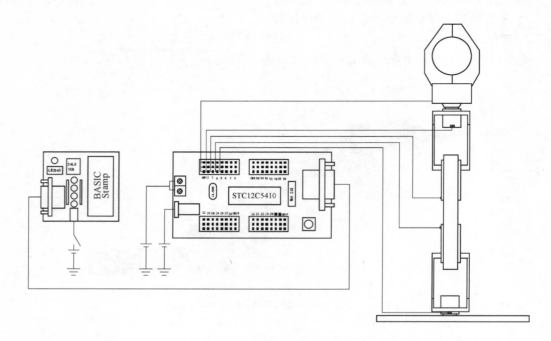

图 6-52　机械手接线原理图

（1）实验环境

1）设定各关节（夹抓关节除外）初始角度为 90°，夹抓关节初始角度为 0°，各关节处于初始位置。

2）机械手底盘约距离圆柱形夹取物 200mm（机械手伸展后，总长约为 350mm），夹取物处于 1 号工作台。

3）2 号工作台与 1 号工作台、机械手底盘之间距离呈等边三角形关系，位置示意图如图 6-53 所示。

（2）实验动作

1）输入底盘旋转角度（-90°）、仰俯关节旋转角度（-50°）、肘关节旋转角度（-30°）、腕回转关节旋转角度（0°）、夹抓夹取关节旋转角度（70°）、从 1 号工作台夹取物体成功。

图 6-53　机械手与 1 号、2 号工作台位置示意图

2）输入肘关节旋转角度（10°）、底盘旋转角度（60°）、肘关节旋转角度（-10°）、夹取关节旋转角度（-70°），物体移动到 2 号工作台上。

3）回零操作，机械手返回初始位置。

（3）动作程序（略）

4. 实验结果

本实验通过训练学生按照 5 自由度串联关节型机械手接线原理图进行实物接线，在实验过程中，使学生对串联机械手的机械结构组成，以及硬件控制器等方面有较为清晰的认识和了解。

创新案例：环境探测履带爬行机器人案例

1. 创新案例背景

在发生火灾、地震等灾难以及一些环境比较恶劣的地方，如果能采用可代替人的自动化设备深入其中，就能在确保人员安全的前提下实施高效率的工作，最大限度地减少人员和财产损失。

本案例的目的就在于提供一种可以实现复杂恶劣环境探测自动化的探测机器人，它可以在运动过程中进行现场视频、图像、温度等信息的采集，为控制人员提供最直观的现场情况。

2. 创新设计要求

1）具有视频、图像、温度等信息采集功能。

2）具有适应较复杂环境的装备移动功能。

3）具有自动控制及信息传输功能。

4）要求使用简单，安全可靠，便于携带。

3. 设计方案分析

经调查，目前市面上已有各种搜救机器人、救援机器人等，但是普遍存在结构复杂、成本较高等问题，并且一般不具备现场温度检测功能等。本案例拟通过视频、图像、温度等信息采集，采用单片机控制方案，提供一种可以实现复杂恶劣环境探测自动化的探测机器人。

4. 技术解决方案

本方案主要是对硬件部分加以分析。整个设计基于单片机控制器模块通过视频图像采集模块，获取现场相关视频图像信息，通过温度传感器，获取现场温度信息，最后将采集到的数据通过 RS-232 串口上传至 PC。

具体实施方式：硬件主要包括车体、探测支架、摄像头和温度传感器，车体上设置有履带式行走机构，在车体和探测支架之间还设置有转动装置，探测支架由相互铰接的主支架和副支架组成，主支架和副支架分别通过各自的摆动机构控制，与摄像头还连接有信号发射装置，从而机器人在运动过程中进行现场视频、图像、温度等信息的采集，为控制人员提供最直观的现场情况。环境探测履带爬行机器人结构如图 6-54 所示。上位机（PC）与下位机连接框图如图 6-55 所示。

5. 创新案例小结

创新案例应用了单片机控制、传感检测、伺服传动等技术，实现机器人的整个动作过

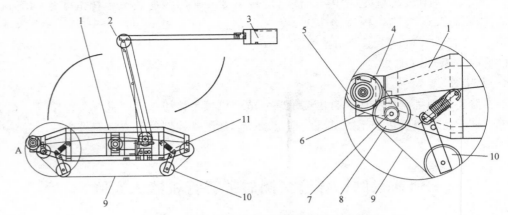

图 6-54 环境探测履带爬行机器人结构示意图

1—车体 2—探测支架 3—摄像头 4—行走电动机 5—链轮 6—链条
7—主动链轮 8—主动行走轮 9—履带 10—从动行走轮 11—缓冲支承机构

图 6-55 上位机（PC）与下位机连接框图

程，设计巧妙，适用于多种情况下的事故场合或恶劣环境，产品成熟后可开发高端产品，具有更高程度的智能。

本案例的创新点有以下两点：

1）本案例具有智能功能，简单实用，有利于减轻现场工作人员的负担。

2）采用单片机控制、传感检测技术，实现机器人的探测工作。

思考与练习

1. 工业机器人主要由哪几部分组成？各组成部分起什么作用？

2. 按工业机器人操作机的坐标形式、控制方式、几何结构类型、驱动方式，工业机器人各分为哪些类？

3. 工业机器人操作机的主要组成部分有哪些？工业机器人的自由度数取决于什么？

4. 并联机器人机构的种类有哪些？

5. 一般工业机器人采用几级计算机控制？各为什么级？各级主要由哪些部分组成？其功能是什么？

项目7

机电一体化技术综合应用与实践

【项目导学】

随着社会的进步和生活水平的提高，社会对产品多样化、低制造成本及短制造周期等需求日趋迫切，传统的制造技术已不能满足市场对多品种小批量、特色化、符合客户个人要求样式和功能的产品的需求。20 世纪 90 年代后，由于微电子技术、计算机技术、通信技术、机械与控制设备的发展，制造业自动化进入一个崭新的时代，技术日臻成熟。柔性制造技术已成为各工业化国家机械制造自动化的研制发展重点。本项目将结合 THMSRX-2 型柔性系统和加工工作站控制器技术向读者做一个全面的介绍。

任务 7-1　教学型模块式柔性自动化生产线的应用与实践

【任务说明】

模块式柔性自动化生产线实训系统是一种典型的机电一体化、自动化类产品，它是为职业院校、技工学校、教育培训机构等而研制的，它适合机械制造及其自动化、机电一体化、电气工程及自动化、自动化工程、控制工程、测控技术、计算机控制、自动控制、机械电子工程、机械设计与理论等相关专业的教学和培训。它在接近工业生产制造现场的基础上又针对教学进行了专门设计，强化了各种控制技术和工程实践能力。本书以 THMSRX-2 型柔性系统为例来做介绍。

【任务知识点】

1. 柔性制造系统的定义

柔性制造系统（Flexible Manufacturing System，FMS）也称柔性集成制造技术，是现代先进制造技术的统称。FMS 集自动化技术、信息技术和制作加工技术于一体，把以往工厂企业中相互孤立的工程设计、制造、经营管理等过程，在计算机及其软件和数据库的支持下，整合成一个覆盖整个企业的有机系统。

2. 柔性制造系统的发展

1967 年，英国莫林斯（Molins）公司首次根据威廉森提出的 FMS 基本概念，研制了"系统 24"。其主要设备是 6 台模块化结构的多工序数控机床，目标是在无人看管条件下，实现昼夜 24h 连续加工，但最终由于经济和技术上的困难而未全部建成。

同年，美国的怀特·森斯特兰公司建成 Omniline I 系统，它由 8 台加工中心和 2 台多轴钻床组成，工件被装在托盘上的夹具中，按固定顺序以一定节拍在各机床间传送和进行加工。这种柔性自动化设备适合在少品种、大批量生产中使用，在形式上与传统的自动生产线相似，所以也叫柔性自动线。日本、苏联、德国等也都在 20 世纪 60 年代末至 70 年代初，先后开展了 FMS 的研制工作。

1976 年，日本发那科（FANUC）公司展出了由加工中心和工业机器人组成的柔性制造单元（Flexible Manufacturing Cell，FMC），为发展 FMS 提供了重要的设备形式。柔性制造单元（FMC）一般由 1~2 台数控机床与物料传送装置组成，有独立的工件储存站和单元控制系统，能在机床上自动装卸工件，甚至自动检测工件，可实现有限工序的连续生产，适用于多品种小批量生产。

20 世纪 70 年代末期，柔性制造系统在技术上和数量上都有较大发展，20 世纪 80 年代初期已进入实用阶段，其中以由 3~5 台设备组成的柔性制造系统为最多，也有规模更庞大的系统投入使用。

1982 年，日本发那科公司建成自动化电机加工车间，由 60 个柔性制造单元（包括 50 个工业机器人）和一个立体仓库组成，另有两台自动引导台车传送毛坯和工件，此外还有一个无人化电机装配车间，它们都能连续 24h 运转。

这种自动化和无人化车间，是向实现计算机集成的自动化工厂迈出的重要一步。与此同时，还出现了若干仅具有柔性制造系统的基本特征，但自动化程度不很完善的经济型柔性制造系统（FMS），使柔性制造系统（FMS）的设计思想和技术成果得到普及应用。

迄今为止，全世界有大量的柔性制造系统投入了应用，仅在日本就有 175 套完整的柔性制造系统。国际上以柔性制造系统生产的制成品已经占到全部制成品生产的 75% 以上，而且比例还在增加。

3. 柔性制造的分类规模

（1）柔性制造单元（FMC）　FMC 由单台带多托盘系统的加工中心或 3 台以下的数控（CNC）机床组成，具有适应加工多品种产品的灵活性。FMC 的柔性最高，可视为 FMS 的基本单元，是 FMC 向廉价、小型化方向发展的产物。FMC 问世并应用于生产比 FMS 晚 6~8 年，现已进入普及应用阶段。

（2）柔性制造线（Flexible Manufacturing Line，FML）　FML 是处于非柔性自动线和 FMS 之间的生产线，对物料系统的柔性要求低于 FMS，但生产效率更高。FML 采用的机床大多为多轴主轴箱的换箱式或转塔式组合加工中心，能同时或依次加工少量不同的零件。它以离散型生产中的 FML 和连续型生产过程中的集散控制系统（DCS）为代表。FML 技术已日趋成熟，进入实用阶段。

（3）柔性制造系统（FMS）　FMS 通常包括 3 台以上的 CNC 机床（或加工中心），由集中的控制系统及物料系统连接起来，可在不停机情况下实现多品种、中小批量的加工管理。FMS 是使用柔性制造技术最具代表性的制造自动化系统。值得一提的是，由于装配自动化技术远远落后于加工自动化技术，产品最后的装配工序一直是现代化生产的瓶颈问题。研制开发适用于中小批量、多品种生产的高柔性装配自动化系统，特别是柔性装配单元（Flexible Assembly Cell，FAC）及相关设备已越来越广泛地引起重视。

4. 教学型 THMSRX-2 型柔性系统

随着综合国力的提升，我国也在大力发展 FMS，但由于这方面的人才缺乏，就对学校传统的教学提出了更高的要求，要求学校在专业教学中，更加全面地引进制造技术。但是，目前大部分院校现有的实验、实习环境还不能提供全面的，包括加工中心、搬运机器人、数控机床、物料传送、仓储设备和信息控制系统等先进设备，而且一般生产型 FMS 难以作为教学实验使用，并且生产型 FMS 初始投资高，占地面积较大，即便可以提供这些昂贵的设备，往往因为系统已经定型，只能进行系统演示，而不能让学生直接参与系统的设计、构建和调试。因此，典型模块化生产工作单元（Module Process System，MPS）构建的柔性制造系统，是目前高等职业院校柔性制造技术通用的实训设备。

本任务以教学型 THMSRX-2 型柔性系统为例，介绍模块式柔性自动化生产线实训系统，方便学生进行相应的实训操作。该系统由 7 个单元组成，分别为上料检测单元、搬运单元、加工与检测单元、安装单元、安装搬运单元、分类单元和主控单元，控制系统选用西门子公司的产品，具有较好的柔性，即每站各有一套 PLC 控制系统独立控制，在基本单元模块培训完成以后，又可以将相邻的两站、三站……直至六站连在一起，帮助学生学习复杂系统的控制、编程、装配和调试技术。图 7-1 给出了系统中工件从一站到另一站的物流传递过程。上料检测单元将大工件按顺序排好后提升送出；搬运站将大工件从上料检测单元搬至加工站；加工站将大工件加工后送出工位；安装搬运站将大工件从加工站搬至安装工位放下。安装站再将对应的小工件装入大工件中。然后，安装搬运站再将安装好的工件送分类站，分类站再将工件送入相应的料仓。

THMSRX-2 型西门子控制器采用 PROFIBUS-DP 通信实现 7 个单元与主站之间的网络控制方案，通过 S7-300 主机采集并处理各站的相应信息，完成 6 个单元间的联动控制。将 DP 连线首端出线的网络连接器接到 S7-300 主机的 DP 口上，其他网络连接器依次接到 6 个单元的 EM277 模块 DP 口上。

PROFIBUS-DP 为保证系统中各站能联网运行，必须将各站的 PLC 连接在一起使独立的各站间能交换信息。加工过程中所产生的数据，如工件颜色装配信息等，也需要向下站传送，以保证工作正确。

（1）上料检测站

1）主要组成与功能。上料检测站主由料斗、回转台、导料机构、平面推力轴承、工件滑道、提升装置、检测工件和颜色识别光电开关、开关电源、可编程序控制器、按钮、I/O 接口板、通信接口板、电气网孔板、直流减速电动机、电磁阀及气缸组成，如图 7-2 所示，主要功能是将工件从回传上料台依次送到检测工位，提升装置将工件提升并检测

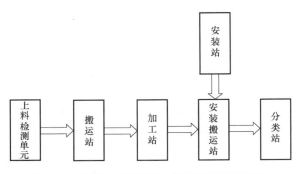

图 7-1　工件从一站到另一站的物流传递过程

工件颜色。

① 料斗：用于存放物料。

② 回转台：带动物料转动。

③ 导料机构：使物料在回转台上能按照设定好的方向旋转，输送工件。

④ 磁性传感器：用于气缸的位置检测。当检测到气缸准确到位后将给 PLC 发出一个到位信号。磁性传感器接线时注意蓝色线接 "–"，棕色线接 "PLC 输入端"。

⑤ 警示灯：系统上电、运行、停止信号指示。

⑥ 控制按钮板：用于系统的基本操作、单机控制、联机控制。

⑦ 电气网孔板：主要安装 PLC 主机模块、断路器、开关电源、I/O 接口板、各种接线端子等。

2）控制面板连线端子排。控制面板连线端子排如图 7-3 所示。

3）气动回路原理图。气动控制系统是本工作单元的执行机构，该执行机构的逻辑控制功能是由 PLC 实现的，气动控制回路的工作原理如图 7-4 所示。图中，1B1、1B2 为安装在推料气缸的两个极限工作位置的磁性传感器，1Y1 为控制推料气缸的电磁阀。

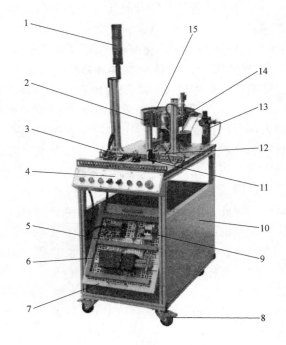

图 7-2　上料检测站

1—警示灯　2—料斗、回转台　3—I/O 接口　4—按钮控制板
5—走线槽　6—主机模块　7—电气网孔板　8—万向轮
9—电源总开关　10—实训桌　11—透明继电器　12—电磁阀
13—调压过滤器　14—提升机构　15—导料机构

	C4			
24V	24V		24V	24V
24V	07		I7	24V
NC	06		I6	0V
0V	05		I5	0V
0V	04		I4	0V
0V	03		I3	0V
0V	02		I2	0V
0V	01		I1	0V
0V	00		I0	0V
0V				0V

PIN1 —— Q0.0		PIN13 —— I0.0
PIN2 —— Q0.1		PIN14 —— I0.1
PIN3 —— Q0.2		PIN15 —— I0.2
PIN4 —— Q0.3		PIN16 —— I0.3
PIN5 —— Q0.4		PIN17 —— I0.4
PIN6 —— Q0.5		PIN18 —— I0.5
PIN7 —— Q0.6		PIN19 —— I0.6
PIN8 —— Q0.7		PIN20 —— I0.7
PIN9 —— 24V		PIN21 —— 24V
PIN10 —— 24V		PIN22 —— 24V
PIN11 —— 0V		PIN23 —— 0V
PIN12 —— 0V		PIN24 —— 0V

图 7-3　控制面板连线端子排

4）PLC 的控制原理图。该站 PLC 主要负责检测货料是否到位、货料的颜色、开始按钮

等信号，控制料盘电动机、货台电磁阀、开始灯等输出信号。图 7-5 所示为该站 PLC 的控制原理图。

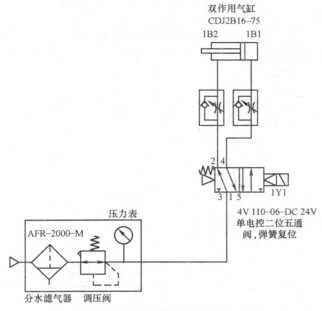

图 7-4   气动控制回路的工作原理

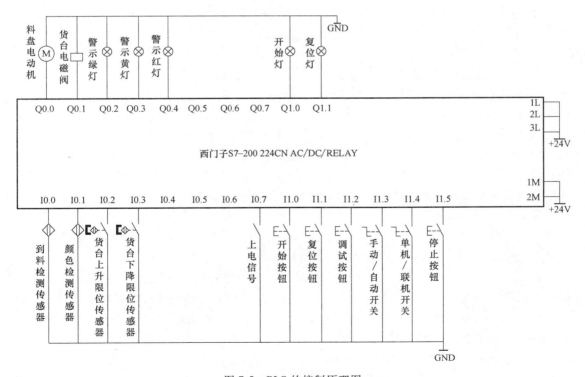

图 7-5   PLC 的控制原理图

5）网络控制。该单元的复位信号、开始信号、停止信号均从触摸屏发出，经过 S7-300 程序处理后，向各单元发送控制要求，以实现各站的复位、开始、停止等操作。各从站在运行过程中的状态信号，应存储到该单元 PLC 规划好的数据缓冲区，以实现整个系统的协调运行。网络读写数据规划见表 7-1。

表 7-1　网络读写数据规划

序号	系统输入网络向 MES 发送数据	200 从站数据 从站 1（上料）	300 主站对应数据 主站（S7-300）
1	上电 I0.7	V 10.7	I22.7
2	开始 I1.0	V 11.0	I23.0
3	复位 I1.1	V 11.1	I23.1
4	调试 I1.2	V 11.2	I23.2
5	手动/自动 I1.3	V 11.3	I23.3
6	单机/联机 I1.4	V 11.4	I23.4
7	停止 I1.5	V 11.5	I23.5
8	开始灯 Q1.0	V 13.0	I25.0
9	复位灯 Q1.1	V 13.1	I25.1
10	已经加工	VW8	IW20

6）开机前检查项目。

① 电气连接是否到位。

② 各路气管连接是否正确可靠。

③ 机械部件状态（如运动时是否干涉，连接是否松动）。

④ 排除已发现的故障。

⑤ 电源电压为 AC220V，请注意安全。

⑥ 工作台面上使用电压为 DC24V（最大电流 5A）。

⑦ 供气由各站的过滤减压阀供给，额定的使用气压为 6bar（600kPa）。

⑧ 当所有的电气连接和气动连接接好后，将系统接上电源，程序开始。

7）操作过程。系统上电后，将本单元单机/联机开关打到"单机"状态、手动/自动开关打到"手动"状态。上电后复位按钮灯闪烁，按复位按钮，本单元回到初始位置，同时开始按钮灯闪烁；按开始按钮，等待进入单站工作状态，要运行时，按下调试按钮即可按工作流程动作。

当出现异常，按下该单元急停按钮，该单元立刻会停止运行，当排除故障后，按下"上电"按钮，该单元可接着从刚才的断点继续运行。

8）工作流程。上料单元运行，转盘转动，将工件从转盘经过滑道送入货台上，物料台检测传感器检测到有工件后物料台上升，工件在 30s 内没有送到物料台上时警示黄灯亮，物料台在上升过程中卡住时（3s 内气缸没有运行到上限位）警示红灯亮。传感器检测物料台上工件，在 PLC 网络中给网络完成信号。

（2）搬运站　搬运站主要由气动机械手、气动手指、双导杆气缸、摆台、单杆气缸、旋转气缸、开关电源、可编程序控制器、按钮、I/O 接口板、通信接口板、电气网孔板、多种类型电磁阀组成，如图 7-6 所示。搬运站的主要功能是将工件从上料单元搬运到加工单元待料区工位。

① 气动机械手：完成工件的抓取动作，由双向电控阀控制，手爪放松时磁性传感器有信号输出，磁性开关指示灯亮。

② 双导杆气缸（双联气缸）：控制机械手臂伸出、缩回，由双向电控气阀控制。

③ 摆台：采用旋转气缸设计，由双向电控气阀控制机械的左、右摆动。

④ 单杆气缸：由单向气动电控阀控制。当气动电磁阀得电，气缸伸出，同时将物料送至等待位。

⑤ 开关电源：完成整个系统的供电任务。

⑥ I/O 接口：完成 PLC 信号与传感器、电磁信号、按钮之间的转接。

⑦ 控制按钮板：用于系统的基本操作、单机控制、联机控制。

⑧ 电气网孔板：主要安装 PLC 主机模块、断路器、开关电源、I/O 接口板、各种接线端子等。

（3）加工站　加工站主要由转盘、刀具库（3 种刀具）、薄型双导杆气缸、单杆气缸、电源总开关、调压过滤器、加工电动机、电磁阀组、继电器组、主机模板、按钮控制板、传感器等组成，如图 7-7 所示。加工站主要完成工件的加工（钻孔、铣孔），并进行工件检测。

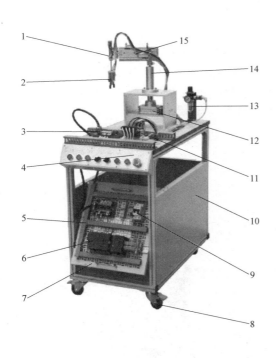

图 7-6　搬运站

1—单杆气缸　2—气动机械手　3—I/O 接口
4—按钮控制板　5—走线槽　6—主机模块
7—电气网孔板　8—万向轮　9—电源总开关
10—实训桌　11—电磁阀组　12—旋转气缸
13—调压过滤器　14—摆台　15—双导杆气缸

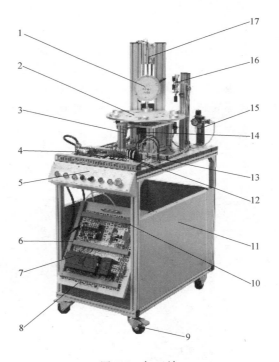

图 7-7　加工站

1—刀具库　2—转盘　3—传感器　4—I/O 接口
5—按钮控制板　6—走线槽　7—主机模块　8—电
气网孔板　9—万向轮　10—电源总开关　11—实训
桌　12—继电器组　13—电磁阀组　14—加工电动机
15—调压过滤器　16—单杠气缸　17—薄型双导杆气缸

① 单杆气缸：单杆气缸用于孔的深度测量，采用单向电控气阀控制。当电控气阀得电时，气缸升出，检测打孔深度。

② 薄型双导杆气缸：刀具主轴电动机的上升与下降由薄型双导杆气缸控制，气缸动作由单向电控气阀控制。

③ 传感器：转盘旋转到位检测，在工位到位后传感器信号输出。接线时，注意棕色线接"+"、蓝色线接"-"、黑色线接输出。

④ 加工电动机：采用直流电动机旋转，模拟钻头轴转动，模拟铰刀扩孔等完成工件的三刀具加工。

（4）安装搬运站 安装搬运站主要由平移工作台、塔吊臂、齿轮齿条、导轨、电源总开关、主机模块、按钮控制板、I/O接口板、电气网孔板、电磁阀等组成，如图7-8所示。安装搬运站的主要功能是将上站工件拿起放入安装平台，等待安装站将工件安装到位后，将装好工件拿起并放入下站。

① 塔吊臂：与机械手结合一起，用于夹取工件。

② 齿轮齿条：完成平移工作台的左右移动。

③ 导轨：辅助平移工作台左右移动。

④ 电磁阀组：用于控制各个气缸的升出、缩回动作。

⑤ 控制按钮板：用于系统的基本操作、单机控制、联机控制。

⑥ 电气网孔板：主要安装PLC主机模块、断路器、开关电源、I/O接口板、各种接线端子等。

（5）安装站 安装站主要由吸盘机械手、料仓换位部件、电源总开关、主机模块、按钮控制板、I/O接口板、电气网孔板、电磁阀组等组成，如图7-9所示。安装站的主要功能是选择要安装工件的料仓，将工件从料仓中推出，将工件安装到位。

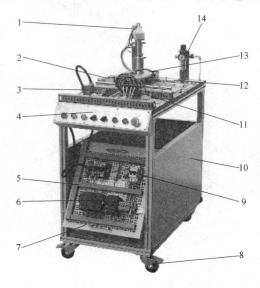

图7-8 安装搬运站

1—塔吊臂 2—齿轮、齿条 3—I/O接口板 4—按钮控制板
5—走线槽 6—主机模块 7—电气网孔板 8—万向轮
9—电源总开关 10—实训桌 11—电磁阀组 12—导轨
13—平移工作台 14—调压过滤器

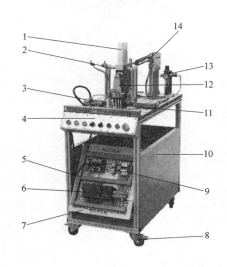

图7-9 安装站

1—物料筒 2—推料机构 3—I/O接口板 4—按钮控制板 5—走线槽 6—主机模块 7—电气网孔板 8—万向轮 9—电源总开关 10—实训桌 11—电磁阀组 12—料仓换位部件 13—调压过滤器 14—吸盘机械手

① 吸盘机械手：应用真空原理吸取物料。

② 料仓换位部件：用于黑白工件的选择。

③ 控制按钮板：用于系统的基本操作、单机控制、联机控制。

④ 电气网孔板：主要安装 PLC 主机模块、断路器、开关电源、I/O 接口板、各种接线端子等。

（6）分类站　分类站主要由滚珠丝杠、滑杆推出部件、分类料仓、步进电动机、驱动器、电源总开关、主机模块、按钮控制板、I/O 接口板、通信信口板、电气网孔板、电磁阀等组成，如图 7-10 所示。分类站的主要功能是按工件类型分类，将工件推入料仓。

① 滑杆推出部件：将上站搬运过的物料推入相应的仓位里。

② 分类料仓：存储机构。

③ 步进电动机：分别控制 X、Y 两轴滚珠丝杠完成仓储位置选择。

④ 驱动器：步进电动机的执行机构。

⑤ 控制按钮板：用于系统的基本操作、单机控制、联机控制。

⑥ 电气网孔板：主要安装 PLC 主机模块、断路器、开关电源、I/O 接口板、各种接线端子等。

（7）主控站　主控站采用了先进的总线控制方式，增配有主控 PLC、工业触摸屏等，系统更加完整性，更能展现工业现场的工作状态及现代制造工业的发展方向，如图 7-11 所示。

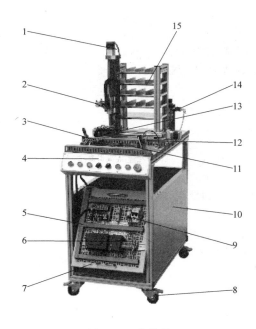

图 7-10　分类站

1—步进电动机　2—滑杆推出部件　3—I/O 接口板
4—按钮控制板　5—走线槽　6—主机模块　7—电
气网孔板　8—万向轮　9—电源总开关　10—实训
桌　11—驱动器　12—电磁阀　13—滚珠丝杠
14—调压过滤器　15—分类料仓

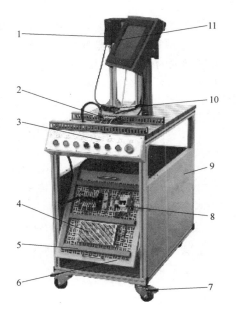

图 7-11　主控站

1—PLC：S7-300　2—I/O 接口板　3—按钮控制板
4—开关电源　5—走线槽　6—电气网孔板　7—万
向轮　8—电源总开关　9—实训桌　10—MPI
通信电缆　11—触摸屏

【任务实践】

1. 任务要求

拆装 THMSRX-2 型柔性制造系统上料检测单元。具体要求如下：

1）识别各种工具，掌握正确使用方法。

2）拆卸、组装各机械零部件、控制部件，如气缸、电动机、转盘、过滤器、PLC、开关电源、按钮等。

3）装配所有零部件，装配到位，密封良好，转动自如。

2. 任务实施

（1）拆卸上料检测单元

1）工作台面。

① 准备各种拆卸工具，熟悉工具的正确使用方法。

② 了解所拆卸的机器主要结构，分析和确定主要拆卸内容。

③ 端盖、压盖、外壳类拆卸；接管、支架、辅助件拆卸。

④ 主轴、轴承拆卸。

⑤ 内部辅助件及其他零部件拆卸、清洗。

⑥ 各零部件分类、清洗、记录等。

2）网孔板。

① 准备各种拆卸工具，熟悉工具的正确使用方法。

② 了解所拆卸的器件主要分布，分析和确定主要拆卸内容。

③ 主机 PLC、断路器、熔座、I/O 接口板、转接端子及端盖、开关电源、导轨拆卸。

（2）组装上料检测单元

1）理清组装顺序，先组装内部零部件，组装主轴及轴承。

2）组装轴承固定环、上料地板等工作部件。

3）组装内部件与壳体。

4）组装压盖、接管、各辅助部件等。

5）检查是否有未装零件，检查组装是否合理、正确和适度。

6）具体组装、可参考总图。

3. 任务评价

在规定时间内完成任务，各组自我评价并进行展示，各组之间根据评价表进行检查。任务评价表见表 7-2。

表 7-2　任务评价表

项目	目标	分值	评分	得分
拆卸上料检测单元	正确使用工具，能按照拆卸步骤进行拆卸，无元件损坏	50	（1）不能按照拆卸步骤进行拆卸，每处扣5分 （2）损坏工具或元件，扣10分	

（续）

项目	目标	分值	评分	得分
组装上料检测单元	能按照组装步骤进行组装，无元件损坏	50	（1）不能按照组装步骤进行组装，每处扣 5 分 （2）损坏工具或元件，扣 10 分	
总分		100		

【知识拓展】

柔性制造技术的发展方向如下：

（1）不断推出新型控制软件　随着 FMS 的发展，特别是计算机集成制造系统（Computer Integrated Manufacturing System，CIMS）的发展，单元控制软件发展很快，无论是制造商还是应用商都在不断推出或引进新的单元控制软件。

（2）控制软件的模块化、标准化　为了便于对柔性制造控制软件进行修改、扩展或集成，控制软件模块化、标准化已成为 FMS 的主要发展趋势。

（3）迅速发展新型软件　软件开发已成为控制系统发展的瓶颈，因此一些软件公司不断推出一些称为"平台"的支持开发工具，帮助用户来完成自己的工程项目设计和实施。

（4）积极引入设计新方法　为提高控制系统的正确性和有效性，人们在不断开发新型控制软件，发展软件开发工具的同时，还积极引入设计新方法，例如面向对象方法。

（5）发展新型控制体系结构　FMS 的体系结构早期参考传统的生产管理方式，采用集中式分级递阶控制体系结构，这种结构控制功能的实现比较困难，顶层控制系统出现故障时，FMS 将全部瘫痪。随后出现的多级分布控制体系结构虽然易于实现各种控制功能，可靠性也比较高，但由于控制层数比较多，工作效率和灵敏性则相对比较差，所以又发展出非递阶或自制协商式控制体系结构。这种控制结构虽然还是采用分布控制，但响应速度快、柔性好，更适合于开始先安装一个或几个小型的易于管理的柔性制造单元，然后再集成单元之间的信息流和物料流的分布实施方法。

（6）大力开发应用人工智能技术　单元控制系统功能的增强除了本身控制技术的发展外，还有一个重要原因就是人工智能（AI）的专家系统在控制、检测、监控和仿真等单元控制技术中的广泛应用。

FMS 物流系统性能更趋于完善，FMS 虽然具有自动化程度高和运行效率高等特点，但由于其不仅注重信息流的集成，也特别强调物料流的集成与自动化，所以物流自动化设备投资在整个 FMS 的投资中占有相当大的比例，且 FMS 的运行可靠性在很大程度上依赖于物流自动化设备的正常运行，因此 FMS 也具有投资大、见效慢和可靠性比较差等不足。当前，FMS 物流系统的性能提高主要体现在构成 FMS 的各项技术，如加工、运储等技术的迅速发展。

随着各类先进加工技术的相继问世，从而导致 FMS 性能的提高是不言而喻的。如瑞士的一家工业公司采用了由激光加工中心及 CNC 自动车床和自动磨床组成的柔性制造单元，该单元由于改用激光加工中心来代替原来的铣床，生产率提高了很多倍，而且产品精度高、质量好。

【常见问题解析】

1. 气路故障分析及处理

在颜色识别和喷涂单元，使用气动吸附装置搬运工件。待工件输送到位后，由气动吸附装置抓取。气动吸附装置的主要部件是真空发生器，在使用过程中，有时会出现没有吸附动作且不吸附工件的现象。根据这一故障现象，首先怀疑真空发生器坏了，更换好的真空发生器后，故障依然存在，因此排除了真空发生器故障的可能；其次，根据没有吸附动作的现象，认为可能是单向节流阀被拧紧，没有压缩空气输送，故将单向节流阀开度拧到最大，故障依然存在；最后，将没有吸附动作和不吸附工件结合在一起分析，认定故障的产生是由于压缩空气没有输送导致的。将气管从气路中拔出后，果然没有压缩空气，顺此气管查找，发现在线槽内有一段气管被折，导致压缩空气不通，更换此段气管后故障排除。

2. 传感器故障分析及处理

传感器作为生产线上的检测元件，其作用非常重要。从广义上讲，传感器就是能感知外界信息并能按一定规律将这些信息转换成可用信号的装置；简单来说，传感器是将外界信号转换为电信号的装置。若传感器出现故障，则生产线上生产的产品质量将难以保证，如孔深检测传感器出现故障，则不能正确判断工件尺寸是否合格，严重的将导致生产线停机，如输送装置将工件传送到下一个单元进行下一道工序的加工，而这道工序的加工必须以某个传感器接收到信号为条件，若此传感器出现故障，则不会进行此道工序的加工，整条生产线各单元将依次停止工作。

（1）电感式传感器　电感式传感器是利用电磁感应把被测的物理量，如位移、压力、流量、振动等转换成线圈的自感系数和互感系数的变化，再由电路转换为电压或电流的变化量输出，实现非电量到电量的转换。

一般在教学柔性制造物流系统中，因为原始工件材料并不一致，所以在加工之前需要自动区别各工件的材料情况，以便确定何种工艺或何种设备加工。本系统中，材料检测传感器位于立体原料库后的输送机上，即并联加工中心桌面单元的输送机上，在气动阻挡之前检测。工件出库后需要检测工件的材料，以便根据程序给定的判断是加工或继续行进还是选择何种工艺加工。使用中，有时会出现电感式传感器不分辨工件材料的现象。根据此故障现象判断，可能是电感式传感器坏了，更换新的电感式传感器后，故障依然存在，再次运行时，发现电感式传感器的工作指示灯不亮，后经查阅电感式传感器相关说明发现，本系统中使用的传感器额定动作距离是 2mm，调整传感器位置后，故障排除。

（2）光电传感器　光电传感器是采用光敏元件作为检测元件的传感器。它首先把被测量的变化转换成光信号的变化，然后借助光敏元件进一步将光信号转换成电信号。光电传感器一般由光源、光学通路和光敏元件三部分组成。

在工件检验与分拣单元，用了两个机械手搬运工件。一个机械手用于将传送带上的工件搬运到尺寸检测台上，另一个机械手用于将检测后合格的工件搬运到下一单元。机械手的运动位置由凹槽光电传感器作为限位开关。在使用中，有时会出现机械手运行到限位开关处没有停止的现象。

故障处理：首先观察光敏限位开关，在没有挡片隔在光敏开关凹槽处时，光敏开关上的红色指示灯应该是亮的，当挡片隔在光敏开关凹槽处时，光敏开关上的红色指示灯应该由亮变灭。如果光敏开关现象与上面所述不符，可以判定光敏开关已经损坏。

如果光敏开关已损坏，更换即可，按照原来的接线方式把线重新焊上，更换时注意确保电源已被断开。如果光敏开关凹槽处没有挡片，并且光敏开关上红色指示灯不亮，应该是线路松动或断开。如果线路松动或断开，观察有没有外部线路松动或断开，如果有，重新接上即可。

3. 系统联机故障分析及处理

各单元及主控系统启动后，在监控界面上某个单元信号标志没有变为黄色，仍是未连接状态。

产生以上现象的可能原因有：该单元未启动，该单元处于单机状态；该单元侧的网线未连接好，有松动；集线器侧的网线未连接好，有松动；主控计算机的网线未连接好，有松动；该单元控制软件还未完全启动。

处理方法：启动该单元，并设置为联机状态，压紧该单元侧的网线接口，压紧集线器侧的网线接口，压紧主控计算机的网线接口，并重新启动该单元，等待一段时间后（单元控制软件启动）再观察故障是否排除。

任务 7-2 柔性制造系统中加工工作站控制技术的应用与实践

【任务说明】

柔性制造系统（FMS）一般由加工系统、物流系统和控制与管理系统组成。在工厂的经营管理、工程设计、制造三大功能中，FMS 负责制造功能的实施，所有产品的物理转换都是由制造单元完成的。工厂的经营管理所制定的经营目标，设计部门所完成的产品设计、工艺设计等都要由制造单元来实现。可见，制造单元的运行特性对整个工厂具有举足轻重的作用。而其中加工工作站负责指挥和协调车间中的一个加工设备小组的活动。为了实现柔性制造自动化，要求 FMS 具有良好的制造管理及优化生产调度的功能，且系统中的制造设备必须协调运行，这就对加工工作站提出了较高的要求，它运行的有效性和柔性将直接影响 FMS 运行的有效性和柔性。

【任务知识点】

1. 柔性制造系统组成及功能特征

典型的 FMS 一般由 3 个子系统组成，它们是加工系统、物流系统和控制与管理系统，各子系统的构成框图及功能特征如图 7-12 所示。三个子系统的有机结合，构成了一个制造系统的能量流（通过制造工艺改变工件的形状和尺寸）、物料流（主要指工件流和刀具流）和信息流（制造过程的信息和数据处理）。

加工系统在 FMS 中好像人的手脚，是实际完成改变物性任务的执行系统。加工系统主

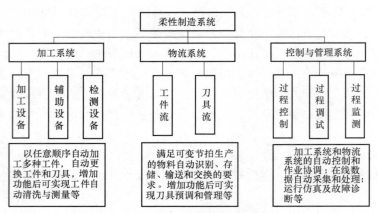

图 7-12　FMS 组成框图及功能特征

要由数控机床、加工中心等加工设备（有的还带有工件清洗、在线检测等辅助与检测设备）构成，系统中的加工设备在工件、刀具和控制三个方面都具有可与其他子系统相连接的标准接口。从 FMS 的各项柔性含义中可知，加工系统的性能直接影响着 FMS 的性能，且加工系统在 FMS 中又是耗资最多的部分，因此恰当地选用加工系统是 FMS 成功与否的关键。加工系统中的主要设备是实际执行切削加工，把工件从原材料转变为产品的机床。

2. 柔性制造系统中加工系统技术

（1）加工系统的配置　目前金属切削 FMS 的加工对象主要有两类工件：棱柱体类（包括箱体形、平板形）和回转体类（长轴形、盘套形）。对加工系统而言，通常用于加工棱柱体类工件的 FMS 由立、卧式加工中心，数控组合机床（数控专用机床、可换主轴箱机床、模块化多动力头数控机床等）和托盘交换器等构成；用于加工回转体类工件的 FMS 由数控车床、车削中心、数控组合机床和上下料机械手或机器人及棒料输送装置等构成。

（2）加工系统中常用加工设备介绍　加工中心是一种备有刀库并能按预定程序自动更换刀具，对工件进行多工序加工的高效数控机床。它的最大特点是工序集中和自动化程度高，可减少工件装夹次数，避免工件多次定位所产生的累积误差，节省辅助时间，实现高质、高效加工。

常见加工中心按工艺用途可分为镗铣加工中心、车削加工中心、钻削加工中心、攻螺纹加工中心及磨削加工中心等。加工中心按主轴在加工时的空间位置可分为立式加工中心、卧式加工中心和立卧两用（也称万能、五面体、复合）加工中心。

在实际应用中，以加工棱柱体类工件为主的镗铣加工中心和以加工回转体类工件为主的车削加工中心最为多见。

1）加工中心。加工中心可完成镗、铣、钻、攻螺纹等工作，它与普通数控镗床和数控铣床的区别之处，主要在于它附有刀库和自动换刀装置，如图 7-13 所示。衡量加工中心刀库和自动换刀装置的指标有刀具存储量、刀具（加刀柄和刀杆等）最大尺寸与质量、换刀重复定位精度、安全性、可靠性、可扩展性、选刀方法和换刀时间等。

加工中心的刀库有转塔式链式和盘式等基本类型，如图 7-14 所示。链式刀库的特点是存刀量多、扩展性好、在加工中心上的配置位置灵活，但结构复杂。盘式和转塔式刀库的特点是构造简单、适当选择刀库位置还可省略换刀机械手，但刀库容量有限。根据用途，加工

a) 卧式　　　　　　　　　　　　b) 立式

图 7-13　加工中心

中心刀库的存刀量可为几把到数百把，最常见的是 20~80 把。

2）车削加工中心。车削加工中心简称为车削中心（Turning Center），它是在数控车床的基础上为扩大其工艺范围而逐步发展起来的。车削中心有如下特征：带刀库和自动换刀装置；带动力回转刀具；联动轴数大于 2。由于有这些特征，车削中心在一次装夹下除能完成车削加工外，还能完成钻削、攻螺纹、铣削等加工。车削中心的工件交换装置多采用机械手或行走式机器人。随着机床功能的扩展，多轴、多刀架以及带机内工件交换器和带棒料自动输送装置的车削中心在 FMS 中发展较快，这类车削中心也被称为车削柔性制造模块（FMM）。如对置式双主轴箱、双刀架的车削中心可实现自动翻转工件，在一次装夹下完成回转体工件的全部加工。

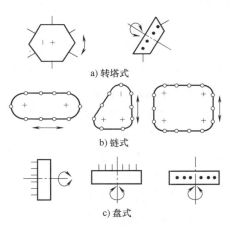

a) 转塔式

b) 链式

c) 盘式

图 7-14　加工中心刀库的基本类型

3）数控组合机床。数控组合机床是指数控专用机床、可换主轴箱数控机床、模块化多动力头数控机床等加工设备。这类机床是介于加工中心和组合机床之间的中间机型，兼有加工中心的柔性和组合机床的高生产率的特点，适用于中大批量制造的柔性生产线（FML 或 FTL）。这类机床可根据加工工件的需求，自动或手动更换装在主轴驱动单元上的单轴、多轴或多轴头，或更换具有驱动单元的主轴头本身。

3. 加工系统中的刀具与夹具

FMS 的加工系统要完成它的加工任务，必须配备相应的刀具、夹具和辅具。目前国内在设计 FMS 和选择 FMS 加工设备时，或者在介绍国外的制造水平时往往都强调系统功能和设备功能。而从国外众多使用 FMS 的企业来看，他们更重视实用性，即机床和刀、夹、辅具的合理配合与有效利用，企业现有制造技术和工艺诀窍在 FMS 中的应用。一般而言，一台加工中心要能充分发挥它的功能，所需刀、夹、辅具的价格近于或高于加工中心本身的价格。据国外资料统计，一台加工中心一年在刀具上消耗的资金约为购买一台新加工中心费用的 2/3。因此在选择加工设备时，就应充分考虑刀、夹、辅具问题。

4. 加工系统的监控

FMS 加工系统的工作过程都是在无人操作和无人监视的环境下高速进行，为保证系统的正常运行。防止事故、保证产品质量，必须对系统工作状态进行监控。通常加工系统的监控内容见表 7-3。

表 7-3　加工系统的监控内容

状态		监控内容
设备运行状态		通信及接口、数据采集与交换、与系统内各设备间的协调、与系统外的协调、数控、PLC 控制、误动作、加工时间、生产业绩、故障诊断、故障预警、故障档案、过程决策与处理等
切削加工状态	机床	主轴转动、主轴负载、进给驱动、切削力、振动、噪声、切削热等
	夹具	安装、精度、夹紧力等
	刀具	识别、交换、损伤、磨损、寿命、补偿等
	工件	识别、交换装夹等
	其他	切屑、切削液、温度、湿度、油压、气压、电压、火灾等
产品质量状态		形状精度、尺寸精度、表面粗糙度、合格率等

5. 加工工作站控制器

加工工作站控制器是柔性制造系统中实现设计集成和信息集成的关键，它执行前端控制职能，既要能接收单元控制器的命令并上报命令执行情况，也要能独立运行，对设备实施控制和监视。其功能需求如下：

（1）加工操作排序

1）从单元控制器接收命令。

2）加工路径选择与优化。

3）实时调度。

（2）加工设备监控

1）机床状态监控。

2）故障诊断与监控。

3）设备运行方式。

4）机床远程控制。

（3）加工工作信息管理

1）工艺信息管理。

2）数控程序管理。

3）工作日志管理。

4）向单元控制器上报信息。

6. 集线器

集线器（Hub）属于数据通信系统中的基础设备，它和双绞线等传输介质一样，是一种不需任何软件支持或只需很少管理软件管理的硬件设备，被广泛应用到各种场合。

【任务实践】

1. 任务要求

现有加工设备是两台立卧转换加工中心和三台立式综合加工中心，均采用日本发那科 0M 控制系统。要求如下：

1）设计出加工工作站控制器的硬件结构图。

2）设计出加工工作站控制器的软件模块图。

2. 任务实施

因加工中心进线是实现柔性制造的必要条件之一，而 5 台数控加工中心控制系统均未配备分布式数控（Distributed Numerical Control，DNC）接口，不具备直接进线功能，于是另外设计了 5 套独立的 DNC 接口装置，实现工作站与设备间的信息传送和工作站对设备的实时控制。

（1）加工工作站控制器的硬件结构设计

1）系统结构。加工工作站控制器是基于网络通信的 DNC 系统，实现对 5 台加工中心的 DNC 及通信。它通过 Ethernet TCP/IP 与单元控制器连接，通过 DNC FSO 与设备控制器连接。

2）硬件结构。该加工工作站控制器用于监控 5 台加工中心，实现 DNC。其控制结构如图 7-15 所示。

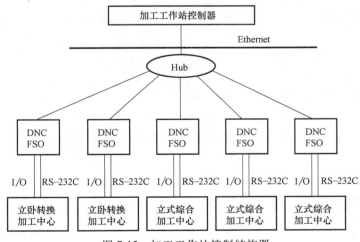

图 7-15　加工工作站控制结构图

其中，加工工作站控制器选用了适用于工业生产环境的 P5/166 研华工控机。DNC FSO 是独立于加工中心数控系统的 DNC 设备。它们向上通过集线器（Hub）经以太网（Ethernet）与加工工作站相连，向下通过 I/O 口和 RS - 232C 与加工中心相连，其中 RS - 232C 主要用于传送 NC 程序，而 I/O 口用于传送控制信息。DNC FSO 的主要任务是接收工作站控制器下载的 NC 程序和机床操作指令并传递至加工中心 CNC 设备，同时及时反馈加工中心状态和故障信息，实现工作站控制器对机床的实时控制。

（2）加工工作站控制器的软件模块设计　加工工作站控制器的软件模块共分为9个模块，如图7-16所示。

各模块的具体功能说明如下：

1）NC程序管理：NC程序的上传和下传。

2）采集CNC数据：读取刀具表、偏置量、工件坐标系、当前坐标值、模态指令值及当前刀号、刀编号和刀偏置量。

3）设置加工参数：设置刀具偏置量和工件坐标系。

4）远程控制：起动加工、进给保持和CNC复位。

5）机床状态采集：采集机床的下列状态——正在加工、机床空闲、装夹完成、故障排除、CNC报警、CNC恢复正常、机床报警及报警号、机床报警消除。

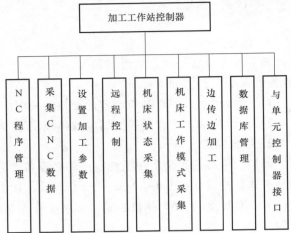

图7-16　加工工作站控制器的软件模块

6）机床工作模式采集：采集机床的下列工作模式——程序编辑、自动执行、纸带执行、手动指令、手轮、手轮示教、点动和原点复归。

7）边传边加工：实现大NC程序的边传边加工。

8）数据库管理：日志库、程序库和报警信息库的管理。

9）与单元控制器接口：与单元控制器通信，以获取命令和NC程序并上报状态。

在FMS加工过程中，为保证加工质量，需实时地对其中自动化设备及运行状态进行检测监控，保证系统可靠运行。DNC FSO只要检测到任何设备的状态变化，就立即上报，即把状态数据写入共享文件并置读写标志为1。工作站每隔100ms查询一次共享文件。若检测到读写标志为1，则读入状态数据，并将相应的状态信息及出现此状态的时间显示在工作站控制器的状态信息栏中。同时，在不同的机床工作状态，显示不同的图标，使用户一目了然。如果出现报警，用户也可及时查看报警原因及相应的处理措施，以便尽快恢复正常工作。

3. 任务评价

在规定时间内完成任务，各组自我评价并进行展示，各组之间根据评价表进行检查。任务评价表见表7-4。

表7-4　任务评价表

项目	目标	分值	评分	得分
加工工作站控制器的硬件结构设计	（1）结构设计合理 （2）网络通信设备选择合适	50	（1）结构设计不合理，每处扣5分 （2）网络设备选择不正确，每处扣10分	
加工工作站控制器的软件模块设计	设计的模块要符合控制要求	50	不符合控制要求，每个模块扣10分	
总分		100		

【知识拓展】

采用 FMS 有许多优点，主要有以下几个方面：

（1）设备利用率高　一组机床编入 FMS 后的产量，一般可达这组机床在单机作业时的 3 倍。FMS 能获得高效率的原因，一是计算机把每个零件都安排了加工机床，一旦机床空闲，即刻将零件送上加工，同时将相应的数控加工程序输入这台机床；二是由于送上机床的零件早已装卡在托盘上（装卡工作是在单独的装卸站进行），因而机床不用等待零件的装夹。

（2）减少设备投资　由于设备的利用率高，FMS 能以较少的设备来完成同样的工作量。把车间采用的多台加工中心换成 FMS，其投资一般可减少 2/3。

（3）减少直接工时费用　由于机床是在计算机控制下进行工作，不需工人去操纵，唯一用人的工位是装卸站，这就减少了工时费用。

（4）减少了工序中的在制品数量，缩短了生产准备时间　和一般加工相比，FMS 在减少工序间零件库存数量上有良好效果，有的减少了 80%。这是因为缩短了等待加工时间。

（5）改进生产要求有快速应变能力　FMS 有其内在的灵活性，能适应由于市场需求变化和工程设计变更所出现的变动，进行多品种生产。而且还能在不明显打乱正常生产计划的情况下，插入备件和急件制造任务。

（6）维持生产的能力　许多 FMS 设计成具有当一台或几台机床发生故障时仍能降级运转的能力，即采用了加工能力有冗余度的设计，并使物料传送系统有自行绕过故障机床的能力，系统仍能维持生产。

（7）产品质量高　减少零件装夹次数，一个零件可以少上几种机床加工，设计更好的专用夹具，更加注意机床和零件的定位都有利于提高零件的质量。

（8）运行的灵活性　运行的灵活性是提高生产率的另一个因素。有些 FMS 能够在无人照看的情况下进行第二和第三班的生产。

（9）产量的灵活性　车间平面布局规划得合理，需要增加产量时即可增加机床，以满足扩大生产能力的需要。

【常见问题解析】

1. FMS 故障的分类

按照不同的分类原则，可以把 FMS 故障划分为不同的种类。例如，按故障的危害程度分，可以分为停运故障和非停运故障；按故障所属的系统分，可以分为刀具流系统故障、工件流系统故障和加工系统故障等；按故障的起因分，可以分为软件故障、硬件故障和人为故障等。从检测角度入手，可将 FMS 故障分为可上传到 FMS 主控系统的故障和必须用数据采集仪进行采集的故障两大类。

第一类故障是指在系统设计过程中考虑到的并已实现了自动采集的故障，如加工中心、有轨小车、换刀机器人等设备中的部分故障。该类故障发生之后，由相应的处理模块将故障信息形成一个字符串，通过网络上传到 FMS 主控系统。

第二类故障是指在系统设计过程中没有考虑到的、由于系统设计上的不完善或因运行环境的变化而在运行过程中产生的故障，这是 FMS 故障检测中的难点。这些故障发生部位和时间的随机性强、原因复杂、难以采集和跟踪，如加工中刀具破损、折断，换刀机器人、有轨运输车由于设计时考虑不周全而产生的故障；运行控制子系统、网络子系统中的各种软、硬故障。对这类故障的检测、诊断及处理，是 FMS 故障检测与诊断技术研究的关键。

2. FMS 故障的检测方法

FMS 故障的种类不同，其相应的检测方法也不同。按以上对 FMS 故障的分类，采用以下两种方法来检测 FMS 故障。

（1）利用截取的方法检测 FMS 故障　对能自动上传到 FMS 主控系统的故障，通过在 FMS 工作站层控制器与设备控制器之间利用设备控制器提供的串口截取系统运行状态信息，用软件来识别故障，从而实现故障的检测。

FMS 故障检测系统不断接收 FMS 运行现场传来的运行信息，该信息为一串 16 个字节的字符串，正常信息的第一个字节为一个 1~8 的整数，故障信息的第一个字节为数字 9。软件采用查询方式采集串口信息并加以判断，正常信息驱动图形监控模块实现系统运行状态的画面监视；故障信息驱动诊断模块对该故障进行在线诊断。

（2）利用传感器和数据采集仪检测 FMS 故障　对那些系统无法自动上报的故障，则由数据采集仪对该故障信息进行检测及处理，形成相应的故障描述信息，上传至 FMS 故障诊断单元，对该故障进行诊断。

数据采集仪实时采集 FMS 中的故障信息，一旦有故障发生，系统在屏幕上相应部位以图符闪烁和蜂鸣两种方式进行报警。对易诊断的故障，数据采集单元直接做出处理，并将故障信息及处理结果上报 FMS 故障诊断单元，进而上报 FMS 主控系统；对数据采集单元无法解决的故障，该单元将该故障描述信息上传至诊断单元，FMS 诊断单元负责对该故障进行诊断并通过数据采集单元或 FMS 主控系统处理该故障，从而实现了对这类故障的检测、诊断及处理。

仿真实验：柔性制造系统（FMS）车间规划实验

1. 实验目的

1）了解 FMS 的组成原理、运行步骤，初步掌握 FMS 零件加工程序的编制及 FMS 的运行方法。

2）通过实验巩固所学理论知识，加强学生系统概念，完成系统运行、操作技能的训练。

3）要求学生能仿真完成柔性制造车间的规划布置，完成柔性制造加工等任务，达到综合技能训练的目的，培养学生综合素养。

2. 实验原理

FMS 是一种在中央计算机控制下由两台以上配有自动刀具交换及自动工件托盘交换装置的数控机床以及自动化物料运送装置组成的、具有生产负荷平衡、生产调度、对制造过程实时控制与监控功能的，可加工多族零件的柔性自动化生产系统。

　　FMS 的组成通常由 4 大部分组成：加工单元、自动物料运输及管理系统、计算机控制与管理装置、辅助工作站。

3. 实验内容

（1）车间规划设计图　FMS 车间规划设计图如图 7-17 所示。

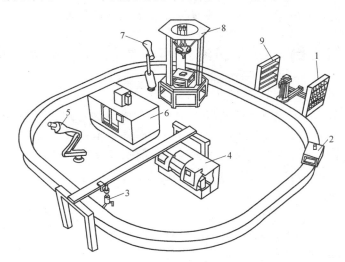

图 7-17　FMS 车间规划设计图

1—机器人毛坯仓储　2—运输小车　3—龙门式机械手　4—数控车床

5—机器人　6—加工中心　7—机器人　8—检测机器人　9—机器人成品仓储

　　（2）车间规划设计　车间规划设计的要求为：在几处空白处选择合适机器，规划 FMS（注：相当于前面实验的接线，装配完毕后，再进行动画演示，装配的元件见仿真实验光盘）。FMS 车间设计布置图如图 7-18 所示。

4. 实验步骤

　　1）实验开始后，机器人从毛坯仓储（右下角）中取出毛坯，置于运输小车。

　　2）运输小车运行到数控车床位置，龙门式机械手提取工件，置于车床加工，完成后再将加工过的工件置于小车。

　　3）小车移动，至加工中心，机器人抓取工作放于加工中心加工，完成后再将加工过的工件置于小车。

　　4）小车移动，至测量中心，机器人抓取工作放于并联测量机器人测量工

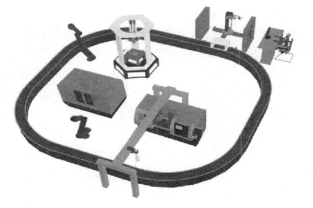

图 7-18　FMS 车间设计布置图

作台，测量合格的工件置于小车，不合格的工件置于旁边箱子。

　　5）小车移动，至成品仓储库，机器人将成品置于仓储库。

　　6）按停止按钮，停止运行；按复位按钮，回到起点位置。

5. 实验结果

完成 FMS 车间规划，按照实验步骤进行操作，观察能否满足控制要求。若不能满足控制系统要求，根据 FMS 规划设计图检查设备之间的连接是否正确。

6. 结论分析

根据实验结果分析总结在实验中遇到的问题以及解决的方案。

创新案例：带有滴液检测功能的病床呼叫系统

1. 创新案例背景

目前，用于医院的病床呼叫管理装置很多，它们多数通过声光报警及 LED 显示告知呼叫救援的床位。这种呼叫系统装置呼叫方式单一，而且不带有病人输液时的滴液检测功能。本案例的目的就在于提供一种可以实现病人输液时的滴液自动检测功能的病床呼叫系统，它可以在病人输液过程中，对滴液进行检测，当输液即将结束时，向护士站发出呼叫。

2. 创新设计要求

1）在病人输液时具有滴液检测功能。

2）要求能实现当输液即将结束时，病床自动呼叫。

3）要求结构简单，使用方便，安全可靠。

3. 设计方案分析

经调查，目前市面上已有各种类型的病床呼叫系统，但是普遍存在结构复杂、成本较高等问题，并且一般也不具备滴液检测功能等。本案例考虑装置要具备智能检测和自动呼叫，拟采用基于 STC 系列单片机的智能控制系统。

4. 技术解决方案

带有滴液检测功能的病床呼叫系统应用了单片机控制、传感检测等技术，实现呼叫系统的整个动作过程。

具体实施方式：

本案例硬件上主要包括 STC 系列单片机、LCD、LED 和红外管传感器等。整个控制过程基于 STC 单片机控制，具有一个主机（护士工作室）：LCD 显示实时时钟，LED 显示来自呼叫的病房房间号和床位。一个从机（病房）：带有液滴监测（通过红外管传感器检测实现），病人呼叫、取消功能。图 7-19 为滴液检测电路。图 7-20 为主机硬件系统电路原理图。图 7-21 为从机硬件系统电路原理图。

5. 创新案例小结

带有滴液检测功能的病床呼叫系统创新案例应用了单片机控制、传感检测等技术，实现呼叫系统的整个动作过程，结构简单，使用方便，安全可靠。

本案例的创新点在于：

1）简单实用，有利于减轻现场看护人员的负担。

2）采用单片机控制、传感检测技术，

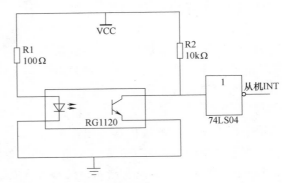

图 7-19　滴液检测电路